普通高等院校计算机基础教育"十三五"规划教材

U0184070

C 语言程序设计

时景荣 李 鑫 主 编

罗时光 林 琳 副主编

中国铁道出版社有限公司
CHINA RAILWAY PUBLISHING HOUSE CO., LTD.

内 容 简 介

本书通俗易懂、由浅入深、循序渐进地讲解了 C 语言程序设计的方法，突出基础知识、基本方法、基本技能的训练，以培养学生的程序设计能力和计算思维的能力。

全书共分 12 章，主要内容包括程序设计概述，数据、数据类型与数据运算，顺序结构程序设计，选择结构程序设计，循环结构程序设计，编译预处理，函数，数组，指针，结构体与共用体，数据文件，C 语言综合应用等，并用实例阐述了应用程序的设计过程和可控菜单的设计方法。

为了满足教学和实验的要求，编者还编写了《C 语言程序设计同步训练与上机指导（第四版）》与本书配套使用。

本书既可作为普通高等学校相关课程的教材，也可作为高职高专、培训机构的教学用书。

图书在版编目（CIP）数据

C 语言程序设计 / 时景荣，李鑫主编. — 4 版. —
北京：中国铁道出版社有限公司，2020.2（2023.12 重印）
普通高等院校计算机基础教育"十三五"规划教材
ISBN 978-7-113-26601-1

Ⅰ．①C… Ⅱ．①时… ②李… Ⅲ．①C 语言-程序设
计-高等学校-教材 Ⅳ．①TP312.8

中国版本图书馆 CIP 数据核字（2020）第 018730 号

书　　名：C 语言程序设计
作　　者：时景荣　李　鑫

策　　划：刘丽丽　　　　　　　　　　　　　编辑部电话：(010) 51873202
责任编辑：刘丽丽　贾淑媛
封面设计：刘　颖
责任校对：张玉华
责任印制：樊启鹏

出版发行：中国铁道出版社有限公司（100054，北京市西城区右安门西街 8 号）
网　　址：http://www.tdpress.com/51eds/
印　　刷：三河市宏盛印务有限公司
版　　次：2007 年 2 月第 1 版　2020 年 2 月第 4 版　2023 年 12 月第 6 次印刷
开　　本：787 mm×1 092 mm　1/16　印张：17.25　字数：424 千
书　　号：ISBN 978-7-113-26601-1
定　　价：46.00 元

前　言

　　C 语言程序设计是大、中专院校普遍开设的计算机基础课程。通过对本课程的学习，学生在学会这门语言和掌握程序设计的基本方法的同时，分析问题和解决问题的能力也能得到提高，有利于培养逻辑思维能力和严谨的科学作风。C 语言简洁高效，具有较强的灵活性，这也意味着它不好把握，易出错，难检错，调试困难，所以初学者会感到 C 语言很难学。本书针对这些问题，根据编者多年的教学实践经验，借鉴和吸取了多部已出版 C 语言教材的优点，力求做到概念叙述简明清晰、通俗易懂，知识介绍由浅入深、循序渐进，例题选择实用丰富、针对性强，突出基础知识、基本方法、基本技能的训练，以培养学生程序设计的能力。本次修订在第三版的基础上主要对例题和习题部分内容进行了调整，使其更加具有启发性和综合性，加强了程序设计能力的训练。

　　全书共分 12 章，包括程序设计概述，数据、数据类型与数据运算，顺序结构程序设计，选择结构程序设计，循环结构程序设计，编译预处理，函数，数组，指针，结构体与共用体，数据文件，C 语言综合应用等内容，并用实例阐述了应用程序的设计过程和可控菜单的设计方法。

　　本书具有以下特点：

　　(1) 不追求 C 语言语法的全面性，突出常用、实用的重点概念，尽量做到少而精。

　　(2) 在内容组织方面，集中讲授概念，用实例阐述方法。例如，在"循环结构程序设计"一章中，用一个例题集中讲解循环控制语句，用实例归纳总结循环控制方法，通过介绍常用的算法设计方法强化循环结构程序设计的训练。

　　(3) 在章节安排方面，注意分散教学难点。"函数"是 C 语言的重点，函数之间的数据传递关系是一个难点。本书将"函数"安排在"数组"之前，先解决函数参数的"数值传递"问题，然后讲"数组"，解决函数参数的"地址传递"问题，从而分解了难点，并且增加了函数设计的机会，强化了"C 程序由函数组成"这个重点。

　　(4) 加强程序设计风格的训练，提高程序的可读性。本书在程序设计前有算法分析，程序中有注释，程序后有测试，培养学习者严谨的程序设计作风。

　　(5) 加强 C 语言综合应用的训练，用实例阐述应用程序的设计过程和可控菜单的设计方法，以开拓学习者思维。

　　为了满足教学和实验要求，编者还编写了《C 语言程序设计同步训练与上机指导（第四版）》与本书配套使用。

　　本书由时景荣、李鑫任主编，罗时光、林琳任副主编，季玉茹、吴雪莉、孙维福、金红娇参与了编写。

在本书的编写过程中，有许多老师和同学提出了宝贵的意见和建议，有的还参加了书中部分程序的调试，在此表示衷心的感谢。

本书既可作为高等学校相关课程的教材，也可作为高职高专、培训机构的教学用书。

由于编者水平有限，书中难免有疏漏和不足之处，恳请读者不吝赐教，给予指正。

编　者

2019 年 11 月

目　录

第1章　程序设计概述

计算机是硬件和软件的结合体，硬件是"躯体"，软件是"灵魂"，软件的主体是程序，计算机是在程序的控制下自动工作的。在实际应用中，有些任务可以使用现成的应用软件来完成，有些任务可能没有合适的软件供使用，这时就需要使用一种编程语言来编写程序，以完成特定的任务，这就是程序设计。学习程序设计是训练逻辑思维能力的好方法。

本章主要介绍程序设计的基本概念和初步知识，包括数据结构与算法、程序设计方法、程序设计语言的简要介绍。

1.1　程序设计的概念

1.1.1　程序与程序设计

程序的概念是很普遍的。例如，要完成一项复杂的任务，需要事先做好计划，即将任务分解成一系列具体的工作。按照一定的顺序安排的工作序列，就是程序。例如，亲手缝制一条裤子的程序如下：

（1）购买布料、拉锁等物品。

（2）按身材量好尺寸。

（3）按尺寸裁剪布料。

（4）缝制成裤子。

（5）将裤子熨烫平整。

在这个程序中，涉及布料、拉锁、尺寸、裤子等对象（或说是具有一定关系的数据），以及购买、量、裁剪、缝制、熨烫等行为（或说是对数据的操作），这些行为是施加于对象之上的，有一定的顺序，要遵守一定的规则。所以说，一个程序主要描述两部分内容：对数据的描述和对操作的描述。

一个计算机程序，就是用某种计算机能识别和执行的语言，描述解决问题的方法和步骤。所以程序是计算机为完成某一任务所必须执行的一个指令序列。

例如，要将某班 40 名同学某门课程的成绩按分数从高到低的顺序输出。

分析：

（1）数据及数据之间的关系：每一个学号、姓名、成绩是一一对应的关系。

（2）对数据的操作有：输入数据、用某种方法排序、输出排序结果。

问题中的数据与数据之间的关系以及对数据的操作，就是该问题的数据结构。对数据操作的实现步骤，也就是为解决问题而采取的方法和步骤，称为算法。著名计算机科学家沃思（Nikiklaus

Wirth）提出一个公式：

$$数据结构+算法=程序$$

这充分表明了数据结构和算法在程序中的重要地位。

程序设计的任务就是分析问题，弄清数据与数据之间的逻辑关系以及对数据的操作（即明确数据结构）；确定解决问题的方法和步骤（即设计算法）；选择一种计算机语言来描述算法（即编程）；调试并运行程序，使之满足任务的要求，输出正确的结果。所以说，程序设计是利用计算机解决问题的过程。

1.1.2　程序设计的过程

程序设计通常需要如下步骤：

1．任务分析

首先要对任务进行详细的分析，弄清楚任务中数据与数据之间的逻辑关系，以及具体的操作要求（如需要输入哪些数据，要对数据进行哪些处理，要求输出哪些数据等），即明确数据结构，也就是弄清楚要计算机"做什么"。

2．算法设计

算法是对要解决问题的方法和步骤的描述，是对问题处理过程的进一步细化。解决一个问题，可能有多种算法，不同的算法可能效率不同，应该通过分析和比较挑选其中最优的算法。算法设计就是明确要计算机"怎么做"。

3．程序编制

首先根据算法，选择一种程序设计语言，写出源程序，这个过程称为编码。然后将编写好的源程序通过编辑器（可以用语言自带的编辑器，也可以使用 Windows 的记事本）输入计算机并以源程序的形式保存，这个过程称为编辑。源程序必须是纯文本文件，不能带有格式，若用字处理软件（如 Word）编辑，则必须另存为纯文本文件。

4．调试运行

计算机不能直接执行源程序，需要通过编译和连接，生成计算机能够执行的可执行文件。

（1）编译：通过编译器将源程序翻译成目标程序。编译时编译器对源程序进行语法检查，给出编译信息。若有错，通过编辑器修改后再编译，直到编译成功，生成目标程序。

（2）连接：将目标程序和程序中所需的目标程序模块（如调用的标准函数、执行的输入/输出模块等）连接后生成可执行文件。只有可执行文件才可以在操作系统上运行。

（3）运行并分析结果：如需要输入数据，应设计能涵盖各种情况的测试数据，然后运行程序，检查结果是否符合问题要求，是否正确。另外，即使程序能正常运行并得到了运行结果，也可能存在逻辑错误。这类错误可能是设计算法时的错误，也可能是编写程序时出现疏忽所致，或者是测试数据不合理、不全面，而计算机无法检查出这些错误。存在逻辑错误时，如果是算法有错，应先修改算法，再修改程序；如果算法正确而程序编写错误，则应修改程序。

此过程称为调试程序，常常需要多次反复，需要有耐心、有信心、有决心，而且还要细心。

这个过程也是不断积累程序调试经验的过程。

5．编写程序文档

程序文档就是程序的使用说明书和技术说明书，它记录了程序设计的全过程，可以保证程序的可读性和可维护性。对于较小的程序，文档显得并不重要，在程序中加些注释，让读程序的人理解就足够了。但对于一个需要多人合作，并且开发和维护时间较长的软件来说，程序文档是至关重要的。尤其是软件的二次开发，就更离不开文档了。所以有人说：

软件=程序+文档

通常情况下，程序文档主要分为两部分：程序技术说明书和程序使用说明书。

程序设计的过程环环相扣，每一步都必须认真去做。然而，初学者往往是问题还没有分析清楚就急于编程，常常是思路混乱，甚至一见运行有结果就以为完成任务，对结果不加分析和验证，所以很难得到预想的结果。因此，养成良好的程序设计习惯和严谨的科学作风是非常重要的。

1.2　数据结构与算法

计算机存取和处理的对象是数据，且数据之间都具有一定的逻辑关系。要编写一个程序，必须分析清楚待处理数据之间的关系，以及对各处理数据所进行的操作。程序是采用一种计算机语言依据算法编写出来的代码，而算法是依据数据结构设计的。

1.2.1　数据结构

什么是数据结构？在任何问题中，各处理对象都不是孤立存在的，它们之间存在着一定的关系，并要进行一些处理操作。在程序设计中，要处理的对象及其相互关系被抽象为数据。简单地说，数据结构是研究非数值计算的程序设计问题中数据和数据之间的关系以及对数据的操作的一门学科。它包括以下 3 个方面的内容：

（1）数据的逻辑结构：描述数据与数据之间的逻辑关系，是独立于计算机的。

（2）数据的存储结构：描述数据和数据之间的关系在计算机中存储的方式。

（3）数据的运算集合：即对数据进行的所有操作。

数据运算的集合是定义在数据的逻辑结构之上的，即逻辑结构一旦确定，运算的集合就明确了。而数据运算必须在数据的存储结构确定之后才能实现，只有确定了如何存储数据，才能设计算法。

1.2.2　算法

算法是对操作的描述，是为解决一个问题而采取的方法和步骤。

1．算法的基本结构

算法定义一个操作序列，描述怎样从给定的数据经过有限步骤的处理后产生所求的输出结果。其基本结构一般包括以下 3 个部分：

（1）初始化（包括输入原始数据和为数据处理所做的准备）。

（2）数据处理（实现具体的功能）。

（3）输出处理结果。

【例 1.1】输入两个整数，输出其中较大的数。

算法如下：

（1）输入整型数据 a 和 b；

（2）将 a 和 b 中较大的数放入 max 中；

（3）输出 max。

【例 1.2】求 $\mathrm{sum} = \sum\limits_{i=1}^{100} i$ 。

算法如下：

（1）初始化：sum←0；i←1；

（2）当 i≤100 时重复做 sum←sum+i；i←i+1；

（3）输出 sum。

2．算法的特性

（1）输入：有 0 个或多个输入。

（2）有穷性：具有有限的操作步骤，不能是死循环。

（3）确定性：每一个步骤必须精确定义，不能有歧义。

（4）可行性：每一个步骤都能在有限的时间内完成。

（5）输出：有一个或多个输出。

3．算法的表示

描述算法有多种方法。常用的有自然语言、流程图、N–S 图、伪代码、计算机语言等。

（1）自然语言：用人们交流时使用的语言描述算法。这种描述方法简单通俗，但不够严格，容易产生歧义性，在表达算法的逻辑流程时不够直观。

（2）流程图：又称框图，它是用一些图框、线条以及文字说明来形象、直观地表达算法。美国国家标准化学会（American National Standard Institute，ANSI）规定了一些流程图符号。

- 开始/结束框：用椭圆形表示。
- 输入/输出框：用平行四边形表示。
- 判断框：用菱形表示。
- 处理框：用矩形表示。
- 流向线：用带有箭头的线段表示。
- 连接点：用圆形表示。

流程图形象、直观，便于交流，使用广泛。如描述例 1.1、例 1.2 算法的流程图如图 1–1 所示。

（3）N–S 图：为简化控制流向，美国学者 I.Nassi 和 B.Shneideman 提出了新的流程图形式，并以他们姓名的第一个字母命名。在 N–S 图中去掉了流程图中带箭头的流向线，用一个大矩形框表示全部算法，大矩形可分隔成若干个水平矩形区，每个矩形区表示一个基本结构，适于结构化程序设计。如描述例 1.1、例 1.2 算法的 N–S 图如图 1–2 所示。

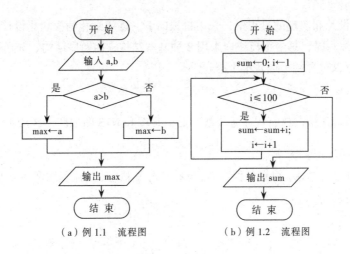

（a）例 1.1　流程图　　　　　　（b）例 1.2　流程图

图 1-1　流程图

（4）伪代码：伪代码介于自然语言和计算机语言之间，用文字和符号来描述算法。克服了用自然语言描述算法容易产生歧义性，表达逻辑流程不够直观和绘制流程图较费时的缺陷。伪代码不能被计算机识别，但接近于某种编程语言（如类 C、类 Pascal 等类语言），便于转换成程序。

（5）计算机语言：直接用计算机语言编写程序。

（a）例 1.1 N-S 图　　　　（b）例 1.2 N-S 图

图 1-2　N-S 图

计算机无法识别用自然语言、流程图、N-S 图、伪代码描述的算法。用这些方法描述算法只是为了帮助人们表示和理解算法，最终都必须转换成用某种计算机语言编写的程序才能让计算机运行。

对于较为复杂的问题，或是程序设计的初学者，最好先用自然语言、流程图、N-S 图或伪代码中的一种方法描述算法，可从粗到细，逐渐精确。最后依据算法的描述用计算机语言编写程序。只有比较简单的问题，才适合直接用计算机语言编写程序。

1.3　程序设计方法

早期的程序设计以运行速度快、占用内存少为主要标准，由程序设计人员随意设计，但存在程序调试困难、不易维护等问题，限制了代码的优化。随着计算机运算速度大大提高和存储容量不断扩大，结构清晰、易于阅读和理解、便于验证其正确性成为良好程序的评价标准，这也推动了程序设计方法的进步。最常用的程序设计方法有结构化程序设计方法和面向对象的程序设计方法。

1.3.1　结构化程序设计方法

结构化程序设计也称为面向过程的程序设计。结构化程序设计语言有 FORTRAN、BASIC、Pascal、C 语言等。

结构化程序设计方法的基本思想是，把一个复杂的问题分解成若干个功能独立的模块，分而治之。具体地说就是：

（1）在软件设计和实现的过程中，采用自顶向下、逐步细化的模块化设计原则。

（2）在代码编写时，每一个模块内采用 3 种基本结构，即顺序结构、选择结构和循环结构。每个基本结构内可以包含一个或若干个语句。

1．顺序结构

顺序结构指按顺序依次执行程序各模块，其流程图和 N-S 图如图 1-3 所示。

2．选择结构

选择结构又称分支结构。根据条件判断，选择某分支执行，其流程图和 N-S 图如图 1-4 所示。

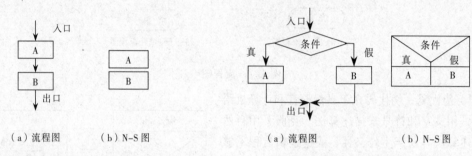

图 1-3　顺序结构流程图和 N-S 图　　　　图 1-4　选择结构流程图和 N-S 图

3．循环结构

循环结构是指只要循环条件成立，就重复执行模块 A（模块 A 通常被称作循环体）。循环结构有当型循环和直到型循环两种。

（1）当型循环（先判断循环条件后执行）：当条件为真时重复执行模块 A，条件为假时循环结束，其流程图和 N-S 图如图 1-5 所示。

（2）直到型循环（先执行后判断循环条件）：重复执行模块 A，直到条件为假时，循环结束，其流程图和 N-S 图如图 1-6 所示。

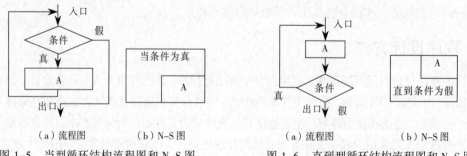

图 1-5　当型循环结构流程图和 N-S 图　　　　图 1-6　直到型循环结构流程图和 N-S 图

3 种基本结构的共同特点是：单入口，单出口；结构中没有永远执行不到的语句；不构成死循环。

1.3.2　面向对象的程序设计方法

由于结构化程序设计方法是面向过程的，过分强调求解过程的细节，编写的程序不易重复使用，从而诞生了面向对象的程序设计方法和面向对象的程序设计语言。面向对象的程序设计语言有 C++、Java 等。

面向对象的程序设计语言引入了对象、消息、类、继承、封装、抽象、多态性等概念和机制。面向对象的程序设计不是将问题分解成过程，而是分解成对象。对象是现实世界中独立存在、可以区分的实体，有自己的数据（属性），也有作用于数据的操作（方法）。进行程序设计时，将对象的属性和方法封装成一个整体，将具有类似性质的对象抽象成类，并利用继承机制，仅对差异进行程序设计，所以可重用性好。对象之间的相互作用通过消息传递来实现。

在面向对象的程序设计中采用"对象"+"消息"的模式，而在结构化程序设计中采用的是"数据结构"+"算法"的模式。

1.4　程序设计语言

1.4.1　程序设计语言分类

程序设计语言是人与计算机进行交流的工具，大概分为 3 类：机器语言、汇编语言和高级语言。

1. 机器语言

计算机的指令系统称为机器语言，是由 0 和 1 两个二进制代码按一定规则组成的，能被计算机直接理解和执行的指令集合。机器语言中的每一条语句实际上是一条二进制形式的指令代码，指令格式分为"操作码"和"操作数"两部分。操作码指出进行什么样的操作，操作数指出参与操作的数本身或它在内存的地址。

机器语言与计算机硬件密切相关，因计算机不同会有所差异，所以程序通用性差。

2. 汇编语言

汇编语言是将机器指令代码用英文助记符来表示，代替机器语言中的指令和数据。在一定程度上克服了机器语言难读难改的缺点，同时保持了其编程质量高、占存储空间少、执行速度快的优点。因此，在对实时性要求较高的地方（如过程控制等）常用汇编语言编程。

用汇编语言编写的源程序，必须用汇编程序翻译成机器语言后，才能被计算机执行。汇编语言仍然与计算机硬件密切相关，因计算机不同而有差异，程序通用性差。

3. 高级语言

高级语言是由表达各种意义的词和数学公式按照一定的语法规则来编写程序的语言。高级语言不受计算机类型的制约，程序通用性强，编程效率高。

用高级语言编写的源程序，必须经过语言处理程序的编译或解释，才能被计算机执行。C语言的翻译工作就是采用编译方式完成的。用 C 语言编写源程序到程序运行出结果的工作过程是：用编辑程序编辑形成扩展名为.c 的源程序文件；通过编译程序编译形成扩展名为.obj 的目标程序文件；通过连接程序连接形成扩展名为.exe 的可执行文件；通过运行得到输出结果，如图 1-7 所示。

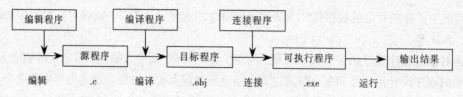

图 1-7　编译方式的工作过程

1.4.2　C语言概述

C语言是使用最广泛的一种计算机语言，既可以用来编写系统软件，也可以编写应用软件；既具有高级语言使用方便的特点，又具有低级语言能够直接操作计算机硬件的优点，所以有人称其为中级语言。

1. C语言的特点

（1）简洁，紧凑，使用方便灵活。共 32 个关键字，9 种控制语句。

（2）运算符丰富，共 34 种。把括号、赋值、强制类型转换等都作为运算符处理。

（3）数据类型丰富，有整型、实型、字符型、数组类型、指针类型、结构体类型、共用体类型、枚举类型等。

（4）具有结构化的控制语句，用函数作为程序模块。

（5）语法限制不太严格，程序设计自由度大。整型和字符型数据可以通用。

（6）允许直接访问物理地址，能进行位（bit）操作，具有低级语言的某些特点。

（7）用 C 语言编写的程序生成的目标代码质量高，可移植性好。

事物都具有两重性。用 C 语言编写程序具有限制少、灵活性大、功能强、整型和字符型数据可以通用、指针和数组也可以通用等优点。但是过多的通用性限制了编译程序对源程序做充分的语义检查，容易无视某些错误的存在，编译也能通过。所以意味着如果灵活性把握不好，就易出错，但难检错，调试困难。总之，C 语言对用户要求较高，需要用心领会，细心编程，耐心调试，才能熟练应用。

2. C语言程序的结构

下面通过两个例子来看 C 语言程序的结构。

【例 1.3】将例 1.1 的算法写成 C 程序，代码如下：

```
int max(int x,int y)            /*max()函数的首部*/
{ int z;                        /*定义变量*/
  if(x>y)z=x;else z=y;          /*找 x 和 y 中的较大值放到 z 中*/
  return(z);                    /*返回 z 值*/
}
#include"stdio.h"
void main()                     /*main()函数的首部*/
{ int a,b,c;                    /*定义变量*/
  scanf("%d,%d",&a,&b);         /*输入变量 a 和 b 的值*/
  c=max(a,b);                   /*调用 max()函数,返回值送给变量 c*/
  printf("max=%d\n",c);         /*输出变量 c 的值*/
}
```

运行结果（加下画线的部分表示是用户输入的数据）：

<u>5,9</u>↙　　（从键盘输入"5,9"，并按回车键）

max=9　　（输出"max=9"）

本例中包含一个主函数 main() 和一个自定义函数 max()。在主函数中调用了两个库函数 scanf() 和 printf()。scanf() 是标准输入函数，printf() 是标准输出函数。

程序从 main() 函数开始执行，执行过程是：为变量 a、b、c 分配存储单元；输入 a、b 的值；调用 max() 函数（实参 a 和 b 的值传给形参 x 和 y；为变量 z 分配存储单元；将 a、b 中较大的送给 z；返回的 z 值送给变量 c）；输出变量 c 的值，程序执行结束。

【例 1.4】将例 1.2 的算法写成 C 程序，代码如下：

```
#include"stdio.h"
void main()                          /*主函数的首部*/
{ int sum,i;                         /*定义变量*/
  sum=0;                             /*初始化*/
  for(i=1;i<=100;i++) sum=sum+i;     /*求累加和 sum*/
  printf("sum=%d\n",sum);            /*输出累加和 sum*/
}
```

本例中只包含一个主函数 main()。通过以上程序，可以归纳出 C 语言程序结构的特点有：

（1）C 程序主要由函数构成。函数是 C 程序的基本单位。一个 C 源程序至少包含一个函数，即 main() 函数，也可包含一个 main() 函数和若干个用户自定义函数。

C 程序中函数可分为以下 3 类：

① 主函数 main()：它是系统规定的特殊函数，每一个 C 程序必须有且只有一个 main() 函数。

② 库函数（或称标准函数）：是由开发系统提供的函数，如例 1.3 中的 scanf() 函数和 printf() 函数。（Turbo C 提供 300 多个库函数）

③ 用户自定义函数：是程序设计者自己设计的函数，如例 1.3 中的 max() 函数。

（2）一个函数由函数首部和函数体两部分组成。

① 函数首部：包括函数类型、函数名、参数类型、参数名等。

函数名后面必须有一对圆括号"()"，这是函数的标志。参数可以有也可以没有，如例 1.3 中 main() 函数就没有参数。

② 函数体：函数首部下面最外层的一对大括号内的部分。函数体一般包含变量定义部分和执行语句部分。

（3）程序始于 main() 函数且止于 main() 函数。C 程序总是从 main() 函数开始执行，并且最后结束于 main() 函数。这与 main() 函数在程序中的位置无关。main() 函数可以放在程序的任何位置。

（4）C 语言程序书写格式自由。C 语言程序一行可写多个语句，一个语句也可写在几行上。语句中的空格和回车符只起分隔作用。为了程序便于阅读，常用空格使语句行缩进，使程序看上去有层次感，这是一种良好的程序书写习惯。

（5）每个语句后面必须有分号。分号";"是 C 语言语句的一部分，它标志着语句的结束，不可缺少。

（6）可以对 C 语言程序的任何部分加注释。注释有助于阅读和理解程序，给程序加注释是一种良好的编程习惯。可以在程序中任何可以插入空格的地方插入注释。可用"/*注释内容*/"对 C 程序的任何部分做注释，增加可读性。注释内容可以是中文或英文，也可以是任何可显示的符号。应注意"/"和"*"之间不能有空格，且"/*"和"*/"必须配对使用。注释部分不参与编译和运行。

（7）C 语言中没有输入和输出语句。C 语言程序中输入和输出操作是通过调用库函数 scanf()、printf()和其他输入/输出函数来完成的。

3．C 语言的基本符号

C 语言的基本符号是指在 C 语言程序中可以出现的字符，主要由 ASCII 字符集中的字符组成。这些字符多数是通过键盘按键就可以在显示器上见到的，对于不可见的字符（如回车键、退格键等）C 语言用转义字符来表示。转义字符将在后续的 2.2.3 节介绍。

C 语言的基本符号可以分为如下几类：

（1）阿拉伯数字 10 个：0，1，2，…，9。

（2）大小写英文字母各 26 个：A，B，C，…，Z，a，b，c，…，z。

（3）运算符、分隔符、定界符和特殊符号等，通常由 1～2 个符号组成，如表 1-1 所示。

表 1-1　C 语言的基本符号

+	-	*	/	%	++	--	<	<=	>	>=	==	!=	!
&&	‖	~	&	|	^	<<	>>	=	+=	-=	*=	/=	%=
&=	|=	^=	<<=	>>=	?:	,	()	[]	->	.	;	{}	\
#	"（双引号）		'（单引号）		（空格）		_（下画线）		sizeof				

4．C 语言的标识符

标识符是一个作为名字的字符序列，用来标识变量名、类型名、数组名、函数名和文件名等。C 语言规定了标识符的命名规则。C 语言的标识符可为分用户标识符、保留字和预定义标识符 3 类。

（1）用户标识符。用户标识符就是程序设计者根据编程需要自己定义的名字，用来作为变量名、符号常量名、数组名、函数名、类型名和文件名等。

命名规则：可以是单个字母，也可以由字母、数字和下画线组成，但必须是以字母或下画线开头。例如：a，Ab，sum，_total，x1，a_1 都是合法的标识符，而 M.D.John，￥123，3D64，a>b 都是非法的标识符。

注意：

① 标识符的长度随系统而不同，常定义 1～8 个字符。

② 大小写字母是不同的字符。例如：SUM、Sum、sum 是 3 个不同的标识符。

③ 标识符最好能做到"见名知义"。例如：用"sum"表示加数的"和"，用"year"表示"年"等，这样的标识符可以增加程序的可读性。

（2）保留字。保留字又称关键字，是 C 语言专门用来描述类型和语句的标识符，共有 32 个。C 语言的保留字如表 1-2 所示。

表 1-2　C 语言保留字

类　型	保　留　字
数据类型标识符	char、const、double、enum、float、int、long、short、signed、struct、typedef、union、unsigned、void
语句标识符	break、case、continue、default、do、else、for、goto、if、return、sizeof、switch、while
存储类型标识符	auto、extern、register、static、volatile

注意：

① 每个保留字在 C 语言中都代表固定的含义，不允许作为用户标识符使用。

② C 语言的保留字都用小写英文字母表示。

（3）预定义标识符。除了上述保留字外，还有一类具有特殊意义的标识符，它们被用作编译预处理命令或库函数的名称，如 define、include、scanf、printf 等，这类标识符被称为预定义标识符。

C 语言语法允许将这类标识符用作用户标识符，但是编译系统容易产生误解，建议不要将它们另做他用。

习　　题

一、简答题

1. 简述程序设计的过程。

2. 什么是算法？描述算法有哪几种方法？比较它们的优缺点。

3. 什么是结构化程序设计？

4. 结构化程序设计有几种基本结构？

5. 简述将源程序变成可执行程序的过程。

6. 简述 C 语言的程序结构。

7. C 语言的书写格式有哪些特点？如何书写便于阅读？

8. 什么是标识符？C 语言中标识符的命名规则是什么？

二、选择题

1. 下面可以用作 C 语言用户标识符的一组是（　　　）。

　A. void　word　FOR　　　　　　B. a1_b1　_123　IF

　C. Case　-abc　xyz　　　　　　D. case5　Liti　2ab

2. C 语言程序的基本单位是（　　　）。

　A. 函数　　　　　B. 语句　　　　　C. 字符　　　　　D. 程序行

3. 在一个源程序中，main()函数的位置（　　　）。

　A. 必须在最前面　　　　　　　　B. 可以在程序的任何位置

　C. 必须在最后面　　　　　　　　D. 必须在系统提供的库函数调用之后

4. 系统默认的 C 语言源程序的扩展名是（　　　）。

　A. .exe　　　　　B. .c　　　　　C. .obj　　　　　D. .doc

5. C 语言用（　　　）标志语句结束。

A. 逗号　　　　　　　B. 分号　　　　　　C. 句号　　　　　　　　D. 冒号

6. 编辑程序就是（　　　）。

A. 调试程序　　　　　　　　　　　　B. 建立并修改源程序文件

C. 将源程序变成目标程序　　　　　　D. 命令计算机执行程序

三、填空题

1. 软件包括程序和_____。

2. 程序的错误一般分为两种：_____和_____，前者是编译器可以发现的，而后者编译器无法发现。

3. C 程序是由函数构成的，其中_____一个 main() 函数。

4. C 语言程序的执行总是由_____函数开始，并且在_____函数中结束。

5. C 语言程序的注释可以出现在程序中的_____。

第2章　数据、数据类型与数据运算

计算机中存储的信息称为数据。在绝大多数计算机系统中，数据都是以二进制的形式存在的。在 C 语言中，数据类型是数据结构的表示形式，表明了数据与数据之间的关系、数据的存储方式以及数据所能进行的操作等。不同类型的数据在计算机中占用存储单元的数量不同，具有不同的取值范围，能进行的操作也不相同。

本章介绍进制、进制转换、原码、反码和补码的概念，重点介绍系统提供的基本数据类型（整型、实型、字符型）、相应类型的常量和变量，以及类型之间的转换，并介绍基本的数据运算。这些内容是学习以后各章的基础。

2.1　数据与数据类型

日常所使用的十进制数要转换成等值的二进制数才能在计算机中进行存储和操作。字符数据又称非数值数据，包括英文字母、汉字、数字、运算符号以及其他专用符号，它们在计算机中也要转换成二进制编码的形式。因为二进制编码的形式容易实现，容易表示。

2.1.1　进制

进制是一种计数机制，它使用有限的数字符号代表所有的数值。对于任何一种进制——X 进制，表示某一位置上的数在运算时，会逢 X 进一位，如常用的十进制就是"逢十进一"。实际生活中也有很多进制的应用，例如，1 min=60 s，这就是六十进制，又如对学生进行分组时，假设 8 人一组，可以让学生进行报数，报满 8 个数就多了一个小组，这就是八进制。

在对进制的描述中有 3 个概念：

（1）数位：数码在一个数中所处的位置。

（2）基数：在某种进位计数制中，每个数位上所能使用的数码的个数，即 X 进制的基数就是 X。例如，十进制的基数就是 10，每个数位上只能使用 10 个数码，即 0~9。

（3）位权：在某一种进位计数制表示的数中表明不同数位上数值大小的一个固定常数。例如，十进制数的位权是 10 的整数次幂，其个位的位权是 10 的零次幂，十位的位权是 10 的一次幂。十进制数 123.56 按位权展开就是：

$$123.56=1 \times 10^2 + 2 \times 10^1 + 3 \times 10^0 + 5 \times 10^{-1} + 6 \times 10^{-2}$$

下面将针对 C 语言中的二进制、八进制和十六进制分别进行讲解。

1. 二进制

二进制基数为 2，每个数位上只能使用 2 个数码，即：0 和 1。进位规则是"逢二进一"。例如计算二进制算术"1+1"，因为被加数最低位 1 是该位上最大的数，所以再加 1 后就会向前一位进一，该位改为 0，所以二进制算术"1+1"的结果是二进制数 10。二进制数 101.01 按位权展开就是：

$$(101.01)_2=1 \times 2^2 + 0 \times 2^1+1 \times 2^0+0 \times 2^{-1}+1 \times 2^{-2}$$

2．八进制

八进制基数为 8，每个数位上只能使用 8 个数码，即：0~7。进位规则是"逢八进一"。例如计算八进制算术"7+1"，结果是八进制数 10。八进制数 324.72 按位权展开就是：

$$(324.72)_8=3 \times 8^2+2 \times 8^1+4 \times 8^0+7 \times 8^{-1}+2 \times 8^{-2}$$

3．十六进制

十六进制基数为 16，每个数位上只能使用 16 个数码，它由 0~9、A~F 这 16 个符号来描述，即除了 0~9 外，十进制的 10~15 用 A~F 表示。进位规则是"逢十六进一"。十六进制数 4A3D 按位权展开就是（十六进制中 A 为 10，D 为 13）：

$$(4A3D)_{16}=4 \times 16^3 + 10 \times 16^2 + 3 \times 16^1 + 13 \times 16^0$$

下面通过对比的方式，来看十进制数和二进制数、八进制数、十六进制数的对应关系，如表 2-1 所示。

表 2-1 十进制与二进制、八进制、十六进制对照表

十进制	二进制	八进制	十六进制
0	0	0	0
1	1	1	1
2	10	2	2
3	11	3	3
4	100	4	4
5	101	5	5
6	110	6	6
7	111	7	7
8	1000	10	8
9	1001	11	9
10	1010	12	A
11	1011	13	B
12	1100	14	C
13	1101	15	D
14	1110	16	E
15	1111	17	F
16	10000	20	10

从表 2-1 中可以看出，当使用二进制数表示十进制数时，只有 0 和 1 两个数码，"逢二进一"；当使用八进制数表示十进制数时，只有 0~7 这 8 个数码，"逢八进一"；当使用十六进制数表示十进制数时，只能用十六进制的符号 0~9、A~F，"逢十六进一"。

需要注意的是,不同的进制是对数值的不同表示方式,无论采用哪种进制表示一个数,它的值都是一样的。以十进制数 16 为例,十进制由符号"16"表示,而二进制由符号"10000"表示、八进制由符号"20"表示、十六进制由符号"10"表示。

2.1.2 进制转换

不管是哪种进制形式来表示,数值本身是不会发生变化的。因此,各种进制之间可以轻松地实现转换,下面就以十进制、二进制、八进制、十六进制为例来讲解如何实现进制转换。

1. 非十进制转换成十进制

非十进制转换成十进制的方法是按位权展开,并求和。

(1)二进制转换成十进制。

$(11010.001)_2 = 1 \times 2^4 + 1 \times 2^3 + 0 \times 2^2 + 1 \times 2^1 + 0 \times 2^0 + 0 \times 2^{-1} + 0 \times 2^{-2} + 1 \times 2^{-3} = (26.125)_{10}$

(2)八进制转换成十进制。

$(32)_8 = 3 \times 8^1 + 2 \times 8^0 = (26)_{10}$

(3)十六进制转换成十进制。

$(12D)_{16} = 1 \times 16^2 + 2 \times 16^1 + 13 \times 16^0 = (301)_{10}$

2. 十进制转换成非十进制

十进制转换成非十进制,整数部分和小数部分要分别进行转换。转换的方法是:

(1)整数部分:除以基数,取其余数,直到商为零,余数倒排。

(2)小数部分:乘基数,取其整数,直到积为零(或取够保留的小数位),整数正排。

例如:将十进制数$(26.125)_{10}$转换为二进制数。

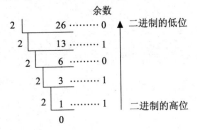

整数部分$(26)_{10} = (11010)_2$

小数部分$(0.125)_{10}=(0.001)_2$

所以$(26.125)_{10}=(11010.001)_2$

再如：将十进制数$(129.125)_{10}$转换为八进制数。

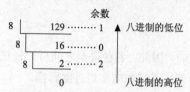

整数部分$(129)_{10}=(201)_8$

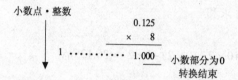

小数部分$(0.125)_{10}=(0.1)_8$

所以$(129.125)_{10}=(201.1)_8$

3. 二进制、八进制、十六进制之间的转化

（1）二进制数与八进制数之间的转化。

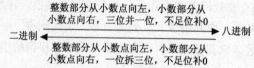

然后去掉无意义的前零和后零。

例如：将$(1101.1101)_2$转化为八进制数是$(15.64)_8$

　　001　101 .110　100

　　1　　5 . 6　　4

再如：将$(25.63)_8$转化为二进制数是$(10101.110011)_2$

　　2　　5 . 6　　3

　　010　101 .110　011

（2）二进制数与十六进制数之间的转化。

与二进制数和八进制数之间的转化类似，只不过并或拆的位数由 3 变成 4。因为 $8=2^3$，而$16=2^4$。

例如：将$(101101.11111)_2$转化为十六进制数是$(2D.F8)_{16}$

　　0010　1101.1111　1000

　　2　　D . F　　8

再如：将$(A5.C3)_{16}$转化为二进制数是$(10100101.11000011)_2$

　　A　　5 . C　　3

　　1010　0101.1100　0011

（3）八进制数与十六进制数之间的转化。

八进制数与十六进制数之间的转化，可将二进制数作为其中间转换数，然后按照二进制与八进制数、十六进制数转换方法进行转换即可。

2.1.3　原码、反码、补码

一个数在计算机中的二进制存储形式，称为这个数的机器数。机器数是带符号的，在计算机中用最高位存放符号，最高位为 0 表示是正数，最高位为 1 表示是负数。例如，十进制数 3 的机器数是 0000 0011；如果是-3，它的机器数就是 1000 0011。

带符号位的机器数对应的真正数值称为机器数的真值。例如，机器数 0000 0011 的真值是+000 0011，它的十进制形式是 3；而机器数 1000 0011 的真值-000 0011，它的十进制形式是-3。需要注意的是，机器数转换成十进制数时，不要把符号位当作数位来转换。

机器数有原码、反码、补码三种表示方法。

1．原码

原码就是符号位加上真值的绝对值。例如 1 的原码为 0000 0001，-1 的原码为 1000 0001。对于正数，它的反码和补码与原码一样。

2．负数的反码

负数的反码是在其原码的基础上，符号位不变，其余各个位取反。例如-1 的反码是 1111 1110。

3．负数的补码

负数的补码是在其反码的基础上最低位加 1。例如-1 的补码是 1111 1111。

4．负数的补码转换为真值

负数的补码转换为真值的步骤是：最低位减 1 变成反码，除了符号位以外各位取反变成原码。例如一个数的补码为 11110010，它的反码为 11110001，它的原码为 10001110，它的真值是十进制的-14。

计算机中存储的通常是机器数的补码。原因是使用补码可以解决以下问题：

（1）使+0 和-0 的表示一致。[+0]原=[+0]反=[+0]补=0000 0000，而 [-0]原=1000 0000，[-0]反=1111 1111，可见，+0 和-0 的原码与反码表示不一致。而[-0]补=0000 0000 （反码的最低位+1，最高位的 1 溢出）。

（2）使符号位能与有效值部分一起参加运算，从而简化运算规则。例如：(-9)+(-5)运算如下（假设用一个字节存储）：

```
      11110111      -9 的补码
  + 11111011      -5 的补码
  ─────────────
  1 11110010
```

由于字长限制，最高位进位丢失，运算结果机器数为 11110010，是-14 的补码形式。

（3）使减法运算转换为加法运算，进一步简化计算机中运算器的线路设计。

例如：5-9 可以用 5+(-9)来实现，运算如下：

```
   00000101        5 的补码
+  11110111        -9 的补码
   ─────────
   11111100
```

运算结果机器数为 11111100，是-4 的补码形式。

2.1.4　数据类型

数据是程序处理的对象，有许多种类，数据的类型确定了该数据的表示形式、在计算机中存储的方式、取值范围以及所能参与的运算等。例如：某人 20 岁，20 就是个整数；英文的每一个字母就是一个字符；3.1416 就是一个实数等。这些都是不同类型的数据。C 语言的数据类型如图 2-1 所示。

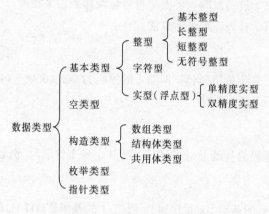

图 2-1　C 语言的数据类型

用户在程序设计过程中所使用的每个数据都要根据其用途定义类型，一个数据只能有一种类型。每一种类型的数据又分为常量和变量。

2.2　常　　量

常量是指在程序运行过程中其值不能被改变的量。在 C 语言中常用的常量有整型常量、实型常量、字符型常量、字符串常量和符号常量。这些常量只有符号常量需要预先定义才能使用，其他常量在程序中不需要预先说明就能直接引用。

2.2.1　整型常量

计算机中的数据都以二进制形式存储，但在 C 程序中为了方便，可以使用 3 种形式的整型常量：十进制形式、八进制形式和十六进制形式，编译系统会自动将它们转换为二进制形式存储。

1．十进制整型常量

十进制整型常量以人们通常习惯的十进制整数形式给出，由 0～9 的数字序列组成，数字前可以带正负号。如：123、0、-3、+125。

2．八进制整型常量

八进制整型常量就是八进制数。C 语言中以数字 0 开头，由 0～7 的数字序列组成（注意：不能有 8 和 9，因为 8 和 9 不是八进制数字，但 C 语言编译程序对此并不报错），数字前可以带正负号。如：0123 表示十进制的 83，即 $1×8^2+2×8^1+3×8^0=83$；–011 表示十进制的-9，即 $-(1×8^1+1×8^0)=-9$。

3．十六进制整型常量

十六进制整型常量就是十六进制数。C 语言中以数字 0 和英文字母 X（大小写都可以）开头，由 0～9 和 A～F（大小写都可以）的数字与字母混合序列组成。其中 A～F 表示十进制值 10～15，如：0x123 表示十进制的 291，即 $1×16^2+2×16^1+3×16^0=291$；–0x1a 表示十进制的-26，即 $-(1×16^1+10×16^0)=-26$。

3 种形式的整型常量又都可以表示成短整型常量、长整型常量、无符号整型常量。不同类型的常量在计算机中能够表示的数值范围以及存储时数据所占的字节数不同。长整型常量在常量后加 L（大小写都可以），无符号整型常量在常量后加 U（大小写都可以），如：123L、034l、56U、0x145u。

2.2.2　实型常量

实型常量就是带小数点的数，由于小数点是可以浮动的，所以又称浮点数或实数。在 C 语言中实型常量只用十进制表示。它有两种表示形式：十进制小数形式和指数形式。

1．十进制小数形式

由数字、小数点组成，也可以带正负号。如：0.123、.123、123.0、+123.、0.0、–1.23。

2．指数形式

指数形式常用于表示很大或很小的数，相当于数学中的科学计数法。用 E 或 e 表示指数。如：1.23e+5 表示 $1.23×10^5$；–3.56E–2 表示 $–3.56×10^{-2}$。

注意：

（1）当指数部分是正数时，"+" 可以省略，如 1.23E+5 可以写成 1.23E5。

（2）字母 e（或 E）之前必须有数字，且 e 后面的指数必须为整数，如：合法的指数 1E3、1.8e–3、–123e–6、–.1E–3；不合法的指数 e3、2.1e3.5、2.1e、e。

2.2.3　字符型常量

C 语言的字符常量代表 ASCII 码字符集里的一个字符，有两种形式：普通字符和转义字符。

1．普通字符

普通字符是用单引号括起来的一个字符。例如'a'、'A'、'5'、'$' 等。

注意：

（1）字符常量两侧的一对单引号是不可少的，作为字符常量的定界符。例如，'5' 是字符常量，而 5 则是一个整数。再如，'A' 是字符常量，而 A 则是一个标识符。

（2）字符常量的值就是该字符的 ASCII 码值，所以字符常量与值为其 ASCII 码值的整型常量等价。例如，字符常量 '5' 的 ASCII 码值是 53，与整型常量 53 等价；字符常量 'A' 的 ASCII 码值是 65，与整型常量 65 等价。

（3）字符 '0' 的 ASCII 码值是 48，字符 'A' 的 ASCII 码值是 65，字符 'a' 的 ASCII 码值是 97。这 3 个值应该记住，通过它们可推出其他数字字符和字母的 ASCII 码值。

2. 转义字符

转义字符是以反斜杠"\"开头的特殊字符（反斜杠被称为换码符），用来表示不可显示的字符或已经作为特殊用途的字符。常用的转义字符如表 2-2 所示。

表 2-2　常用的转义字符

字符形式	功　　　　能	ASCII 码值
\n	换行	10
\r	回车	13
\t	水平制表（下一个 Tab 键的位置，通常是 8 个字符）	9
\b	退格	8
\0	空字符	0
\\	反斜杠字符	92
\'	单引号字符	39
\"	双引号字符	34
\ddd	ddd（1~3 位 8 进制数）作为 ASCII 码值所对应的字符	
\xhh	hh（1~2 位 16 进制数）作为 ASCII 码值所对应的字符	

注意：'\n'、'\''、'\"'、'\\'、'\141'、'\x41' 等均表示一个字符。

由于回车符是不可显示字符，所以用 '\n' 表示；单引号、双引号作为定界符，已经是标识符，所以用 '\'' 和 '\"' 表示；反斜杠已经作为换码符，所以用 '\\' 表示；'\141' 与 'a' 等价，因为八进制的 141 是十进制的 97，是字母 a 的 ASCII 码值；同理，'\x41' 与 'A' 等价，因为十六进制的 41 是十进制的 65，是字母 A 的 ASCII 码值。

【例 2.1】转义字符举例。

```
#include"stdio.h"
void main()
{  printf("Hi!\t");
   printf("Hi!\n1234567890");
   printf("\bHi!");
}
```

运行结果：

```
Hi!␣␣␣␣Hi!
123456789Hi!
```

本程序第一个 printf()函数输出字符串"Hi!"后跳到下一个制表位；第二个 printf()函数输出字符串"Hi!"后换行，再输出字符串"1234567890"；第三个 printf()函数先退格再输出字符串"Hi!"，退格使 0 被覆盖。

2.2.4 字符串常量

字符串常量（简称字符串）是用双引号括起来的字符序列，序列中可以有 0 个或多个字符。例如："CHINA"、"a"、"I love China！"。

注意：

（1）空格也是字符。例如：字符串"I love China"中包含 12 个字符。

（2）字符串中也可以包含转义字符。例如：字符串"C:\\windows"中包含 10 个字符，"\\"是一个字符，表示反斜杠。

（3）C 语言对字符串长度不加限制，在计算机内存中存储时，一个字符用一个字节存放，且系统自动在字符串尾加一个转义字符 '\0' 作为结束标志。即长度为 n 个字符的字符串在内存占 $n+1$ 个字节空间。例如："CHINA"在内存中，占 6 个字节，如图 2-2 所示。字符常量 'A' 和字符串"A"的书写形式不同，存储形式也不同，如图 2-3 所示。

图 2-2 字符串存储形式 　　　　　图 2-3 字符 'A'（左）和字符串"A"（右）的存储形式

2.2.5 符号常量

在 C 语言中，用一个标识符为一个字符串命名，这个标识符就称为符号常量。为了与其他标识符相区别，通常符号常量用大写字母表示。例如，用 PI 代表圆周率 π，即 3.1415926。符号常量在使用之前必须先定义，一般定义格式如下：

```
#define 标识符 常量
```
例如：
```
#define PI 3.1415926
```
表示 PI 就是符号常量，在程序中 PI 就代替 3.1415926。

下面的程序行：
```
l=2*PI*r ; s=PI*r*r ;
```
就等价于：
```
l=2*3.1415926*r ; s=3.1415926*r*r ;
```
【例 2.2】使用符号常量，求半径为 5 的圆的周长和面积。
```
#define PI 3.1416
#include"stdio.h"
void main()
 { float r,l,s;
   r=5;
   l=2*PI*r;
   s=PI*r*r;
   printf("r=%f\tl=%f\ts=%f\n",r,l,s);
 }
```
运行结果：
```
r=5.000000    l=31.416000    s=78.540000
```
#define 是编译预处理命令，是宏定义。每个#define 定义一个符号常量，并且独占一行，此行放在程序的最前面。编译预处理命令将在第 6 章详细介绍。

使用符号常量主要有如下好处：

（1）可以增加程序的易读性。在程序中定义具有一定意义的符号常量，可以做到"见名知义"。

（2）可提高程序的通用性，使程序容易修改。如果一个常量在程序中多次出现，使用符号常量只需修改其定义处即可。例如：某程序中多次使用班级人数，若定义符号常量 NUM 代表班级人数，只要修改 NUM 的定义即可用于不同人数的班级。

注意：

（1）宏定义不是 C 语句，故末尾不要加分号。程序被编译时，它首先被预处理，即用标识符后面的字符串替换程序中所有的该符号常量。

（2）符号常量一旦定义，在程序中就只能引用，不能被改变。

2.3 变　　量

在程序运行过程中，需要将处理的数据保存起来，就要用变量。变量是指在程序运行过程中其值可以改变的量。每个变量必须有类型、名字，并在内存中占有一定的存储单元，在某一时刻有一个确定的值。

2.3.1 变量的概念

一个变量对应内存中的一个存储单元。存储单元的大小由变量的类型决定，用于存放数据。这个数据就是变量的值。在程序运行期间这个值是可以改变的，但在某一时刻是具体的。存储单元的地址就是变量的地址。一个变量应该有个名字，在程序中通过变量名来引用变量的值。

变量名就是标识符，变量命名除了要符合用户标识符的命名规则，最好能做到"见名知义"。为了区别于其他标识符，变量名中的字母通常用小写。

命名规则：可以是单个字母；也可以由字母、数字和下画线组成，但必须是以字母或下画线开头。

每个变量必属于一个确定类型，必须"先定义，后使用"。

2.3.2 变量的定义与初始化

1. 变量的定义

定义变量就是说明变量的数据类型，以便系统为它分配相应的存储单元。

变量定义的一般格式如下：

类型标识符　变量名表；

其中"变量名表"中可以有一个或多个变量名，变量名之间用逗号分隔。基本的数据类型标识符由系统提供，用户可以直接使用。构造类型、枚举类型的标识符需用户自己先定义后使用，这些将在后续章节中介绍。系统提供的基本数据类型的标识符以及该类型数据所占用的存储空间如表 2-3 所示。

表 2-3　基本数据类型标识符

类　　型	类型标识符	占用存储空间/B
基本整型	int	2
短整型	short int　或　short	2
长整型	long int　或　long	4
无符号整型	unsigned int	2
字符型	char	1
单精度浮点型	float	4
双精度浮点型	double	8

例如：

```
int sum;              /*定义一个整型变量 sum*/
long _a,_b;           /*定义 2 个长整型变量_a 和_b*/
char c1,c2;           /*定义 2 个字符型变量 c1 和 c2*/
float f_1,f_2,g;      /*定义 3 个浮点型变量 f_1、f_2 和 g*/
```

注意：若定义多个变量，变量名之间用逗号分隔，后面的分号表示定义结束。

2．变量的地址

对变量进行定义后，系统就会根据变量的数据类型为它分配相应的存储单元。一个变量对应内存中的一个存储单元，如基本整型变量 sum 的存储单元是 2 B，长整型变量_a 的存储单元是 4 B 等。

计算机内存是以字节为单位编地址的，存储单元的首地址称为变量的地址。在 C 语言中，变量的地址用变量名前加符号"&"表示，如&sum 表示 sum 的地址。符号"&"是取地址运算符，&sum 表示对变量 sum 进行取地址运算，结果是 sum 的存储单元的首地址。

实际操作中，用户不必关心变量地址的具体值，只需要直接使用变量名对存储单元进行操作。变量名与变量地址的对应关系由系统自动处理。

3．变量的初始化

变量定义后，其存储单元的内容（变量值）并不确定，是一个随机值。可以通过输入方式或赋值方式给它确定的值，也可以在定义变量的同时给它设置初值，后者称为变量的初始化。例如：

```
int a=5,b=6,c=7;      /*定义 3 个变量 a,b,c 且全部赋初值*/
float x,y=3.5,z;      /*定义 3 个变量 x,y,z,只有 y 被赋初值*/
```

2.3.3　变量的存储与变量的取值范围

1．变量的存储

数值是以补码的形式存储的。正整数的补码与其原码相同，负数的补码是将其原码的数值位取反加 1。

若有定义：

```
int a=32767,b=-32768,c=-1;
```

```
unsigned int u=65535;
char c1='a',c2=97;
```
则变量 a,b,c,u,c1,c2 的存储形式如图 2-4 所示。

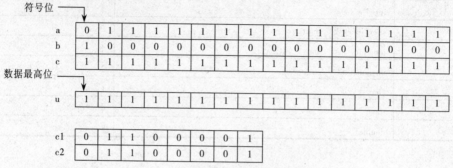

图 2-4　变量的存储形式

由于字符变量在内存中是以该字符的 ASCII 码值的二进制形式存放的,与整数存储形式相同,所以,字符型数据和整型数据之间可以通用,既可对字符型数据进行算术运算,也可用整数形式输出字符型数据。

【例 2.3】大小写字母的转换

```
#include"stdio.h"
void main()
{ int m,n; char c1,c2;
    m=97; c1='A';
    n=m-32; c2=c1+32;
    printf("%d,%d\t",m,n); printf("%c,%c\n",m,n);
    printf("%d,%d\t",c1,c2); printf("%c,%c\n",c1,c2);
}
```
运行结果:
```
97,65  a,A
65,97  A,a
```
C 语言没有字符串变量,要存储字符串需要定义字符型数组或定义字符型指针变量(将在第 8 章和第 9 章分别介绍)。

2. 变量的取值范围

什么类型的变量就用来存放什么类型的数据,一个变量存放一个数据。如 char 型的变量存放字符,int 和 long 型的变量存放整型数,float 和 double 型的变量存放实型数等。那么,int 和 long 型的变量都存放整型数,float 和 double 型的变量都存放实型数,有什么不同呢? 由于类型不同所占存储单元大小就不同,能存储数据的范围也就不同。基本数据类型变量的取值范围如表 2-4 所示。

表 2-4　基本数据类型变量的取值范围

类　　型	占用存储空间	变量的取值范围
int	2 字节（16 位）	$-32\,768 \sim 32\,767$　即$-2^{15} \sim (2^{15}-1)$
short	2 字节（16 位）	$-32\,768 \sim 32\,767$　即$-2^{15} \sim (2^{15}-1)$
long	4 字节（32 位）	$-2\,147\,483\,648 \sim 2\,147\,483\,647$　即$-2^{31} \sim (2^{31}-1)$
unsigned int	2 字节（16 位）	$0 \sim 65\,535$　即 $0 \sim (2^{16}-1)$

续表

类　型	占用存储空间	变量的取值范围
char	1 字节（8 位）	$-128 \sim 127$
float	4 字节（32 位）	$-3.4 \times 10^{-38} \sim 3.4 \times 10^{38}$
double	8 字节（64 位）	$-1.7 \times 10^{-308} \sim 1.7 \times 10^{308}$

【例 2.4】整型变量的溢出举例。

```
#include"stdio.h"
void main()
{  int a,b;
   a=32767;
   b=a+1;
   printf("a=%d,b=%d",a,b);
}
```

运行结果：

```
a=32767,b=-32768
```

一个整型变量只能容纳 $-32\,768 \sim 32\,767$ 范围内的数值，若存放大于 32 767 或小于 $-32\,768$ 的数值，则不能正确表示，这种情况称为"溢出"（即变量值超出了变量数据类型的取值范围）。

注意：

（1）在程序设计时，要根据使用数据的值范围定义不同类型的变量。定义过大浪费计算机资源，定义过小产生"溢出"或导致数据不精确。

（2）同一数据类型的变量在不同的计算机中所占字节数不同，这是由计算机本身的字长决定的。这里以 IBM PC 为例，字长为 32 位。

2.4　数　据　运　算

运算是对数据加工的过程。用来表示各种不同运算的符号称为运算符。C 语言运算符种类较多，灵活性大，除了控制语句和输入/输出操作以外，几乎所有的基本操作都作为运算符处理。

参加运算的数据称为运算量、运算对象或操作数。用运算符把运算对象连接起来的式子就是表达式。

运算符的运算对象可以有一个、两个或三个，分别称为单目运算符、双目运算符和三目运算符。

C 语言的表达式十分丰富，单个的常量、单个的变量是表达式的特例，函数调用是表达式，运算符和表达式的组合也是表达式。表达式的运算结果就是表达式的值，值的数据类型就是表达式的数据类型。根据表达式类型，表达式分可为：算术表达式、关系表达式、逻辑表达式等，其中算术运算的结果是算术量，关系运算、逻辑运算的结果是逻辑量。

表达式运算时要注意运算符的优先级别和结合方向。

（1）运算符的优先级别：一个运算量两侧有不同的运算符时，要先执行优先级别高的运算。如算术运算中乘、除的优先级别高于加、减，即"先乘除，后加减"。

（2）运算符的结合方向：指一个运算量两侧运算符的优先级别相同时，是"从左到右"依次运算（称为左结合），还是"从右到左"依次运算（称为右结合）。如算术运算中四则运算是左结合，而算术运算中的负号和赋值运算就是右结合。关于运算符的优先级和结合方向详见附录 B。

2.4.1 赋值运算

在 C 语言中，"="称为赋值运算符。包含赋值运算符的表达式称为赋值表达式。

1．赋值表达式

赋值表达式的一般格式如下：

<变量名><赋值运算符><表达式>

赋值运算符"="的左侧必须是变量名，右侧是任意类型的表达式。其中：<表达式>也可包含赋值表达式。

赋值表达式的求解过程是：将赋值运算符右侧表达式的值送到左侧变量所代表的存储单元中。赋值运算符的结合方向是右结合，优先级别只高于逗号运算符，低于其他所有运算符。例如：

x=5   将 5 赋给 x，即将 5 送到变量 x 所代表的存储单元中。

a=b=3   将 3 赋给 b，再将 b 的值 3 赋给 a。

x=(a=5)+(b=7)   将 5 赋给 a，7 赋给 b，a+b 的结果 12 赋给 x。

2．不同类型数据的赋值

做赋值运算时，系统会对不同类型的数据自动进行类型转换，转换原则如下：

（1）数据长度相同的直接赋值。

（2）把实型数据赋给整型变量时，小数部分截去；把整型数据赋给实型变量时，数值不变，只转换成相应的实数形式。

（3）长的数据赋给短的变量时，低位对齐赋值，高位丢失，有可能造成溢出。如：long int 数据赋给 int 变量，高 16 位去掉，低 16 位赋值。

（4）短的数据赋给长的变量时，低位对齐赋值，对无符号数高位补 0，对有符号数要进行"符号扩展"（即符号位为 0，高位全补 0；符号位为 1，高位全补 1）。

注意：

（1）赋值运算符"="不同于数学中的等号，它没有相等的含义。例如 x=x+1，从数学意义上讲是不成立的，而在 C 语言中它是合法的赋值表达式，其含义是"取出变量 x 中的值加 1 后，再存放到变量 x 中去"。

（2）赋值运算符"="的左侧必须是变量名，因为它代表一个存放值的存储单元。例如：

5=a

a+b=c

这样的赋值是不合法的。

（3）赋值操作是一种破坏性的操作，无论左侧变量中原来的值是什么，赋值后都会被右侧表达式的值取代。

（4）赋值表达式后加上分号就是赋值语句。例如：

a=5

是赋值表达式，而

```
a=5;
```
则是赋值语句。

3．自增与自减运算符

自增（++）、自减（--）运算是 C 语言特有的运算，其实质是赋值运算。

++、--运算符是单目运算符，结合方向是右结合。其操作数只能是变量，运算符可以出现在变量之前，也可以出现在变量之后。

（1）在有其他运算符的表达式中，++、--运算符出现在变量之前和出现在变量之后的作用是不相同的。++i（或--i）是先把 i 存储单元的值加 1（或减 1），然后引用 i；而 i++（或 i--）是先引用 i，然后再把 i 存储单元的值加 1（或减 1）。

（2）作为独立的表达式时，++、--运算符出现在变量之前或之后的作用相同，就是使变量的值增 1 或减 1。此时，++i 和 i++都相当于 i=i+1，是赋值运算；而--i 和 i--都相当于 i=i-1，也是赋值运算。

【例 2.5】自增、自减运算符举例。

```
#include"stdio.h"
void main()
{ int  i=2,j=2,a1,b1,a=3,b=3;
  i++;
  ++j;
  printf("i=%d,j=%d\n",i,j);
  a1=a++;
  printf("a=%d,a1=%d\n",a,a1);
  b1=++b;
  printf("b=%d,b1=%d\n",b,b1);
}
```
运行结果：
```
i=3,j=3
a=4,a1=3
b=4,b1=4
```
注意：自增、自减运算符要求其操作数只能是变量。如 5++和--(a+b)都是错误的。

2.4.2　算术运算

1．算术运算符

C 语言中有 6 种算术运算符：负号（-）、加（+）、减（-）、乘（*）、除（/）、取余（或称模运算，%）运算符。除了负号（-）是单目运算符外，其他都是双目运算符。C 语言规定了算术运算符的优先级别和结合方向，用圆括号可以改变它们的优先级别。算术运算符的优先级别和结合方向如图 2-5 所示。

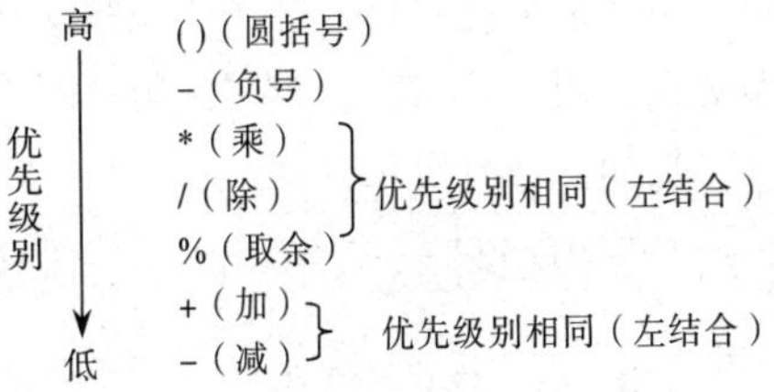

注意：

（1）负号、加、减、乘、除运算与数学中相似，只

图 2-5　算术运算符的优先级别和结合方向

需注意：两个整数相除结果为整数，舍去小数部分，而不是四舍五入。例如：5/3 结果为 1；1/4 结果为 0。

（2）模运算要求两个操作数必须都是整数（既可是整型常量，也可是整型变量）。

例如：5%3 结果为 2；12%4 结果为 0；3%1 结果为 0。

2．算术表达式

用算术运算符和圆括号将常量、变量、函数等运算量连接起来的有意义的式子称为算术表达式。C 语言的算术表达式中没有分式，整个表达式必须写在一行上，也没有上下标。将数学表达式转换成 C 语言算术表达式应注意以下两点：

（1）乘法的乘号不能省略。如：$p(p-a)(p-b)(p-c)$ 必须写成 p*(p-a)*(p-b)*(p-c)。

（2）分数线用除号（/）代替，用圆括号实现正确的逻辑关系，左右括号必须配对。如：$\dfrac{b^2-4ac}{2a}$ 应写成(b*b-4*a*c)/(2*a)。

3．各种类型数据的混合运算

在算术表达式中，字符型数据与整型数据通用，各种类型的数据可以混合运算。运算时，先将不同类型的数据转换成相同类型，然后再计算。这种转换是系统自动完成的，其转换规则如下：

（1）若操作数是 float 型，必须转换为 double 型；若操作数是 short 型或 char 型，必须转换为 int 型。

（2）若两个操作数类型不同时，将其中短类型的转换为长类型，并进行符号扩展。数据类型级别由低到高表示为：int→unsigned→long→double

2.4.3　关系运算

1．关系运算符

关系运算符就是比较运算符，共有 6 种，它们的结合方向都是左结合，优先级别如图 2-6 所示。

关系运算符的优先级低于算术运算符，高于赋值运算符。

2．关系表达式

用关系运算符将两个表达式连接起来的式子，称为关系表达式。

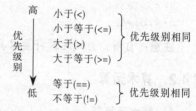

图 2-6　关系运算符的优先级别

关系运算是双目运算，关系表达式的值是一个逻辑值，即"真"或"假"。C 语言没有逻辑型数据，用"1"表示"真"，用"0"表示"假"。当进行判断时，非 0 即"真"，0 即"假"。

例如，若有定义：

```
int a=1,b=2,c=3;
```

则：

```
a<b        为真，值为 1
a+b==c     为真，值为 1
a=='a'     为假，值为 0(字符'a'取其 ASCII 码值97)
```

```
a!=b>c   为真，值为 1(b>c 为 0，a 不等于 0)
d=a>b    d 值为 0 (a>b 为 0)
f=c>b>a  f 值为 0(c>b 为 1，1>a 为 0)
```

注意： 当需要判断两个量是否相等时，运算符是由两个等号 "==" 组成的 "等于"，而一个等号 "=" 表示赋值。这与数学中的传统用法不同，初学者容易用错。

2.4.4　逻辑运算

1. 逻辑运算符

逻辑运算符有 3 个：逻辑非（!）、逻辑与（&&）、逻辑或（||）。

- ! 运算是单目运算符，结合方向为右结合，当操作数为非 0（真）时，运算结果为 0（假）；当操作数为 0（假）时，运算结果为 1（真）。
- && 运算是双目运算符，结合方向为左结合。当两个操作数均为非 0（真）时，表达式为 1（真），其余为 0（假）。
- || 运算是双目运算符，结合方向为左结合。当两个操作数均为 0（假）时，表达式为 0（假），其余为 1（真）。

在逻辑运算中，逻辑运算符的优先级别是：先!，再&&，||最低。

在其他运算中，!高于算术运算，&&和||都低于关系运算。

2. 逻辑表达式

用逻辑运算符将关系表达式或逻辑量连接起来就是逻辑表达式。逻辑表达式的值为逻辑值。例如：

```
int a=3,b=4;
```

则：

```
a<5&&b>5     值为 0
a<5||b>5     值为 1
!(a-b)       值为 0
!a||b        值为 1
4&&0||b>a    值为 1
```

说明：

（1）注意关系表达式、逻辑表达式的书写。如数学中的不等式 $0<x<10$，C 语言中应写成 x>0 && x<10；再如|x|>5，C 语言中应写成 x>5||x<-5。

（2）在逻辑表达式的求解中，若有多个逻辑运算符，并不是所有的都被执行，只是在必须执行下一个逻辑运算符才能求出表达式的解时，才执行该运算符。即：对于 "&&" 运算，若左操作数为假，右操作数就不用计算了；对于 "||" 运算，若左操作数为真，右操作数就不用计算了。如：a&&b&&c 只有 a 为真时，才需要判断 b 的值，只有 a 和 b 都为真时，才需要判断 c 的值。a||b||c 只要 a 为真，就不必判断 b 和 c 的值，只有 a 为假，才判断 b。a 和 b 都为假才判断 c 的值。

（3）逻辑运算符的两侧可以是任何类型的数据，只需区别 0 和非 0。若为字符型，则按其 ASCII 码值处理。

2.4.5　位运算

前面介绍的各种运算都是以字节作为基本单位，而有些系统的控制程序中常要求对二进制位（bit）进行处理。对此，C语言提供了位运算功能，可以用来编写系统软件，也可以编写应用软件，既具有高级语言的特点，又具有低级语言的功能。

所谓位运算是指运算的单位是二进制的一个位（bit），每一个位的取值不是 0 就是 1。通常把一个数据最右边的二进制位称为第 0 位，然后是第 1 位，依此类推。位运算常用于计算机的检测和控制领域中。

1．位运算符

C语言提供了6种位运算符，除了按位取反（～）是单目运算符、结合方向为右结合外，其他都是双目运算符、结合方向为左结合。优先级别如图 2-7 所示。

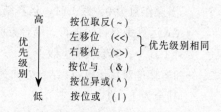

图 2-7　位运算符的优先级别

说明：

（1）位运算的运算量只能是整型或字符型。若进行位运算的数据不是用二进制表示的，要先转换成二进制补码形式再运算，运算后的结果再转换成要求的进制。

（2）与其他运算符混合运算时，"～"的优先级仅低于圆括号；"<<"和">>"的优先级低于算术运算符，高于关系运算符；"&"、"^"和"|"的优先级低于关系运算符，高于"&&"和"||"运算符。

2．位运算表达式

（1）按位与运算"&"。按位与运算"&"，是两个操作数的对应位相与，即两个对应位均为 1 时该位结果为 1，否则为 0。例如：65&15 可写算式如下：

```
  01000001      (65)
& 00001111      (15)
  ‾‾‾‾‾‾‾‾
  00000001      (65&15 值为 1)
```

按位与运算的特点：

① 与 0 相与对应位清零。

② 与 1 相与对应位保留原值。

（2）按位或运算"|"。按位或运算"|"，是两个操作数对应位相或，即两个对应位均为 0 时该位结果为 0，否则为 1。例如：char a=0x41,b=0x0f; 求 a|b 可写算式如下：

```
  01000001      (a)
| 00001111      (b)
  ‾‾‾‾‾‾‾‾
  01001111      (a|b 值为 79)
```

按位或运算的特点：

① 与 1 相或对应位置 1。

② 与 0 相或对应位保留原值。

（3）按位异或运算"^"。按位异或运算"^"是两个操作数对应位相异或，即两个对应位相异为 1，相同为 0。例如：char a=0101,b=017；求 a^b 可写算式如下：

```
      01000001      (a)
  ^   00001111      (b)
      01001110      (a^b 值为 78)
```

按位异或运算的特点：

① 与 1 相异或对应位翻转。

② 与 0 相异或对应位保留原值。

③ 交换两个值，不用临时变量，用 3 个赋值语句。如：a=3，b=4，用 a=a^b;b=a^b;a=a^b;可写算式如下：

```
      00000011   (a)          00000111   (a)          00000111   (a)
  ^   00000100   (b)      ^   00000100   (b)      ^   00000011   (b)
      00000111   (a)          00000011   (b)          00000100   (a)
```

④ 同一个数做"^"运算结果为 0。如：a^x^a 等于 x，因为 a^x^a 等于 a^a^x 等于 0^x 等于 x。

（4）按位取反运算"~"。按位取反运算"~"就是 0 变 1、1 变 0。例如：

char ch=15;

则~ch，即~(00001111)，结果是 11110000。

（5）左移运算"<<"。左移运算符"<<"，用来将一个数的各二进制位全部左移若干位，高位溢出舍弃，低位补 0。操作数每左移一位，相当于乘 2。

（6）右移运算">>"。右移运算符">>"，用来将一个数的各二进制位全部右移若干位，低位舍弃。若无论操作数是正还是负高位补 0，称为"逻辑右移"；若操作数为正高位补 0，为负高位补 1，称为"算术右移"。操作数每右移一位，相当于除以 2。在 Turbo C 中采用"算术右移"。

【例 2.6】移位运算举例。

```c
#include"stdio.h"
void main()
{ unsigned int  a=4,b=20;
  a=a<<2;
  b=b>>2;
  printf("a=%d,b=%d\n",a,b);
}
```

运行结果：

a=16,b=5

可见，操作数左移 n 位，相当于乘以 2^n，右移 n 位，相当于除以 2^n。

2.4.6　其他运算

1. 复合的赋值运算

算术运算和位运算中的二目运算符，都可以与赋值运算符组成复合赋值运算符，共 10 种，即+=，-=，*=，/=，%=，&=，|=，^=，<<=，>>=。它们与"="优先级别相同，结合方向也相同，都是右结合。

例：a+=3　　　等价于　　a=a+3

x%=2   等价于   x=x%2

x*=y+5   等价于   x=x*(y+5)

a&=b   等价于   a=a&b

x>>=2   等价于   x=x>>2

右边的表达式也可以包含复合运算符。

若有定义：

int x=5,y=3,z=8;

则赋值表达式 x+=y-=z*=x+6 有 3 次赋值，可以分解为：

z*=x+6;y-=z;x+=y;

求解过程是：

① 先计算 z*=x+6，等价于 z=z*(x+6)，所以为 z 赋值 88。

② 再计算 y-=z，为 y 赋值–85。

③ 最后计算 x+=y，为 x 赋值–80。

注意：若进行运算的两个操作数长度不同，应先以长的为基准，右端对齐，短的是正数左边补 0，是负数左边补 1，补齐后再运算。

2．条件运算

条件运算符（?:）是唯一的一个三目运算符。条件表达式的一般格式如下：

表达式 1? 表达式 2：表达式 3

条件表达式的求解过程：若表达式 1 为"真"，计算表达式 2，取表达式 2 的值作为条件表达式的值；否则计算表达式 3，取表达式 3 的值作为条件表达式的值。

优先级别：低于算术运算、关系运算、位运算、逻辑运算，高于赋值运算。

结合方向：右结合。如 a>b?a:c>d?c:d，相当于 a>b?a:(c>d?c:d)。

当表达式的值无论为"真"还是为"假"，都只给同一个变量赋值时，用条件表达式处理最简便。

例如：将 a,b 中大者放到 max 中。用条件运算符表示为：

max=(a>b)?a:b;

注意：当表达式 2 与表达式 3 类型不同时，条件表达式取两者中较高的类型。

如：a>b?3:1.5   （若 a>b 为真，则表达式值为 3.0）

3．逗号运算

逗号运算符（,）优先级别最低，结合方向为左结合。

逗号表达式的一般格式如下：

<表达式 1>，<表达式 2>

逗号表达式的求解过程：先求<表达式 1>的值，再求<表达式 2>的值，并将<表达式 2>的值作为整个表达式的值。

如：3*5,4+6 值为 10（先算 3*5，再算 4+6），而 a=3*5,a+6 值为 21。

由于"="优先于","，所以先计算 a=3*5，使 a 赋值为 15，再计算 a+6 得 21。

再如：(a=3*5,a+6),a+5 值为 20。

一般格式可扩展为：

<表达式 1>，<表达式 2>，…，<表达式 n>

其值为<表达式 n>的值。

注意：

（1）并非所有的逗号都是运算符，逗号还可作为分隔符。如 int a,b,c;中逗号就是分隔符。

（2）当语句中某处只允许用一个表达式，而实际必须用多个表达式时，将多个表达式用逗号运算符连接，构成一个逗号表达式。

4．求字节运算

求字节运算符（sizeof）用于计算其操作数所占存储空间的字节数。它是单目运算符，结合方向是右结合。其操作数可以是类型标识符，也可以是表达式。一般格式如下：

```
sizeof(类型标识符)
```

或

```
sizeof(表达式)
```

【例 2.7】求字节运算符举例。

```
#include"stdio.h"
void main()
{ int a=5; float f=7.8;
  printf("double: %d\n",sizeof(double));
  printf("float: %d\n",sizeof(f));
  printf("int + float: %d\n",sizeof(a+f));
}
```

运行结果：

```
double: 8
float: 4
int + float: 8
```

运行结果表明：double 型占 8 个字节，float 型占 4 个字节，表达式 a+f 的值占 8 个字节。这是因为 f 为 float 型，运算前必须转换成 double 型。

5．强制类型转换运算

前面讲过，当各种类型的数据进行混合运算时，系统会自动进行类型转换，然后再计算。C 语言还提供了一种用户自己进行的数据类型转换，这种转换是一种运算，即强制类型转换运算，作用是将表达式的值转换成所需类型。

强制类型转换运算符为：

```
(类型)
```

是单目运算符，结合方向为右结合，优先级别仅低于圆括号。

强制类型转换的一般格式为：

```
(类型)(表达式)
```

如：(double)a 将 a 转换为 double 型，(float)(5%3) 将 5%3 的值转换为 float 型。

注意：

（1）表达式应括起来。如：(int)x+y   只将 x 转换为 int 型。

（2）强制类型转换只得到该类型的中间量，原变量类型不变。如：

```
float a=8.5 ,b=3.4 ;int x;
x=(int)a%(int)(b);
```

由于运算符%要求操作数类型为整型，而 a 和 b 为实型无法运算，所以需要进行强制类型转换。运算结果：x 值为 2，a 和 b 仍为 float 型。

可见类型转换有两种：系统自动进行的类型转换和用户进行的强制类型转换。

习　　题

一、简答题

1. 整型常量有哪几种形式？
2. 整型常量、字符常量和字符串常量有什么区别？
3. 符号常量有什么作用？如何定义符号常量？
4. 什么是变量？什么是变量名、变量值和变量的地址？
5. 什么是"溢出"，应如何防止溢出？
6. 在逻辑运算中是不是所有的运算符都一定被执行？
7. C 语言中如何表示逻辑"真"和逻辑"假"？如何判断一个量的"真"和"假"？

二、选择题

1. 设 int 类型的数据占 2 个字节，则 unsigned int 类型数据的取值范围是（　　　）。
   A. 0 ~ 255　　　　B. 0 ~ 65 535　　　C. − 32 768 ~ 32 767　　D. − 256 ~ 255
2. 下列字符序列中，可以作为"字符串常量"的是（　　　）。
   A. ABC　　　　　B. "ABC"　　　　　C. 'abc'　　　　　　　D. 'a'
3. 以下（　　　）是不正确的转义字符。
   A. ' \\'　　　　　B. '\''　　　　　　C. '\18a'　　　　　　D. '\0'
4. 有变量定义语句 int a=3;b=4;则（　　　）。
   A. 定义了 a、b 两个变量　　　　　　B. 定义了 a、b 两个变量，并均已初始化
   C. 程序编译时出错　　　　　　　　　D. 程序运行时出错
5. 表达式 3.5+5%2*(int)(1.5+1.3)/4 的值为（　　　）。
   A. 4.5　　　　　B. 4.0　　　　　　C. 3.5　　　　　　　D. 4.2
6. 有变量定义语句 float a,b;int k=0;，以下合法的 C 语言赋值语句为（　　　）。
   A. a=b=8.5　　　B. a=8.5,b=8.5　　C. k=int(a+b);　　　D. k++;
7. 有变量定义语句 int a=9; 则执行完语句 a+=a-=a*a; 后，a 的值是（　　　）。
   A. 9　　　　　　B. 144　　　　　　C. 0　　　　　　　　D. − 144
8. 若已定义 x 和 y 是 double 类型，则表达式 x=1,y=x+3/2 的值是（　　　）。
   A. 1　　　　　　B. 2　　　　　　　C. 2.0　　　　　　　D. 2.5
9. 若 x、y 均为 int 型变量，执行语句 y=(x=32767,x+1); 后，y 的值为（　　　）。
   A. − 32 768　　　B. 0　　　　　　　C. 32 768　　　　　　D. 32 767
10. 若 x、y 均为 int 型变量，执行语句 y=(x=32767,x+1); 后，y 值的十六进制形式为（　　　）。
    A. FFFF　　　　B. 7FFF　　　　　C. 7FFE　　　　　　　D. 8000

11. x=5,y=8 时，C 语言表达式 x+5<=y - 3<x - 5 的值是（   ）。

    A. 1   B. 0   C. 3   D. 4

12. C 语言中表示逻辑"真"值的是（   ）。

    A. .T.   B. 0   C. true   D. 非 0 值

13. 能正确表示逻辑关系"a≥10 或 a≤0"的 C 语言表达式是（   ）。

    A. a>=10 or a<=0   B. a>=0 | a<=10

    C. a>=10&&a<=0   D. a>=10||a<=0

14. 设有定义：int a=3,b=4,c=5; 则下面的表达式中，值为 0 的表达式是（   ）。

    A. 'a' && 'b'   B. a<=b

    C. a || b+c && b-c   D. !(a<b &&!c||1)

15. 在位运算中，操作数每右移一位，其结果相当于（   ）。

    A. 操作数乘 2   B. 操作数除以 2

    C. 操作数除以 16   D. 操作数乘 16

三、填空题

1. 在 16 位 PC 环境下，int 类型数据应占_____字节，long 类型数据应占_____字节，double 类型数据应占_____字节。

2. 在内存中，存储字符串"X"要占用_____个字节，存储字符 'X' 要占用_____个字节。

3. 请写出数学式 $\dfrac{x(x-1)}{yz}$ 的 C 语言表达式_____。

4. 设 ch 是 char 型变量，其值为 'A'，则下面表达式的值是_____。

   ch=(ch>='A'&&ch<='Z')?(ch+32):ch

5. 表达式 5&7 的值为_____，5 | 7 的值为_____，5^7 的值为_____。

6. 若有定义 int x;float y=5.8;，执行语句 x=(int)y;后，x 的值是_____，y 的值是_____。

7. 设整型变量 a 的值 10，表达式(a*=3,a+5)的结果是_____，a 的值是_____。

8. sizeof(float)的值是_____。

第3章　顺序结构程序设计

所谓顺序结构的程序，就是按语句的书写顺序执行的程序。本章简要介绍 C 语言的控制语句，重点介绍顺序结构的语句，以及实现输入、输出操作的函数调用语句。控制语句的详细介绍将在后面的章节中进行。

3.1　C 语句概述

C 语言的语句可以分为 4 类：控制语句、表达式语句、复合语句和空语句，后 3 类属于顺序结构的语句。

3.1.1　控制语句

要编程解决的问题是复杂多样的，程序不可能总是顺序执行。控制语句就是用来改变程序流向、控制程序执行顺序的语句。C 语言的控制语句共有 9 条，可分为以下 3 类：

1. 选择语句

```
if() … else …        （选择语句）
switch() …           （多分支选择语句）
```

2. 循环语句

```
while() …            （当型循环语句）
do … while()         （直到型循环语句）
for() …              （当型循环语句）
```

3. 转向语句

```
goto                 （转向语句）
continue             （结束本次循环语句）
break                （终止循环或终止执行 switch 语句）
return               （函数返回语句）
```

上述控制语句中，"()"表示条件，可以是 C 语言中任何一种合法的表达式；带"…"的语句称为构造语句，即语句中还包含其他语句，"…"表示语句中内嵌的语句，可以是任何合法的语句。

3.1.2　顺序结构的语句

顺序结构的语句就是按书写顺序执行的语句，可以分为表达式语句、复合语句和空语句 3 类。

1. 表达式语句

一个表达式后跟一个";"构成一个表达式语句。常见的表达式语句有以下两种：

（1）赋值语句。由赋值表达式后跟一个";"构成。如：

```
a=b*5;
k++;          (相当于 k=k+1; )
a+=a*a-2;    (相当于两条赋值语句：a=a*(a-2); a=a+a; )
```

执行赋值语句，就是计算赋值号"="右边的表达式的值，并把它送到左边变量名所代表的存储单元中去。

（2）函数调用语句。一般格式为：

```
函数名(实际参数表);
```

如系统提供的输入、输出函数的调用语句：

```
scanf("%d",&a);
printf("%d,%c",a,c);
```

执行函数调用语句，就是实现函数的功能。在程序中还可以调用自己定义的函数，将在后续第 7 章详细介绍。

2．复合语句

复合语句是由一对"{}"括起来的一组语句。如果要在只能执行一条语句的地方执行多条语句，就把这多条语句用"{}"括起来构成一条复合语句，作为一条语句使用。复合语句常用在构造语句中，如条件语句、多分支选择语句、循环语句等。

例如：用一条复合语句实现将 a 和 b 两个变量的值互换，可以借助一个临时变量 t。

```
{ t=a;a=b;b=t; }
```

注意：

（1）复合语句中的每个语句都必须以分号结束，"{}"外不必加分号。

（2）一条复合语句在语法上等同于一条语句，因此在程序中，凡是单个语句能出现的地方复合语句都可以出现，复合语句也可以出现在其他复合语句中。

3．空语句

在 C 语言中，只有一个分号也可以构成一条语句，称为空语句。

空语句在语法上占据一个语句的位置，执行时不产生任何动作，可以为转向语句提供转移点，也可以用在循环语句中作为循环体，表示什么也不做，可起到延时的作用。

3.2　输入/输出和头文件的概念

一个程序在运行的时候，可能需要输入原始数据（可以有零个或多个输入），运行结束时必须将运行结果输出（可以有一个或多个输出）。

3.2.1　C 语言的输入与输出

1．输入、输出的概念

所谓输入、输出是相对计算机主机而言的。

从计算机内存向输出设备（如显示器、磁盘等）输出数据称为输出；从输入设备（如键盘、磁盘等）向计算机内存输入数据称为输入。

2．C 语言输入、输出的实现

C 语言本身不提供输入、输出语句，输入、输出操作由函数实现。C 语言函数库中有一批标准输入、输出函数，其中有 putchar()（输出字符）、getchar()（输入字符）、scanf()（格式输入）、printf()（格式输出）、puts()（输出字符串）、gets()（输入字符串）等函数。

3.2.2　C 程序的头文件

1．"头文件"的概念

所谓库函数，就是由系统提供的一些常用功能编写成的标准函数，它们被存放在库函数文件（扩展名为.lib）中。对这些函数的声明被分类存放在一些文件中，这些文件通常以.h 作为扩展名，"h"是 head 的缩写。

若程序中调用了系统提供的库函数，就需要把含有对该函数声明的文件放在自己程序的开始部分，所以称它们为"头文件"。

常用的头文件有：stdio.h（标准输入、输出函数，变量定义及宏定义等）、math.h（数学函数）、ctype.h（字符函数）、string.h（字符串函数）等。

2．"头文件"的使用方法

在程序中调用库函数时，要在源程序的开始位置包含一条编译预处理命令，一般格式为：

```
#include "头文件名"
```

或

```
#include <头文件名>
```

例如：

```
#include "stdio.h"
```

当对 C 语言源程序进行编译连接时，系统将用户程序与"头文件"相连接，形成一个可执行文件。

编译预处理命令#include 还将在第 6 章详细介绍。

注意：

（1）每条#include 命令都独占一行，后没有分号。

（2）使用什么函数就需要包含哪个头文件，详见附录 C。

3.3　字符数据的输出和输入

putchar()和 getchar()是 C 语言标准函数库提供的单个字符的输出和输入函数，对它们的声明包含在头文件 stdio.h 中。程序中若使用了它们，要在程序的开头使用编译预处理命令#include "stdio.h"。

3.3.1　字符输出函数 putchar()

函数调用的一般格式如下：

```
putchar(ch);
```

其中，"ch"是函数的参数，可以是字符变量或常量，也可以是整型变量或常量。

函数的功能：向终端输出一个字符。

注意：

（1）函数 putchar()的调用形式是函数调用语句。

（2）转义字符也是字符常量，常用来作为函数参数输出一些特殊控制符，例如：putchar('\n');用来换行，putchar('\t');用来跳格等。

【例 3.1】字符输出函数举例。

```
#include"stdio.h"

void main()
{  char c;int j;
   c='A';j=65;
   putchar(c);  putchar('A');  putchar('\n');
   putchar(65);  putchar(j);  putchar('\t');  putchar('\101');
}
```

运行结果：

```
AA
AA_____A
```

可见，当函数的参数是字符变量或常量时，输出该字符；当函数的参数是整型变量或常量时，输出与它等值的 ASCII 码对应的字符；当函数的参数是转义字符时按其含义起到控制输出的功能。

3.3.2　字符输入函数 getchar()

函数调用的一般格式如下：

```
getchar();
```

函数的功能：得到一个从键盘输入的字符。

注意：

（1）函数 getchar()是无参数函数。函数调用结果是得到从键盘上输入的字符，通常将其赋给字符型变量。

（2）程序运行到 getchar()函数调用语句时，等待用户从键盘上输入字符。但并非输入一个字符后 getchar()函数就能立即得到，而是等到输入若干个字符并回车后，系统才将该行字符送入输入缓冲区，getchar()函数再从输入缓冲区逐一取字符处理。

（3）回车键、退格键等也是字符。

【例 3.2】字符输入函数举例。

```
#include"stdio.h"

void main()
{  char c;
   c=getchar();
   putchar(c);
}
```

程序测试（加下画线的部分表示是用户自己输入的）：

<u>a</u>✓　　　　　　　(输入 a 并回车)

```
a                    (输出字符a)
```
再运行一次：

<u>abc↙</u>　　　　　(输入abc并回车)
```
a                    (输出字符a)
```
可见，输入的字符个数可以多于需要读取的字符个数。

【例3.3】字符输入函数举例。

```
#include"stdio.h"

void main()
{ char c1,c2,c3;
  c1=getchar();c2=getchar();c3=getchar();
  printf("%d,%d,%d",c1,c2,c3);
}
```
程序测试：

<u>12↙</u>　　　　　(输入12并回车)
```
49,50,10             (输出字符'1'、'2'和回车键的ASCII码值)
```
可见，getchar()函数把输入都视为字符，c3读取的是回车符。

3.4　格式输出和格式输入

putchar()和getchar()函数每次只能输出和输入一个字符型数据，而printf()和scanf()函数可以一次输出和输入若干个任意类型的数据。虽然它们也是标准的输入/输出函数，由于使用频繁，在Turbo C 2.0中，允许在使用它们时省略编译预处理命令#include <stdio.h>，但有的系统不允许。

3.4.1　格式输出函数 printf()

printf()函数的功能是向输出设备（通常指显示器）输出若干个任意类型的数据。

1．printf()函数的一般调用格式

一般调用格式如下：

printf(格式控制字符串);

或

printf(格式控制字符串,输出参数表);

说明：

（1）"格式控制字符串"（简称格式串）是用双引号括起来的字符串，它包含3类符号：格式说明符、转义字符和普通字符。

- 格式说明符：由"%"开头，后跟一个格式字符组成。格式说明符的作用是将输出参数的值转换成指定的格式输出。不同类型的数据要用不同的格式字符。
- 转义字符：在输出时按其含义完成相应的控制功能。
- 普通字符：在输出时按原样输出。

（2）"输出参数表"中的参数又称输出项。若有多个输出项则用逗号分隔。输出项可以是合法的常量、变量或表达式。

　　每个输出项都应该有一个格式说明符相对应，即：第一个格式说明符对应第一个输出项，第二个格式说明符对应第二个输出项……

　　（3）执行 printf()函数调用语句时，按格式串从左到右依次输出，即普通字符原样输出、转义字符按含义输出、格式说明符按指定格式输出对应的输出项的值。

　　例如：

```
printf("Good morning!");
```

语句中只有格式串，没有输出参数，格式串中都是普通字符，应原样输出，输出结果如下：

```
Good morning!
```

　　又如：

```
printf("x=%d\ty=%f",5+2,5/2.0);
```

格式串中 x=和 y=是普通字符，%d 和%f 是格式说明符（d 和 f 是格式字符），\t 是转义字符其含义是跳到下一个制表位(一个制表位通常是 8 个字符)；输出参数表中有两个输出项：5+2 和 5/2.0。输出结果如下：

```
x=7     y=2.500000
```

2. printf()函数常用的格式字符

printf()函数中常用的格式字符及其功能如表 3-1 所示。

表 3-1　printf()函数的常用格式字符

输出类型	格式字符	功　　能
整型数据	d	以十进制形式输出带符号的整数（正数省略正号）
	o	以八进制无符号形式输出整数（前导符 0 不输出）
	x	以十六进制无符号形式输出整数（前导符 0x 不输出）
	u	以十进制形式输出无符号整数
字符型数据	c	以字符形式输出，只输出一个字符
	s	输出字符串
实型数据	f	以小数形式输出实数，隐含输出 6 位小数
	e	以指数形式输出实数，尾数部分为 6 位数字
	g	选择%f 或%e 格式中较小的输出宽度输出实数，不输出无意义的 0
特殊字符	%	输出%本身

【例 3.4】整型数据的输出举例，用不同的格式字符输出同一个变量。

```
#include"stdio.h"

void main()
{   int a= -1,b=125;
    printf("%d,%o,%x,%u\n",a,a,a,a);        /*格式串中的逗号是普通字符*/
    printf("%d,%o,%x \n",b,b,b);
}
```

运行结果：

```
-1,177777,ffff,65535
125,175,7d
```

可见，用格式说明符%o、%x、%u 输出的整数，把符号也作为数的一部分输出，1 位八进制数对应 3 位二进制数，1 位十六进制数对应 4 位二进制数。

【例 3.5】字符数据的输出举例。

```
#include"stdio.h"

void main()
{  char  a='a',b='A',c='0';
   printf("%c,%c,%c \n",a,b,c);
   printf("%d,%d,%d \n",a,b,c);
}
```

运行结果：

```
a,A,0
97,65,48
```

可见，用格式说明符%c 输出字符型数据，输出的是字符，而用格式说明符%d 输出字符型数据，输出的是字符的 ASCII 码值。

【例 3.6】实型数据的输出举例。

```
#include"stdio.h"

void main()
{  float  f1=12345.6,f2=987.1234,sum;
   sum=f1+f2;
   printf("%f,%e,%g\n",sum,sum,sum);
}
```

运行结果：

```
13332.722656,1.33327e+04,13332.7
```

手动计算 sum 值为 13332.7234。对比输出结果可见，用格式说明符%f 输出时，整数部分全部如实输出，小数部分按系统默认宽度（6 位小数）输出，但并非全部数字都是有效数字（float 型数据有效数字为 6～7 位）；用格式说明符%e 输出时，尾数为 6 位数字且小数点前为 1 位非零数字；格式说明符%g 自动选择%f 或%e 两者中输出宽度小的格式输出，且不输出无意义的 0。

3．printf()函数常用的附加格式字符

printf()函数除了使用格式说明符规定输出项的输出形式外，还可以在格式说明符的%和格式字符之间插入附加的格式字符，用于进一步修饰输出信息。printf()函数附加的格式字符及其功能如表 3-2 所示。

表 3-2　printf()函数常用的附加格式字符

附加格式字符	说　　明
l（l 是字母）	附加在 d、o、x、u 前面用来输出 long 型数据 附加在 f、e、g 前面用来输出 double 型数据
m（m 是一个正整数）	指定输出宽度，如实际位数小于 m 则补空格，若大于 m 则按实际长度输出
.n（n 是一个正整数）	对实数，表示输出 n 位小数；对字符串，表示截取 n 个字符
-（减号）	输出结果左对齐（默认的是右对齐）

恰当地选用附加格式字符，可以控制输出宽度和对齐方式。

【例 3.7】附加格式字符输出效果举例。

```
#include"stdio.h"

void main()
{  float  f1=12345.6,f2= -987.1234;
   clrscr();                                 /*调用清屏函数，使下面的输出在新的一屏上*/
   printf("x=%5d,y=%3d,z=%3d\n",65,9,12345);        /*右对齐，前补空格*/
   printf("x=%-5d,y=%-3d,z=%-3d\n",65,9,12345);     /*左对齐，后补空格*/
   printf("%f,%f,\n",f1,f2);           /*输出带 6 位小数，可能有无效数字*/
   printf("%.2f,%.2f \n",f1,f2);       /*限定输出 2 位小数，自动四舍五入*/
   /*总宽度 12 位(含符号，整数，小数点和小数)，小数点后 2 位*/
   printf("%12.2f,%12.2f \n",f1,f2);
   printf("%-12.2f,%-12.2f \n",f1,f2);             /*左对齐*/
}
```

运行结果：

```
x=␣␣␣65,y=␣␣9,z=12345        (指定宽度小于实际宽度，按实际宽度输出)
x=65␣␣␣,y=9␣␣,z=12345
12345.599609,-987.123413,
12345.60,-987.12
␣␣␣␣12345.60,␣␣␣␣␣-987.12
12345.60␣␣␣␣,-987.12␣␣␣␣␣␣
```

注意：

（1）格式串中格式说明符的个数应该与输出项个数相同。否则，若格式说明符的个数少于输出项个数时，多余的输出项不予输出；若格式说明符的个数多于输出项数时，缺少的项输出不定值（指在 Turbo C 中）。

（2）格式串中的格式说明符与输出项应该类型匹配。否则，可能导致输出结果不正确。

【例 3.8】读下面程序，分析输出结果。

```
#include"stdio.h"

void main()
{  float f;  int i,j;
   i=1.5;j=(i+3.5)/5.0;          /*实数为整型变量赋值，自动截取整数*/
   f=5.8;
   printf("i=%d,j=%d\n",i,j);
   printf("f=%d\n",f);           /*f 为实数，输出格式符为%d，格式不匹配*/
}
```

运行结果：

```
i=1,j=0
f=0
```

可见，格式不匹配就不能输出正确的结果。注意：凡是 float 型和 double 型的变量，用格式说明符%d 输出结果都为 0，系统并不指出错误。凡是 int 型和 long 型的变量，用格式说明符%f 输出，系统可能会给出错误信息。

3.4.2　格式输入函数 scanf()

scanf()函数的功能是在程序运行时，从输入设备（通常指键盘）向程序中的变量输入若干个任意类型的数据。

1. scanf()函数的一般调用格式

scanf(格式控制字符串,变量地址表);

说明：

（1）"格式控制字符串"（简称格式串）是用双引号括起来的字符串，它包含两类符号：格式说明符和普通字符。

- 格式说明符：与 printf()函数相似。不同类型的数据要用不同的格式字符。
- 普通字符：在输入数据时，必须在对应位置上原样输入。

（2）"变量地址表"是要输入数据的变量的存储单元地址。"&"是取地址运算符，例如"&x"表示变量 x 的地址。若有多个地址则用逗号分隔。每个地址必须有对应的格式说明符。

（3）程序运行时，执行到 scanf()函数调用语句时，用户必须从键盘上，按格式串从左到右依次输入，即普通字符原样输入，格式说明符处输入对应的变量的值。

【例 3.9】格式输入举例。

```c
#include"stdio.h"

void main()
{ int a,b,c;
  scanf("%d,%d,%d",&a,&b,&c);          /*格式串中的逗号是普通字符*/
  printf("a=%d,b=%d,c=%d\n",a,b,c);
}
```

程序测试：

<u>1,2,3</u>✓   （从键盘输入 a,b,c 的值并回车）
a=1,b=2,c=3   （输出的结果）

2. scanf()函数常用的格式字符

scanf()函数中常用的格式字符及其功能如表 3-3 所示，常用的附加格式字符如表 3-4 所示。

表 3-3 scanf()函数中常用的格式字符

输入类型	格式字符	功　　能
整型数据	d	输入十进制整数
	o	输入八进制整数（前导符 0 不用输入）
	x	输入十六进制整数（前导符 0x 不用输入）
	u	输入无符号的十进制整数
字符型数据	c	输入单个字符
	s	输入字符串
实型数据	f	用小数形式输入实数
	e	同 f
	g	同 f

表 3-4　scanf()函数中常用的附加格式字符

附加格式字符	说　　　明
l（l 是字母）	附加在 d、o、x、u 前面用来输入 long 型数据
	附加在 f、e、g 前面用来输入 double 型数据
m（m 是一个正整数）	用来指定输入数据所占列数

3．输入数据的格式与格式串的对应关系

使用 scanf()函数时，格式串中的格式说明符要与对应的变量类型相一致。此外，输入数据的格式还必须与格式串相对应。

程序运行时，需要按格式串从左到右依次输入，即普通字符原样输入、格式说明符处输入对应的变量的值。

【例 3.10】读下面程序，分析运行结果中输入数据的格式与格式串的对应关系。

设：用字符 a 为变量 c1 赋值，用字符 b 为变量 c2 赋值；用整数 3 为变量 x 赋值，用整数 5 为变量 y 赋值。

```
#include"stdio.h"

void main()
{   char c1,c2;
    int x,y;
    scanf("c1=%cc2=%cx=%dy=%d",&c1,&c2,&x,&y);    /*%c 和%d 是格式说明符*/
    printf("%c,%c\t",c1,c2);
    printf("%d,%d",x,y);
}
```

程序测试：

c1=ac2=bx=3y=5✓　　　　（输入）

a,b␣␣␣3,5　　　　　　　　（输出）

说明：

（1）当两个数值型的格式说明符之间没有其他字符时，输入的两个数据之间需要用分隔符分隔。分隔符可以是一个或多个空格，也可以是【Tab】键或回车键。

例如：

scanf("%d%f",&a,&b);

若想让 a=56，b=23.5，下面 3 种输入都合法：

① 56　23.5✓

② 56(按【Tab】键)23.5✓

③ 56✓

　23.5✓

（2）若格式串中有普通字符，在输入数据时，对应位置上原样输入的普通字符可以起分隔符的作用。例如，以下两个语句：

scanf("%d,%d",&a,&b);　　　　　　/*两个%d 中间的","，","起分隔符作用*/
scanf("a=%db=%d",&a,&b);　　　　　/*"b="起分隔符作用*/

若想让 a=3，b=4，输入应分别为：

```
3,4✓
a=3b=4✓
```

（3）在用%c 格式输入字符时，空格字符和转义字符都作为有效的字符输入。所以使用%c 格式时，对应的输入数据之前不能有分隔符。

例如有语句：

```
scanf("%d%c",&a,&b);
```

若想让 a=35, b='A'，正确的输入如下：

```
35A✓
```

若这样输入：

```
35 A✓
```

则 b 值为空格，其 ASCII 码值为 32。

【例 3.11】若想输出 a=5,c1=A,b=9,c2=a，下面的程序对应的输入和输出如下：

```
#include"stdio.h"

void  main()
{ int a,b;  char c1,c2;
  scanf("%d%c%d%c",&a,&c1,&b,&c2);
  printf("a=%d,c1=%c,b=%d,c2=%c\n",a,c1,b,c2);
}
```

程序测试：

```
5A9a✓
a=5,c1=A,b=9,c2=a
```

初学者常常在输入数据与格式串的对应关系上出错，输入时要特别细心。

注意：

（1）"变量地址表"中必须是变量的地址。如：

```
int  x;
scanf("%d",x);
```

是错的，应改为：

```
scanf("%d",&x);
```

（2）格式串中不能规定精度。如：

```
float x;
scanf("%6.2f ",&x);
```

是不合法的，必须写成：

```
scanf("%f ",&x);
```

（3）scanf()函数没有计算功能，因此，输入的数据只能是常量，而不能是表达式。

（4）格式串中不能用转义字符，转义字符主要用于输出。如：

```
int a,b;
scanf("%d,%d\n",&a,&b);
```

这种写法不好，应该写成：

```
scanf("%d,%d",&a,&b);
```

（5）为保证输入数据与格式串一致，格式串中最好只用逗号分隔格式说明符。这样输入时，只要按格式串顺序输入，数据间用逗号分隔即可。如：

```
scanf("%d,%d,%c,%c",&a,&b,&c1,&c2);
```

若想让 a=3，b=5，c1='A'，c2='B'，只需要输入：

3,5,A,B✓

（6）若想给输入以提示，可以在 scanf()函数之前用 printf()函数输出提示字符串。

例如：若要输入 a 和 b，可以写成：

```
printf("a,b=\n");
scanf("%d,%d",&a,&b);
```

这样运行结果为（例如，想使 a=3，b=5）：

a,b=   (先显示，作为提示)

3,5✓   (输入)

最好不要写成：

```
scanf("a=%d,b=%d",&a,&b);
```

3.5 顺序结构程序举例

前面介绍了 C 语言的基础知识、实现顺序结构程序设计的语句和基本的输入/输出函数，为程序设计奠定了基础。下面通过几个实例体会一下设计程序的过程。

【例 3.12】编一通用程序。求半径为 r，高为 h 的圆柱体的体积 v 和表面积 s。

变量设计：输入量，r 和 h 为实数；输出量，v 和 s 为实数。

数学模型：$v = \pi r^2 h$; $s = 2\pi r(r+h)$

多次用到 π，可以定义成符号常量 PI。

算法设计：① 输入 r 和 h；② 计算 v 和 s；③ 输出 v 和 s。

程序设计：

```
#define  PI  3.1416        /*定义符号常量*/
#include"stdio.h"

void main()
{ float r,h,s,v ;
    printf("r,h=");            /*输出要输入数据的提示串*/
    scanf("%f,%f",&r,&h);     /*输入*/
    s=2*PI*r*(r+h);           /*计算s，注意数学表达式到算术表达式的转换*/
    v=PI*r*r*h;               /*计算v*/
    printf("s=%7.2f\nv=%7.2f\n",s,v);      /*输出，宽度7位，小数占2位*/
}
```

程序测试：

```
r,h=3.5,5.5✓
s=197.92
v=211.67
```

【例 3.13】鸡兔同笼，已知头数和腿数，求鸡和兔的个数。编一通用程序。

变量设计：设头数为 H、腿数为 L、鸡数为 x、兔数为 y，均为整型。

有方程组：$\begin{cases} x+y=H \\ 2x+4y=L \end{cases}$ 解得：$\begin{cases} x=\dfrac{4H-L}{2} \\ y=\dfrac{L-2H}{2} \end{cases}$

算法设计：① 输入 H 和 L；② 计算 x 和 y；③ 输出 x 和 y。

程序设计：

```
#include"stdio.h"

void main()
{ int H,L,x,y;
  printf("H,L=");
  scanf("%d,%d",&H,&L);
  x=(4*H-L)/2;
  y=(L-2*H)/2;
  printf("chicken : %d\t rabbit : %d\n",x,y);
}
```

程序测试：

```
H,L=49,100✓
chicken : 48    rabbit : 1
```

【例 3.14】输入某学生三门课的成绩，求其平均成绩。

变量设计：输入量，三门课成绩 a,b,c 为整数；输出量，平均成绩 aver 为实数。

数学模型：$aver = \dfrac{1}{3}(a+b+c)$

算法设计：① 输入 a、b、c；② 计算 aver；③ 输出 aver。

程序设计：

```
#include"stdio.h"

void main()
{ int a,b,c;  float aver;
  printf("a,b,c=");
  scanf("%d,%d,%d",&a,&b,&c);
  aver=(a+b+c)/3.0;          /*计算*/
  printf("average=%.2f\n",aver);  /*输出，.2f 表示保留两位小数*/
}
```

程序测试：

```
a,b,c=80,65,78✓
average=74.33
```

思考：计算 aver 时，为什么除以 3.0 而不是除以 3？

【例 3.15】位运算应用：取某正整数 x 从右面第 m 位开始至第 n 位（最右位为第 0 位）。

变量设计：输入量为 x（十六进制无符号数），m、n（整数）；输出量为 y（十六进制无符号数）。

算法分析：① 取右面第 m 位开始的（n-m+1）位，x>>m，去掉低 m 位（用中间变量 a 存储）。② 只保留右边（n-m+1）位，构造一个数（用中间变量 b 存储），右边（n-m+1）位为 1，其余位为 0，即 ~(~0<<(n-m+1))。y=a&b。

验证：设 x 为 0101010110101010，取从右开始的 4~9 位。

第一步：a=x>>3 成为 0000101010**110101**。

第二步：构造一个数 b=~(~0<<(8-3+1))，即 b=~(~0<<6)，即：

```
0              00000000  00000000
~0             11111111  11111111
~0<<6          11111111  11000000
~(~0<<6)       00000000  00111111    （右边 6 位为 1，其余位为 0）
```

第三步：y=a&b，即：

```
      00001010  10110101
&     00000000  00111111
      00000000  00110101
```

可见，取出了原数自右面开始的第 4～9 位。

程序设计：

```
#include"stdio.h"

void main()
{ unsigned int x,y; int n,m;
  unsigned int a,b;
  printf("x,m,n=");
  scanf("%x,%d,%d",&x,&m,&n);        /*x 为十六进制无符号数，用%x 格式输入*/
  a=x>>m;
  b=~(~0<<(n-m+1));
  y=a&b;
  printf("%x from %d to %d is :%x\n",x,m,n,y);
}
```

程序测试：

```
x,m,n=55aa,3,8↙
55aa from 3 to 8 is :35
```

习　　题

一、简答题

1. 什么是复合语句？在什么情况下必须使用复合语句？

2. 什么是输入？什么是输出？C 语言的输入和输出是如何实现的？

3. 什么时候需要包含头文件？写出包含头文件的一般格式。

二、选择题

1. 下列程序执行后的输出结果是（　　　）。

```
#include"stdio.h"

void main()
{ double d; float f; long k; int i;
  i=f=k=d=20/3;
  printf("%d%ld%.2f%.2lf\n",i,k,f,d);
}
```

　A．666.006.00　　　　B．666.676.67　　　　C．666.006.67　　　　D．666.676.00

2. 若有定义 int a=100,b=200;，且有语句 printf("%d",a,b);，则语句的输出结果是（　　　）。

    A. 100，200   B. 100   C. 200   D. 不确定的值

3. 若 x、y 均为 int 型变量，则执行以下语句后的结果为 (　　)。

```
x=015;
y=0x15;
printf("%2d%2o\n",x,y);
```

    A. 1515   B. 1521   C. 1321   D. 1325

4. 若有程序：

```
#include"stdio.h"

void main()
{ int a,b;  char c;
    scanf("%d%d%c",&a,&b,&c);
    printf("a=%d,b=%d,c=%d\n",a,b,c);
}
```

若运行时从键盘上输入 "1　2　A↙"，则程序的输出结果是 (　　)。

    A. a=1,b=2,c=A   B. a=1,b=2,c=65   C. a=1,b=2,c=   D. a=1,b=2,c=32

5. 若有程序：

```
#include "stdio.h"
void main()
{ int a,b;  char c;
    scanf("%d%d",&a,&b);
    c=getchar();
    printf("a=%d,b=%d,c=%d\n",a,b,c);
}
```

若运行时从键盘上输入：

    12↙
    A↙

程序运行后输出结果是 (　　)。

    A. a=1,b=2,c=A   B. a=1,b=2,c=65   C. a=1,b=2,c=   D. a=1,b=2,c=10

6. 若有程序：

```
#include"stdio.h"

void main()
{ unsigned i;
 i=65535;
  printf("%d,%o,%x,%u\n",i,i,i,i);
}
```

则上面程序的输出结果是 (　　)。

    A. 65535,65535,65535,65535

    B. － 1,－ 77777,－ 7fff,65535

    C. － 32767,－ 32767,－ 32767,－ 32767

    D. － 1,177777,ffff,65535

7. 若有程序：

```
#include"stdio.h"

void main()
{ int a=011,b=101 ;
```

```
  printf("%x,%o\n",++a,b++);
  }
```

则上面程序的输出结果是（　　　）。

　A.　12,101　　　　　　B.　10,65　　　　　　C.　a,145　　　　　　D.　10,145

8.　若有定义 int x,y ; double z ;，则下面不合法的 scanf()函数调用语句为（　　　）。

　A.　scanf("%d,%x,%le",&x,&y,&z);　　　　B.　scanf("%2d%d%lf",&x,&y,&z);

　C.　scanf("%x %o%lg",&x,&y,&z);　　　　D.　scanf("%x%o%6.2lf",&x,&y,&z);

9.　若有定义：int x;，则下面的语句（　　　）。

```
  x=6789;
  printf("%6D\n",x);
```

　A.　输出%6D　　　　　　　　　　　　　　B.　输出　　　6789

　C.　输出 6789　　　　　　　　　　　　　　D.　格式控制符不合法，输出无定值

三、填空题

1.　在 C 语言中空语句用＿＿＿＿＿＿＿＿表示。

2.　若有程序：

```
  #include"stdio.h"
  void main()
  { char c;
    c=getchar();
    putchar(c);
  }
```

　如果输入为 <u>BCDE√</u>，则程序的输出结果是＿＿＿＿＿＿＿＿。

3.　设有定义 int i = 010,j=10;，则执行下面语句后，输出结果是＿＿＿＿＿＿＿＿。

```
  printf("%d,%d\n",++i,j--);
```

4.　设有变量定义和语句：

```
  int j; float y;
  scanf("%2d%f",&j,&y);
  printf("%d,%.1f",j,y);
```

　若输入为："<u>56789a72√</u>"，输出是＿＿＿＿＿＿＿＿。

5.　要得到下面的输出结果，请填空完善程序。

```
    boy
    Boy
```

```
  ＿＿＿＿＿＿＿
  #include"stdio.h"

  void main()
  { char a='b', b='o', c='y';
    printf("%c%c%c",a,b,c);
    putchar('\n');
    putchar(＿＿＿＿＿＿) ; putchar(b);  putchar(c);
  }
```

6.　若程序执行时输入 "211,372√"，则输出的结果是＿＿＿＿＿＿＿＿。

```
  #include"stdio.h"
```

```
void main()
{ unsigned char x,y;
  printf("enter x and y:\n");
  scanf("%o,%o",&x,&y);
  printf("%o\n",x&y);
}
```

7. 已知字符'a'的 ASCII 十进制代码为 97，则以下程序输出结果是_____。

```
#include"stdio.h"

void main()
{ char ch='a';
  int k=12;
  printf("%x,%o,",ch,ch);
  printf("k=%%d\n",k);
}
```

8. 输入字母 a 时，下面程序的运行结果为_____。

```
#include"stdio.h"
void main()
{ char ch;
  ch=getchar();
  (ch>='a'&&ch<='z')?putchar(ch+'A'-'a'):putchar(ch);
}
```

四、编程题

1. 输入任意两个正整数，输出它们的商和余数。

2. 输入一个华氏温度，要求输出摄氏温度，公式为：$c = \dfrac{5}{9}(F-32)$。结果保留 2 位小数。

3. 输入任意一个字符，输出该字符的前一个字符、该字符和该字符的后一个字符。

4. 输入任意一个小写字母，输出该字母、该字母的 ASCII 码值、对应的大写字母及其 ASCII 码值。

5. 输入矩形的长和宽，计算并输出其周长和面积。

6. 编写程序实现左循环移位。

第4章　选择结构程序设计

在解决实际问题的时候，常常遇到需要根据给定条件进行选择，即若满足条件做什么，不满足做什么。因此，C 语言提供了可以进行程序流程选择的语句（if 语句和 switch 语句），由这些语句构成的程序结构称为选择结构，又称为分支结构。本章介绍 if 语句、switch 语句和选择结构的程序设计。

4.1　if 语句

if 语句又称条件语句，用来解决分支问题。if 语句有两种基本形式：一种用于单选择结构（if 语句）；另一种用于双选择结构（if...else 语句）。if 语句是构造语句，即语句内嵌着其他语句。当 if 语句的内嵌语句还是 if 语句时，称作 if 语句嵌套。

4.1.1　单选择结构

在 C 语言中，单选择结构的描述语句的一般格式如下：

if(表达式)语句

其中：

（1）"表达式"可以是任意类型，是判断的条件，只根据其值的"真"或"假"（即非 0 或 0）来选择执行哪个操作。

（2）"语句"必须是一条语句，若是多条语句，必须将它们用{ }括起来构成一条复合语句。

单选择结构语句的流程图和 N-S 图如图 4-1 所示。语句的执行过程是：先计算表达式的值，若非 0，执行内嵌语句；否则执行后续语句。

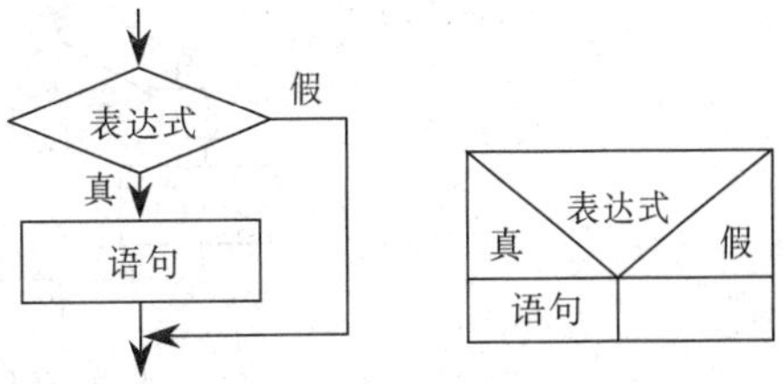

（a）流程图　　　　（b）N-S 图

图 4-1　单选择结构流程图和 N-S 图

【例 4.1】输入任意的 3 个整数，按从大到小的顺序输出。

算法设计：

（1）输入无序的 a、b、c。

（2）经过比较交换使 a、b、c 有序。

（3）输出 a、b、c。

程序设计：

```
#include"stdio.h"
void main()
{  int a,b,c,s;
```

```
    printf("a,b,c=");
    scanf ("%d,%d,%d",&a,&b,&c);
    if (a<b) {s=a;a=b;b=s;}        /*如果a<b，通过s使a和b互换，保证a>b*/
    if (a<c) {s=a;a=c;c=s;}        /*如果a<c，通过s使a和c互换，保证a最大*/
    if (b<c) {s=b;b=c;c=s;}        /*如果b<c，通过s使b和c互换，保证b>c*/
    printf ("%d,%d,%d \n",a,b,c);
}
```

变量 a 与 b 互换过程如图 4-2 所示。

程序测试：

第一次运行：

a,b,c=<u>3,6,9</u>✓

9,6,3

第二次运行：

a,b,c=<u>6,9,3</u>✓

9,6,3

第三次运行：

a,b,c=<u>9,3,6</u>✓

9,6,3

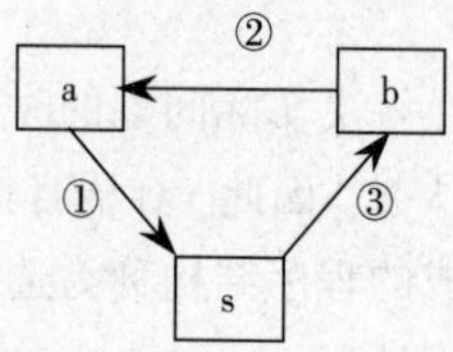

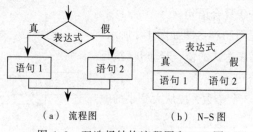

图 4-2　变量 a 与 b 互换过程

对于复杂结构的程序，要设计测试数据，而且测试要全面考虑各种情况。

思考：复合语句{s=a;a=b;b=s;}是如何完成 a 和 b 互换的？若去掉{ }程序按什么顺序执行？画出程序流程图。

4.1.2　双选择结构

在 C 语言中，双选择结构的描述语句的一般格式如下：

if(表达式)语句 1 else　语句 2

其中"表达式"和"语句"的含义同单选择结构。通常将"语句 1"称为 if 子句，将"语句 2"称为 else 子句。

双选择结构语句的流程图和 N-S 图如图 4-3 所示。

（a）流程图　　　（b）N-S 图

图 4-3　双选择结构流程图和 N-S 图

双选择结构语句的执行过程是：先计算表达式的值，若非 0，执行语句 1；否则执行语句 2。

【例 4.2】输入任意两个整数 a 和 b，将其中较大的赋给 max，并输出 max。

程序设计：

```
#include"stdio.h"
void main()
{ int a,b,max;
  printf("a,b=");
```

```
    scanf("%d,%d",&a,&b);
    if(a>b) max=a; else max=b;
    printf("max=%d\n",max);
}
```

程序测试：

第一次运行：

a,b =3,9✓

max=9

第二次运行：

a,b =9,3✓

max=9

若 if 语句中，表达式为"真"或"假"时，都只执行一个赋值语句，且给同一个变量赋值，此时用条件表达式处理最简便。例如可以将条件语句：

```
    if(a>b) max=a; else max=b;
```

写成条件表达式语句：

```
    max=(a>b)?a:b;
```

4.1.3　选择结构的嵌套

当一个选择结构中还包含选择结构时，称为选择结构嵌套，即 if 子句或 else 子句后又是一个 if 语句。if 语句嵌套的目的是为了解决多分支的问题。

1. if 语句嵌套的特殊形式

当 else 子句是 if … else 语句时，就构成了 if …else…if 的多分支选择结构。语句形式如下：

```
if(表达式 1)语句 1
else if(表达式 2)语句 2
......…
      else  if(表达式 n)语句 n
            else 语句 n+1
```

多分支选择语句的流程图如图 4-4 所示。

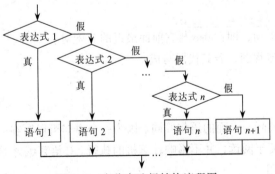

图 4-4　多分支选择结构流程图

语句的执行过程是：先计算表达式 1 的值，若非 0，执行语句 1；否则，计算表达式 2 的值，若非 0，执行语句 2……否则，计算表达式 n 的值，若非 0，执行语句 n；否则执行语句 $n+1$。

【例 4.3】将一个百分制成绩 score 转换为五级分制成绩（90 分及 90 分以上为 A，80～89 分为 B，70～79 分为 C，60～69 分为 D，60 分以下为 E）。

分析：输入量 score 为整数；输出量为字符，可以用%c 控制输出字符常量，也可以在格式串中作为普通字符输出。

```c
#include"stdio.h"
void main()
{ int score;
  printf("score=");
  scanf("%d",&score);
  if(score>=90)  printf("A\n");                /*或 printf("%c\n",'A' );*/
  else  if(score>=80)  printf("B\n");
        else  if(score>=70)  printf("C\n");
              else  if(score>=60)  printf("D\n");
                    else  printf("E\n");
}
```

程序测试：

第一次运行：

score=100↙
A

第二次运行：

score=47↙
E

2．if 语句嵌套的一般格式

在实际应用中，由于 if 主句可能无 else，也可能有 else，if 子句和 else 子句也都有可能又是一个无 else 的 if 语句，或有 else 的 if 语句，从而构成复杂的嵌套形式。那么，一个 else 究竟与哪一个 if 匹配呢？

C 语言规定：else 不能作为语句单独使用，只能与其前最近的未与其他 else 配对的 if 配对使用。

例如：

`if(x>0) if(a>b) c=a; else c=b;`

画线部分是内嵌的语句，即：else 与它前面最近的 if 配对。

例如：图 4-5 所示流程图，若其代码写成：

```c
if(x>0)
   if(a>b) c=a;
else c=b;
```

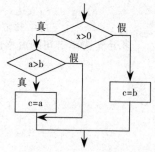

图 4-5　if 和 else 的匹配

则与原意不符，此语句实际与上面的语句等同。因为一个语句可以写在一行上，也可以写在多行上。缩进书写只是为了便于阅读，并不影响计算机的执行。C 语言编译器总是把 else 与其前面最近的未配对的 if 配对使用。

可见，当 if … else 语句的 if 子句是无 else 的 if 语句时，语句的书写容易产生"歧义"。解决的办法有两个。

（1）用{}将无 else 的 if 语句括起来，例如图 4-5 所示流程图的代码应写为：

```c
if(x>0)
```

```
    { if(a>b) c=a; }
else c=b;
```

（2）给无 else 的 if 语句加一个空的 else 子句，例如图 4-5 所示流程图的代码应写为：

```
if(x>0)
    if(a>b) c=a; else ;
else c=b;
```

再次强调：

① if 语句中"表达式"可以是任意类型，只判断其值是"非 0"还是"0"。

② 内嵌的"语句"必须是一条语句，若是多条语句，必须将它们用{ }括起来构成一条复合语句。

③ else 只能与其前最近的未与其他 else 配对的 if 配对使用。

④ 内嵌的"语句"结束时的分号不能省略，此外不要再在其他地方加分号。

例如：

```
if(a>b);c=a;else c=b;
```

是错误的，(a>b)后面的分号会导致 if 语句结束，后面的 else 无法匹配。

【例 4.4】若有一个函数：

$$y=\begin{cases} -1 & (x<0) \\ x & (0 \leqslant x \leqslant 10) \\ 1 & (x>10) \end{cases}$$

编写程序，输入 x 的值，输出对应的 y 值。

（1）用单选择结构的 if 语句实现，代码如下：

```
#include"stdio.h"
void main()
 { int x,y;
   printf("Input a x:");
   scanf("%d",&x);
   if(x<0) y=-1;
   if(x>=0 && x<=10) y=x;          /*注意括号中的"表达式"*/
   if(x>10) y=1;
   printf("x=%d,y=%d\n",x,y);
 }
```

（2）用 else 子句内嵌套的结构实现，代码如下：

```
#include"stdio.h"
void main()
 { int x,y;
   printf("Input a x :");
   scanf("%d",&x);
   if(x<0) y=-1;
   else  if(x<=10) y=x;
         else y=1;
   printf("x=%d,y=%d\n",x,y);
 }
```

（3）用 if 子句内嵌套的结构实现，代码如下：

```
#include"stdio.h"
void main()
```

```
{  int x,y;
   printf("Input a x:");
   scanf("%d",&x);
   if(x<=10)
       if (x<0) y=-1;
       else  y=x;
    else y=1;
   printf("x=%d,y=%d\n",x,y);
 }
```

请分析下面的程序是否也能完成例 4.4 的功能，为什么？

```
#include"stdio.h"
void main()
{  int x,y;
   printf("Input a x:");
   scanf("%d",&x);
   if(x<0)  y=-1;
   if (x>=0 && x<=10)  y=x;
   else y=1;
   printf("x=%d,y=%d\n",x,y);
 }
```

4.2　switch 语句

1．switch 语句概述

用 if 语句嵌套可以解决多分支问题。但是当嵌套层数较多时，程序的可读性会降低。C 语言提供了 switch 语句，又称为开关语句，它是一种多分支选择语句，可以方便地处理多分支选择问题。

switch 语句的一般格式如下：

```
switch(表达式)
{ case 常量表达式 1: 语句组 1
  case 常量表达式 2: 语句组 2
  …
  case 常量表达式 n: 语句组 n
  default: 语句组 n+1;
}
```

语句的执行过程：首先计算"表达式"的值，然后顺序与每个"case"后的常量表达式进行比较，当"表达式"的值与某个 case 后面的常量表达式的值相等时，就以此作为入口，执行此 case 后面的语句组，并顺序执行下面的 case 及 default 后面的语句组（不再进行比较），直到 switch 语句结束；若所有 case 中的常量表达式的值与"表达式"的值都不相等，则执行 default 后面的语句组。

说明：

（1）"表达式"可以是整型、字符型或枚举型（枚举类型将在第 10 章介绍）。"常量表达式"应与"表达式"类型一致。

（2）case 后面的常量表达式值必须互不相同，多个 case 的先后次序与执行结果无关。

（3）switch 语句中也可以没有 default 分支。如果没有，当所有常量表达式的值与表达式的值都不相等时，switch 语句不执行任何操作。

（4）为了在执行某个 case 分支之后，可以终止 switch 语句的执行，总是把 break 语句作为该 case 分支的最后一条语句。当程序执行到 break 语句时，会马上跳出 switch 语句。

break 语句的格式如下：

```
break ;
```

（5）当多个 case 都执行同一组操作时，可以共用一个语句组。

【例 4.5】 将例 4.3 用 switch 语句实现。

分析：用 switch 语句实现的关键是，把每个分数段作为一个 case，处理成一个常数（常量表达式）。

设：用整型变量 score 表示成绩。可以用 score/10（整除）表示每一个分数段：score 为 100，score/10=10；score 为 90～99，score/10=9；score 为 80～89，score/10=8；score 为 70～79，score/10=7；score 为 60～69，score/10=6……

score/10 就是表达式，10、9、8、7、6……就是常量表达式。

```
#include"stdio.h"
void main()
{ int score;
  printf("Input a score : ");
  scanf("%d",&score);
  printf("The score is %d,",score);
  printf("The grade is ");
  switch(score/10)
    { case 10:                        /*case 10和case 9共用语句组*/
      case 9: printf("A\n");  break ;
      case 8: printf("B\n");  break ;
      case 7: printf("C\n");  break ;
      case 6: printf("D\n");  break ;
      default : printf("E\n");
    }
}
```

程序测试：

第一次运行：

```
Input a score : 100✓
The score is 100,The grade is A
```

第二次运行：

```
Input a score : 76✓
The score is 76,The grade is C
```

第三次运行：

```
Input a score : 45✓
The score is 45,The grade is E
```

思考：若去掉程序中所有的 break 语句，程序运行会出现什么情况？

可见，用 switch 语句解决多分支问题，要比用 if 语句嵌套清晰得多。关键是组织一个表达式，写在 switch 后面的括号内，使多分支的条件变成若干个 case 的常量表达式。程序运行时，当表达式的值与某个常量表达式的值一致时,则从此处顺序向下执行,直到 switch 语句结束或遇到 break 语句而跳出 switch。

2. switch 语句的嵌套

switch 语句中还可以嵌套 switch 语句。但是要注意,这时的 break 语句只能跳出它所在的 switch 语句。

【例 4.6】switch 语句嵌套举例。

```
#include"stdio.h"
void main()
{ int x,y,a=0,b=0;
  printf("x,y=");
  scanf("%d,%d",&x,&y);
  switch(x)
   { case 1: a++;b++;
     case 2: switch(y)
               { case 0: a++;break;
                 case 1: b++;
               }
     case 3: a++;b++;
   }
  printf("a=%d,b=%d\n",a,b);
}
```

程序测试:

第一次运行:

x,y=1,0√
a=2,b=2

第二次运行:

x,y=2,0√
a=2,b=1

第三次运行:

x,y=2,1√
a=1,b=2

思考:若内嵌的 switch 结束后,不想再执行 case 3 后面的语句,直接转输出,应如何修改程序?

注意:case 与后面的常量表达式之间必须有空格。若写成 "case1:" 是错误的。

4.3 选择结构程序举例

【例 4.7】对下面的分段函数,输入任意的 x 计算对应的 y。

$$y = \begin{cases} e^{2x} & (x \geqslant 0) \\ \dfrac{\cos x}{1-x} & (x < 0) \end{cases}$$

分析:该函数中包含指数函数和余弦函数两个库函数。查看附录 C 可知分别为 $\exp(x)$ 和 $\cos(x)$,函数参数和函数值均为 double 型,需要包含 math.h 头文件。所以 x 和 y 应为 double 型变量。

```
#include"math.h"
#include"stdio.h"
void main()
 { double x,y;
   printf("Input x:");
   scanf("%lf",&x);                    /*注意double型数据的格式说明符*/
   y=(x>=0)?exp(2*x):cos(x)/(1-x);
   printf("x=%.2lf,y=%.2lf\n",x,y);
 }
```

程序测试：

第一次运行：

```
Input x:5.8↙
x=5.80,y=109097.80
```

第二次运行：

```
Input x:-5.8↙
x=-5.80,y=0.13
```

【例 4.8】输入一个整数，判断它能否被 7 整除。若能输出"YES"，否则输出"NO"。

分析：设输入整数为 x，若 x 能被 7 整除，则 x 除以 7 的余数为 0，否则余数非 0。

```
#include"stdio.h"
void main()
{ int x;
  printf("Input x:");
  scanf("%d",&x);
  if(x%7==0)  printf("YES\n");          /*注意关系运算符"=="的使用*/
    else printf("NO\n");
}
```

程序测试：

第一次运行：

```
Input x:28↙
YES
```

第二次运行：

```
Input x:30↙
NO
```

【例 4.9】输入三个任意数作为三角形的三边长，若能构成三角形则求其面积，否则输出"data error"。

变量设计：输入量边长 a、b、c 为实数；输出量面积 area 为实数。

数学模型： $area = \sqrt{p(p-a)(p-b)(p-c)}$

其中： $p = \dfrac{1}{2}(a+b+c)$ ，为中间变量，是实数。

算法设计：

（1）输入 a、b、c。

（2）若满足任意两边之和大于第三边，那么计算 p 和 area 再输出 area。否则，输出"data error"。

由于用到平方根函数 sqrt(x)，该函数是数学函数，所以需要包含头文件 math.h。

```c
#include"math.h"
#include"stdio.h"
void main()
  { float a,b,c,p,area;
    printf("a,b,c=");
    scanf("%f,%f,%f",&a,&b,&c);
    if(a+b>c&&a+c>b&&b+c>a)          /*注意逻辑表达式的使用*/
      { p=(a+b+c)/2;
        area=sqrt(p*(p-a)*(p-b)*(p-c));   /*注意圆括号的配对*/
        printf("area=%.2f\n ",area);
      }                                   if子句是复合语句
    else printf("data error\n");
  }
```

程序测试：

第一次运行：

a,b,c=3,4,5✓
area=6.00

第二次运行：

a,b,c=3,4,9✓
data error

思考：计算 p 时，为什么不用除以 2.0？

【例 4.10】输入年号，判断该年是否为闰年。

分析：如果年号能被 400 整除，则是闰年；如果能被 4 整除，但不能被 100 整除，也是闰年，否则不是闰年。

变量设计：输入量年号 year 为 int 型；设立标识变量 leap，若 leap 为 1 输出是闰年，若为 0 输出不是闰年。

```c
#include"stdio.h"
void main()
{ int year,leap;
  printf("Enter year: ");
  scanf("%d",&year);
  if(year%400==0) leap=1;
  else if(year%4==0&&year%100!=0) leap=1;
       else leap=0;
  if(leap==1) printf("%d is a leap year.\n",year);
  else printf("%d is not a leap year.\n",year);
}
```

程序测试：

第一次运行：

Enter year: 2008✓
2008 is a leap year.

第二次运行：

Enter year: 2010✓
2010 is not a leap year.

【例 4.11】输入一个由两个数据和一个算术运算符组成的表达式，根据运算符完成相应的运算，并将结果输出。

分析：输入形如 "a + b" 的表达式，其中 a 和 b 为整型数。如果运算符是 "+" "–" "*" 中的任意一个，则进行相应的运算。如果运算符为 "%" 或 "/"，则应先判断 b 是否为 0，再做相应处理。如果运算符不合法，则报错。

```c
#include"stdio.h"
void main()
{ int a,b; char c;
  scanf("%d%c%d",&a,&c,&b);
  switch(c)
  { case '+': printf("%d+%d=%d\n",a,b,a+b); break;
    case '-': printf("%d-%d=%d\n",a,b,a-b); break;
    case '*': printf("%d*%d=%d\n",a,b,a*b); break;
    case '/': { if(b!=0) printf("%d/%d=%.2f\n",a,b,(float)a/b);
                              /*商有可能不是整数,将操作数强制类型转换成浮点型*/
                else printf("Data error\n");
              } break;
    case '%': { if(b!=0)printf("%d%%%d=%d\n",a,b,a%b);
                else printf("Data error\n");
              } break;
    default : printf("Operator error\n");
  }
}
```

程序测试：

第一次运行：

<u>5+2</u>↙
5+2=7

第二次运行：

<u>5/2</u>↙
5/2=2.50

第三次运行：

<u>5%0</u>↙
Data error

第四次运行：

<u>5&2</u>↙
Operator error

【例 4.12】某商店售货，依据购货款的多少决定打折力度。设购货款为 x，付货款为 y，函数如下：

$$y=\begin{cases} x & (x<250) & 0 \\ x \cdot 95\% & (250 \leqslant x<500) & 1 \\ x \cdot 90\% & (500 \leqslant x<1000) & 2,3 \\ x \cdot 85\% & (1000 \leqslant x<1500) & 4,5 \\ x \cdot 80\% & (x \geqslant 1500) & 6 \end{cases}$$

分析：分段函数是多分支问题，用 switch 语句会简便清晰。可知，当购货款 x 是 250 的倍数时，是个打折点。表达式 $x/250$（整除）可以将打折情况分为 7 个 case：0、1、2、3、4、5、6，其中 2、3 共用函数第 3 段，4、5 共用函数第 4 段。

购货款 x 和付货款 y 都是实数。要使表达式 $x/250$ 值为整数，可以将 x 强制类型转换为整型，即表达式为 $(int)x/250$。

```c
#include"stdio.h"
void main()
{  float  x,y;
   printf("x="); scanf("%f",&x);
   switch((int)x/250)
   { case 0: y=x; break;
     case 1: y=0.95*x; break;
     case 2:
     case 3: y=0.9*x; break;
     case 4:
     case 5: y=0.85*x; break;
     default : y=0.8*x;
   }
   printf("y=%.1f\n",y);
}
```

程序测试：

第一次运行：

x=<u>150.5</u>↙
y=150.5

第二次运行：

x=<u>1188.8</u>↙
y=1010.5

第三次运行：

x=<u>1368</u>↙
y=1162.8

习　题

一、简答题

1. if 语句中作为判断条件的表达式可以是什么类型？依据什么判断条件的"真"与"假"？

2. 在 if 语句的嵌套中，什么情况有可能产生"歧义"？应如何避免？

3. break 语句在 switch 语句中的作用是什么？若没有 break 语句，switch 语句将如何执行？

二、选择题

1. 以下程序的输出结果是（　　　）。

```c
#include"stdio.h"
void main()
{ int a=2,b=-1,c=2;
  if(a<b)
     if(b<0) c=0;
  else c++;
```

```
      printf("%d\n",c);
   }
```

A. 0　　　　　　　B. 1　　　　　　　C. 2　　　　　　　D. 3

2. 以下程序的输出结果是（　　　）。

```
#include"stdio.h"
void main()
{  int x=0,y=0,z=0;
   if(x=y+z) printf("****\n");
   else  printf("####\n");
}
```

A. 输出****　　　　　　　　　　　　B. 输出####

C. 无输出　　　　　　　　　　　　D. 有语法错误不能通过编译

3. 下面程序的输出结果是（　　　）。

```
#include"stdio.h"
void main()
{  int x=100,a=10,b=20,ok1=5,ok2=0;
   if(a<b)
   if(b!=15)
   if(!ok1) x=1;
   else if(ok2) x=10;
   printf("%d\n",x);
}
```

A. 100　　　　　　B. 10　　　　　　C. 1　　　　　　D. 不确定的值

4. 若有程序：

```
#include"stdio.h"
void main()
{  int x;
   printf("Enter 1 or 0\n");
   scanf("%d",&x);
   switch(x)
   { case 1: printf("TRUE\n");
     case 0: printf("FALSE\n");
   }
}
```

若运行时从键盘上输入：1↙，则程序的输出结果为（　　　）。

A. TRUE　　　　B. FALSE　　　　C. TRUE　　　　D. FALSE
　　　　　　　　　　　　　　　　　　FALSE　　　　　　TRUE

5. 设有说明语句 int a=1,b=0;，则执行以下语句后的输出结果为（　　　）。

```
switch(a)
{  case 1:  switch(b)
            { case 0:printf("**0**\n");break;
              case 1:printf("**1**\n");break;
            }
   case 2: printf("**2**\n");break;
}
```

A. **0**   B. **0**   C. **0**   D. 有语法错误
   1   **2**
   2

三、填空题

1. 以下程序的输出结果是_____。

```c
#include"stdio.h"
void main()
{ int a=2,b=-1,c=2;
  if(a<b)
     if(b<0)c=0;
  else c+=1;
  printf("%d\n",c);
}
```

2. 若执行以下程序时从键盘上输入 3,4✓，则输出结果是_____。

```c
#include"stdio.h"
void main()
{ int a,b,s;
   scanf("%d,%d",&a,&b);
   s=a;
   if(a<b)s=b;
   s*=s;
   printf("%d\n",s);
}
```

3. 下面程序的输出结果是_____。

```c
#include"stdio.h"
void main()
{ int a=3,b=5,c=7;
  if(a>b)  a=b;c=a;
  if(c!=a)  c=b;
  printf("%d,%d,%d\n",a,b,c);
}
```

4. 完善程序。实现将两个数按从小到大顺序输出。

```c
#include"stdio.h"
void main()
{ float a,b,_____;
  scanf("%f,%f",&a,&b);
  if(a>b)  {t=a; _____ ;b=t;}
  printf("%5.2f,%5.2f\n",a,b);
}
```

5. 完善程序。输入一个字符，若是大写字母则转换成小写输出，否则若是小写字母则转换成大写输出。

```c
#include"stdio.h"
void main()
{ char ch;
   scanf("%c",&ch) ;
   if( ch>='A' && ch<='Z')_____ ;
   else if(_____ ) ch-=32;
```

```
     printf("%c\n",ch);
  }
```

6. 完善程序。若输入的数据大于 0，则输出它的平方根；否则输出数据出错信息。

```
_____
#include"stdio.h"
void main()
{ double x;
  scanf("%lf",&x) ;
  if(x>0) printf("%g\n",_____);
  else printf("Data error!\n");
}
```

四、编程题

1. 输入一个整数，如果是奇数输出"odd"，否则输出"even"。

2. 输入任意 4 个整数，输出最大数和最小数。

3. 若有一个函数：

$$y= \begin{cases} x & (-10<x<0) \\ -1 & (x=0) \\ 5x-3 & (0<x<10) \end{cases}$$

编写一程序，要求输入 x 的值，输出 y 的值。

4. 输入三角形的三条边长，判断它是等边三角形、等腰三角形、直角三角形，还是一般三角形。

5. 企业发放奖金根据利润提成。利润（profits）低于或等于 10 万元（profits≤10 万）时，奖金可提成 10%；利润高于 10 万元低于或等于 20 万元（10 万＜profits≤20 万）时，低于或等于 10 万元部分按 10%提成，高于 10 万元的部分，可提成 7.5%；20 万＜profits≤40 万时，高于 20 万元的部分，可提成 5%；40 万＜profits≤60 万时，高于 40 万元的部分，可提成 3%；60 万＜profits≤100 万时，高于 60 万元的部分，可提成 1.5%；profits＞100 万时，高于 100 万元的部分，可提成 1%。从键盘输入当月利润 profits，求应发放的奖金总数（bonus）。

要求：分别用 if 语句和 switch 语句实现。

第 5 章　循环结构程序设计

在用计算机解决实际问题的时候，总是希望从复杂的问题中找到规律，并归结为简单问题的重复，从而充分发挥计算机擅长重复运算的优势，让它重复执行一组语句，直到满足给定条件为止。因此，C 语言提供了可以进行重复操作的语句（while 语句、do...while 语句和 for 语句），由这些语句构成的程序结构称为循环结构。几乎所有的应用程序都包含循环结构。顺序结构、选择结构和循环结构共同作为复杂程序的基本构造单元，必须熟练掌握，灵活应用。本章介绍几种循环控制语句和循环结构的程序设计方法。

5.1　循环控制语句

循环结构的程序块应该具备以下 4 个要素：

（1）初始化，即做好循环前的准备工作。

（2）循环体，是需要重复执行的一条语句或一个复合语句。复合语句中可以是顺序结构的语句，也可以是选择结构的语句，甚至还可以是循环结构的语句。

（3）循环条件，是循环结构设计的关键，它决定着循环体重复执行的次数。通常循环条件的形式是关系表达式或逻辑表达式。

（4）修正循环，即循环中必须有使循环趋向于结束的成分，能够保证循环正常结束。

在 C 语言中，有 4 种实现循环的语句：

（1）用 goto 语句和 if 语句构成循环，这是一种非结构化的程序结构，应尽量少用。

（2）用 while 语句实现。

（3）用 do...while 语句实现。

（4）用 for 语句实现。

后 3 种循环语句是结构化的程序设计语句。结构化的循环语句都是构造语句，其内嵌的语句称为循环体。

5.1.1　goto 语句及其构成的循环

goto 语句是无条件转移语句，一般格式如下：

goto　标识符；

其中标识符是 "语句标号"，一定要在 goto 语句所在函数中某个语句的前面出现，格式如下：

语句标号：

【例 5.1】求 $sum = \sum_{i=1}^{100} i$，即 sum=1+2+3+···+100。

　　分析：需要两个变量 sum 和 i。sum 存放累加和，通常称为"累加器"，它就像算盘，累加之前应先清 0；i 初值为 1，每次加 1，终值为 100，通常称为"计数器"。

算法设计：

（1）初始化：sum=0;i=1。

（2）循环体：将当前 i 的值累加到 sum 中，i 增加 1。

（3）循环条件：i≤100。

（4）循环体中 i 每次增加 1，还起到修正循环的作用。

　　下面分别用直到型循环和当型循环描述，程序流程图如图 5-1 所示。

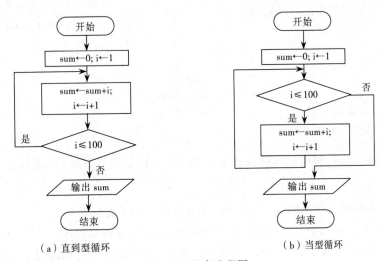

（a）直到型循环　　　　　　　　　（b）当型循环

图 5-1　程序流程图

程序（直到型循环）：

```c
#include "stdio.h"
void main()
{ int i,sum;
  sum=0;i=1;
     loop: sum=sum+i;
  i=i+1;
  if (i<=100) goto loop;
  printf("sum=%d\n",sum);
}
```

程序（当型循环）：

```c
#include "stdio.h"
 void main()
    { int i=1,sum=0;
 loop: if(i<=100)
        { sum=sum+i;
       i=i+1;
       goto loop;
      }
  printf("sum=%d\n",sum);
}
```

说明：

（1）使用 goto 语句会降低程序的可读性，结构化程序设计要求尽可能少用 goto 语句。

（2）goto 语句总是与 if 语句一起构成循环，或跳出循环体。

（3）goto 语句不能单独使用。单独使用会导致某些语句不被执行，或者使程序永远都不会结束。后一种现象称为"死循环"。

（4）goto 语句与语句标号必须属于同一个函数；可以从循环体或复合语句中转出，但不可从循环体或复合语句外转入。

5.1.2 while 语句

while 语句用于描述当型循环结构。语句的一般格式如下：

while(表达式) 语句

其中"表达式"为循环条件，语句为"循环体"。

while 语句的流程图如图 5-2 所示。其语句执行过程如下：

（1）计算表达式的值。

（2）当表达式的值非 0 时，执行循环体，转过程（1）；表达式的值为 0 时循环结束。

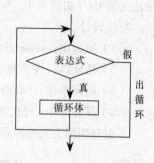

图 5-2 while 语句的流程图

用 while 语句实现例 5.1，代码如下：

```c
#include "stdio.h"
void main()
{ int i,sum;
  sum=0;i=1;          /*初始化*/
  while(i<=100)        /*循环条件*/
  {sum=sum+i;i=i+1;}   /*循环体*/
  printf("sum=%d\n",sum);
}
```

其中语句 sum=sum+i;也可以写成 sum+=i;，语句 i=i+1; 也可以写成 i++;或++i;。

注意：

（1）while 内嵌语句即循环体，若为多个语句需用{}构成复合语句。

（2）循环体或表达式中必须有修正循环的成分，不然会导致死循环。

（3）在程序运行过程中如果出现"死循环"现象，可以按【Ctrl+Break】组合键结束程序运行，返回到程序编辑状态。

本例中 i++起着修正循环的作用，i 的增加使循环条件 i≤100 朝着不成立的方向发展，最终使循环结束。

5.1.3 do…while 语句

do…while 语句用于描述直到型循环结构。语句的一般格式如下：

do 语句 while (表达式);

其中"表达式"为循环条件，语句为"循环体"。

do…while 语句的流程图如图 5-3 所示。其语句执行过程如下：

（1）执行循环体。

（2）计算并判断表达式，若表达式的值为非 0，转过程（1）；直到表达式值为 0，结束循环。

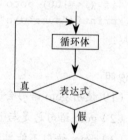

图 5-3 do…while 语句的流程图

用 do…while 语句实现例 5.1，代码如下：

```c
#include "stdio.h"
void main()
{ int i,sum;
  i=1;sum=0;
```

```
do {  sum=sum+i;
      i++;
   }while(i<=100);
printf("sum=%d\n",sum);
}
```

注意：

（1）do…while 语句最后的分号不可少。

（2）do…while 循环是直到"表达式"的值为"假"（为 0）时结束。

其他的注意事项与 while 语句相同。

do…while 循环与 while 循环的异同：

相同点：进入循环之前都必须先初始化；循环体或表达式中必须有修正循环的成分，以使循环正常结束。

不同点：do…while 是后判断语句，至少执行一次循环体；while 是前判断语句，循环体有可能一次也不执行；当循环体至少执行一次时，两者功能相同。

【例 5.2】do…while 与 while 的实例，看两者区别。

下面两个程序分别用 while 语句（左侧）和 do…while 语句（右侧）实现如下功能：

输入任意的 i 值，从 i 累加到 10，最后求得的和值存放在 s 中。

```
#include "stdio.h"               #include "stdio.h"
void main()                      void main()
{ int i,s=0;                     { int i,s=0;
  printf("Input i : ");            printf("Input i : ");
  scanf("%d",&i);                  scanf("%d",&i);
  while(i<=10)                     do{ s+=i;  i++;
  { s+=i; i++; }                      }while(i<=10);
  printf("s=%d\n",s);              printf("s=%d\n",s);
}                                }
```

运行：　　　　　　　　　　　　　　运行：

Input i : 1✓　　　　　　　　　　　Input i : 1✓

s=55　　　　　　　　　　　　　　　s=55

再运行一次：　　　　　　　　　　　再运行一次：

Input i : 11✓　　　　　　　　　　Input i : 11✓

s=0　　　　　　　　　　　　　　　　s=11

对比两个程序可知，当循环体有可能一次也不执行时，应该用 while 语句。

5.1.4　for 语句

for 语句是 while 语句的变形，同样用于描述当型循环结构，它可以将循环的初始化、循环条件和循环修正成分放在括号内，用来控制循环，使语句结构更直观，使用更灵活，尤其是用来描述已知初值、终值和增量的循环处理问题时更方便。

for 语句一般格式如下：

for(表达式1;表达式2;表达式3) 语句

其中"语句"是循环体。从语法上说，3 个表达式都可以是任意类型。但是，通常"表达式 1"给出循环的初值，一般是赋值语句或逗号表达式语句；"表达式 2"是循环条件，用来控制循环，一般是逻辑表达式或关系表达式;"表达式3"用来实现每次循环之后循环的修正,一般是赋值语句。

for语句的流程图如图5-4所示。其语句执行过程如下:

(1)计算表达式1,完成循环变量赋初值。

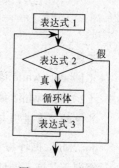

(2)计算表达式2,若值为非0,则执行循环体,然后计算表达式3,转过程(2);若值为0,则结束循环。

用for语句实现例5.1,代码如下:

```c
#include "stdio.h"
void main()
{ int i,sum=0;
  for(i=1;i<=100;i++)
     sum+=i;
  printf("sum=%d\n",sum);
}
```

图5-4   for语句

说明:

for语句比较灵活,一般语法格式中的3个表达式都可以为空。例如:

(1)表达式1和表达式3都为空时,代码如下:

```c
sum=0;
for( ;i<=100; ) { sum+=i;i++; }
```

(2)表达式1为空(当在for语句之前已经初始化的时候)时,代码如下:

```c
sum=0;i=1;
for( ;i<=100;i++) sum+=i;
```

(3)表达式1还可以是逗号表达式(当初始化的变量多于一个的时候),例如:

```c
for(sum=0,i=1;i<=100;i++) sum+=i;
```

(4)表达式2为空,即认为表达式2始终是非0,即循环无终止条件,永远不结束,此时循环体中应该有转出循环的语句。例如下面代码中的break语句就起到了跳出循环的作用。

```c
sum=0;
for(i=1; ;i++)
{ sum+=i;
  if(i>100) break;
}
```

(5)表达式3为空(当在循环体中已经进行了循环修正的时候)的代码如下:

```c
sum=0;
for(i=1;i<=100;){sum+=i;i++;}
```

(6)表达式3也可以是逗号表达式(当要修正的变量多于一个的时候),例如:

```c
sum=0;
for(i=1;i<=100;sum+=i,i++);
```

(7)3个表达式都为空的代码如下:

```c
for(;;) 语句
```

这种情况就相当于:

```c
while(1) 语句
```

即无限循环地执行循环体,因为没有终止循环的条件。

可见，for 语句很灵活，但滥用这些特点，会降低程序的可读性，建议不要把与控制无关的内容放在 for 后面的括号中。

5.1.5　break 语句和 continue 语句

1．break 语句

在 switch 循环结构中，break 可以结束 switch 循环，执行后续语句。break 语句还可以从循环体内跳出，结束循环。

break 语句的一般格式如下：

```
break;
```

该语句的功能是中断所在的循环，即跳出本层循环体，执行后续语句。

【例 5.3】判断整数 n 是否为素数（素数是指除了 1 和本身，不能被其他数整除的数）。

分析：n 若能被 2～n–1 中的任何一个数整除，就不是素数，只有都不能整除才是素数。

算法设计：

（1）输入整型数 n。

（2）用变量 i 从 2 到 n–1 每次增 1 循环执行：如果 i 增加到某个值能整除 n 时，中断循环（此时 n 一定不是素数）。

（3）如果 i 等于 n（即循环正常结束，说明所有的 i 都不能整除 n）则 n 是素数，否则（即某个 i 能整除 n，循环是被中断的）n 不是素数。

```
#include "stdio.h"
void main()
{ int n,i;
  printf("n=");scanf("%d",&n);          /*输入 n*/
  for (i=2;i<n;i++)
    if(n%i==0)break;                    /*i 能整除 n 则中断循环*/
  if(i==n) printf("%d is a prime\n",n);
    else printf("%d is not a prime\n",n);
}
```

程序测试：

第一次运行：

n=9✓

9 is not a prime

第二次运行：

n=11✓

11 is a prime

实际上，i 的终值可以用 sqrt(n)（陈景润的质数定理），上面的程序也可以写成：

```
#include "math.h"
#include "stdio.h"
void main()
{ int n,i;
  printf("n=");scanf("%d",&n);
  for (i=2;i<=sqrt(n);i++)
    if(n%i==0)break;
  if(i>sqrt(n)) printf("%d is a prime\n",n);
```

```
else printf("%d is not a prime\n",n);
}
```

2. continue 语句

continue 语句一般格式如下：

```
continue;
```

该语句的功能是结束本次循环，即跳过循环体中下面尚未执行的语句，接着进行下一次循环的判断。

如：下面程序的运行结果是 124578。

```
#include "stdio.h"
void main()
{ int n;
  for(n=1;n<10;n++)
  { if(n%3==0) continue;
    printf("%d",n);
  }
}
```

【例 5.4】break 语句和 continue 语句功能举例。

```
#include "stdio.h"
void main()
{ int i,x;
  for(i=1,x=1;i<=50;i++)
  { if(x>=10)  break;
    if(x%2==1)
    { x+=5; continue; }
    x-=3;
  }
  printf("x=%d\t",x);
  printf("i=%d\n",i);
}
```

运行结果如下：

```
x=10    i=6
```

注意：break 语句必须用在 switch 语句和循环体中，continue 语句只能用在循环体中，否则无意义。

5.2 循环的控制方法

循环结构的程序，就是由循环条件控制重复执行循环体，循环条件决定循环的继续与结束。也就是说，循环的控制实质上是循环条件的控制。

循环结构的设计是程序设计的重点和难点之一。为了使初学者弄清楚如何控制循环，在什么情况选择哪种循环语句更有效，将循环的控制归结为 3 种：计数控制、条件控制和结束标志控制。

5.2.1 计数控制

当循环的次数已知时（或者当循环的初值、终值、增量已知时）用计数控制，此时用 for 语句最方便。

【例 5.5】输入任意 10 个整数，找出其中最大的和最小的数。

变量设计：x 存放任意数，max 存放最大数，min 存放最小数，i 用来计数。

算法设计：逐个输入 x，逐个比较，执行过程如下：

（1）变量初始化：对于一个数来说，它既是最大也是最小。输入第一个数 x，并分别赋给 max 和 min。

（2）变量 i 初值为 2，终值为 10，增量为 1，循环处理后面的 9 个数，步骤如下：

① 输入 x；

② 与 max 比较，若比 max 大则替换 max；

③ 与 min 比较，若比 min 小则替换 min。

（3）输出最大数 max 和最小数 min。

```
#include "stdio.h"
void main()
{ int x,max,min,i;
  printf("x=");scanf("%d",&x);          /*初始化*/
  max=x;min=x;
  for(i=2;i<=10;i++)                    /*循环处理每一个数*/
  { scanf("%d",&x);
    if(x>max) max=x;
    if(x<min) min=x;
  }
  printf("max=%d,min=%d\n",max,min);    /*输出结果*/
}
```

程序测试：

x=<u>21 8 4 12 5 9 45 7 3 6</u>↙
max=45,min=3

注意：连续输入多个数值数据时，要用分隔符（即输入空格、【Tab】或回车）分隔。

在程序中，变量 i 起着计数控制循环的作用，通常称其为循环变量。

此程序也可以写成：

```
#include "stdio.h"
void main()
{ int x,max,min,i;
  max=-32768;min=32767;                 /*初始化*/
  printf("x=");
  for(i=1;i<=10;i++)                    /*循环处理 10 个数*/
  { scanf("%d",&x);
    if(x>max) max=x;
    if(x<min) min=x;
  }
  printf("max=%d,min=%d\n",max,min);    /*输出结果*/
}
```

思考：请分析为何这样初始化？

【例 5.6】若有一块正方形铁板，边长为 100 cm，要依次以 10、20、30、40、50 为半径切割，计算割下的所有圆或圆环的面积。

分析：除了第 1 个半径为 10 是圆以外，其他都是圆环。圆也可以看成是内径为 0 的圆环。设外半径为 r，则内半径为 r-10，圆环的面积 s=π(r*r-(r-10)(r-10))。

外半径 r 初值为 10，终值为 50，增量为 10，循环处理如下：

（1）计算当前的圆环面积。

（2）输出当前的圆环面积。

```c
#include "stdio.h"
void main()
{ int r;float s;
  for(r=10;r<=50;r+=10)
   { s=3.1416*(r*r-(r-10)*(r-10));
     printf("r=%d,s=%.2f\n",r,s);
     }
}
```

运行结果：

```
r=10,s=314.16
r=20,s=942.48
r=30,s=1570.80
r=40,s=2199.12
r=50,s=2827.44
```

思考：

（1）若去掉内层的{ }，程序完成的是什么功能？

（2）若将程序写成下面的形式，输出会是什么结果？

```c
#include "stdio.h"
void main()
{ int r;float s;
  printf("r \t s \n");
  for(r=10;r<=50;r+=10)
  { s=3.1416*(r*r-(r-10)*(r-10));
    printf("%d \t %.2f \n",r,s);
  }
}
```

5.2.2　条件控制

当循环次数未知，但循环结束条件已知时，用条件控制。若循环体至少要执行一次，用 while 语句和 do...while 语句均可。若循环体有可能一次也不执行，则应该用 while 语句。

【例 5.7】某公司去年产值为 11.3 亿元，问若年增长率为 5%，几年能达到 20 亿元？

变量设计：用变量 y 存放年数，用变量 p 存放产值。

分析：用数学方法可列方程

$$11.3(1+5\%)^y=20$$

取对数可求得 y，这需要调用库函数。用计算机时，可以把复杂的问题处理成简单步骤的重复，再利用计算机运算速度快、适合做重复性操作的特点来解决问题。

试想：一年后（即 y=1），p 值在原来的基础上增加了 5%，两年后 p 值又在第一年的基础上增加了 5%……直到某年 p≥20，此时的 y 即为所求。可见，求 p 值的过程是一个累乘的过程。

算法设计：

（1）初始化：y=0；p=11.3。

（2）重复做：① p=p(1+5%) ② y=y+1，直到 p≥20 为止。

```
#include "stdio.h"
void main()
{ int y;  float p;
  y=0;p=11.3;                    /*初始化*/
  do{ p=p*(1+5.0/100);          /*累乘，注意 5%的表示形式*/
      y++;                       /*计数*/
    }while(p<20);
printf("y=%d,p=%.2f\n",y,p);
}
```

运行结果如下：

```
y=12,p=20.29
```

思考：若想用不同的增长率分别计算，程序应如何修改？

5.2.3　结束标志控制

当循环输入、处理一批数据，但数据个数在编程时不能确定的情况下，可以人为地规定一个特定的数据（应该是数据中不可能出现的）作为"结束标志"，并以此作为循环结束条件，可用 while 语句描述。其操作步骤如下：

（1）初始化：输入第一个数据。

（2）while(输入的数据不是结束标志)

{　循环体语句组

　　输入下一个数据

}

在程序运行输入数据时，最后输入"结束标志"。

【例 5.8】输入一组正整数，分别统计偶数个数、偶数和、奇数个数、奇数平均值。

变量设计：x 存放输入的整数；even 存放偶数个数、evensum 存放偶数和；odd 存放奇数个数、oddave 存放奇数平均值。oddave 为 float 型，其余为 int 型。

```
#include "stdio.h"
void main()
{ int x,even,evensum,odd;
  float oddave;
  even=evensum=odd=oddave=0;          /*变量初始化*/
  printf("x=");
  scanf("%d",&x);                     /*循环初始化*/
                                      /*-1作为数据结束标志，最后输入*/
  while(x!=-1)
  { if(x%2==0) { evensum+=x; even++;}
    else { oddave+=x; odd++;}
    scanf("%d",&x);                   /*循环修正*/
  }
  printf("even=%d,evensum=%d\n ",even,evensum);
  printf("odd=%d,oddave=%.2f\n",odd,oddave/odd);
}
```

程序测试：

```
x=2 4 6 8 3 5 9 11 13 -1✓
even=4,evensum=20
odd=5,oddave=8.20
```

5.3　算法设计的常用方法

算法设计是程序设计的关键，也是程序设计的难点。有时一个问题可以设计出多个算法，选择的标准首先是算法的正确性、可靠性和易理解性，其次就是算法所需要的存储空间要少、运行速度要快等。算法设计的常用方法有：穷举法、迭代法、递推法、回溯法、贪婪法、分治法、动态规划法等，也常采用递归技术，用递归设计思想来设计和描述算法。

下面只介绍最常用的穷举法、迭代法、递推法。递归的设计思想将在第 7 章介绍。

5.3.1　穷举法

穷举法又称为枚举法，就是把需要解决问题的所有可能情况，按某种顺序逐一列举并检验，从中找出符合条件的解的方法。用穷举法有两个要点：一是列举范围，二是检验条件。特点是有初值、终值和增量，所以通常采用计数控制，用 for 语句实现。

【例 5.9】打印出所有的"水仙花数"。所谓"水仙花数"是指一个三位数，其各位数字的立方和等于该数本身。例如：$153=1^3+5^3+3^3$，所以 153 是一个水仙花数。

分析：列举范围是所有的三位数；检验条件是各位数字的立方和等于该数本身。

变量设计：x 为某个三位数，a、b、c 分别存放 x 的个位、十位和百位数字。

算法设计：x 从 100 到 999 每次增 1 循环执行下面的过程。

（1）从 x 中分离出 a、b、c；

（2）检验：若 a、b、c 的立方和等于 x 则输出。

```
#include "stdio.h"
void main()
{ int x,a,b,c;
  for(x=100;x<=999;x++)          /*穷举每一个 3 位数*/
  { a=x%10;                      /*分离各位数字*/
    b=x/10%10;
    c=x/100;
    if(a*a*a+b*b*b+c*c*c==x)     /*满足条件则输出*/
      printf("%d\t",x);
  }
}
```

运行结果：

```
153     370     371     407
```

5.3.2　迭代法

迭代法也称为辗转法，是一种不断用变量的原值推导出新值的方法。用迭代法有三个要点：一是确定迭代变量，在可以用迭代法解决的问题中，必须存在一个或多个直接或间接地不断由原值递推出新值的变量，这个变量就是迭代变量；二是建立迭代关系，即如何从变量的前一个值推出其下一个值；三是迭代结束条件，即需要迭代的次数无法确定，直到满足某种条件结束。所以通常采用条件控制，用 while 语句或 do...while 语句实现。例 5.7 采用的就是迭代法，迭代变量是 p，迭代关系是 p=p (1+5%)，迭代结束条件是 p≥20。

【例 5.10】求两个数 x、y 的最大公约数和最小公倍数。

分析：最小公倍数=x·y/最大公约数；所以关键是求最大公约数。求最大公约数有多种方法，下面采用"辗转相除法"。

辗转相除法就是重复做：① 求 a 除以 b 的余数 p；② a 等于原来的 b；③ b 等于 p，判断 p 是否为 0，若为 0，则 a 就是最大公约数，结束，若 p 非 0，则重复做。

其中，迭代变量是 a 和 b；迭代关系是 a=b,b=p；迭代结束条件是 p 等于 0，这里使用 do...while 语句实现。

取 a=18、b=12 为例。用辗转相除法求 a 和 b 的最大公约数的示意图如图 5-5 所示。

图 5-5　辗转相除法求 a 和 b 的最大公约数

算法设计：

（1）输入 x、y，并分别送到 a、b 中求最大公约数（保留 x、y，求最小公倍数）。

（2）重复执行：① p=a%b；② a=b；③ b=p;，直到 p=0 时，a 即为最大公约数。

（3）最小公倍数=x·y/a。

```
#include "stdio.h"
void main()
{ int x,y,a,b,p;
  printf("x,y=");scanf("%d,%d",&x,&y);
  a=x;b=y;
  do { p=a%b;
      a=b;
      b=p;
      } while(p!=0);              /*迭代处理*/
  printf("%d,%d \n",a,x*y/a);     /*输出最大公约数、最小公倍数*/
}
```

程序测试：

```
x,y=18,12✓
6,36
```

5.3.3　递推法

所谓递推，是指从已知的初始条件出发，逐次推出所要求的各中间结果和最后结果。递推本质上也是迭代。递推法与迭代法的不同之处在于，迭代法的迭代次数无法预知，而递推法所需的迭代次数是个确定的值，可以计算出来。所以递推法通常采用计数控制，用 for 语句实现。用递推法有三个要点：一是初始条件，二是迭代关系，三是迭代次数。

递推法又可以分为顺推法和倒推法。顺推法无须解释，所谓倒推法，就是从问题的最后结果出发，利用已知条件逐步倒推，直到求得问题的解。

【例 5.11】猴子吃桃问题。猴子第一天摘下若干个桃子，当即吃了一半，还不过瘾，又多吃了一个。第二天早上又将剩下的桃子吃掉一半，又多吃了一个。以后每天早上都吃前一天剩下的一半零一个。到第十天早上想再吃时，见只剩一个桃子了。求第一天共摘了多少桃子。

分析：已知第九天吃完后剩一个桃子，求第一天的桃子数。这是一个需要用倒推法的问题。即：

吃后的桃数=吃前的桃数/2–1。

那么，迭代关系是：吃前的桃数=(吃后的桃数+1)×2；迭代的初始条件：第九天吃完后剩一个桃子；迭代次数：从第九天倒推到第一天。

设桃子个数为 x，天数为 day，则有：x=(x+1)×2。

算法设计：

（1）初始化：x=1（第九天吃完后剩的一个桃）。

（2）天数 day 从 9 到 1 每次减 1 重复求：x=(x+1)×2。

```c
#include "stdio.h"
void main()
{ int x,day;   x=1;
  for(day=9;day>=1;day--)
    x=(x+1)*2;
  printf("x=%d\n",x);
}
```

运行结果：

```
x=1534
```

思考：若想输出每一天的桃子数，程序应如何修改？

5.4   循环嵌套结构

若在一个循环体内又包含一个完整的循环结构，称为循环的嵌套。循环可以多层嵌套，这种程序结构称为循环嵌套结构。3 种循环语句（while、do...while、for）不仅可以自身嵌套，还可以互相嵌套。

使用嵌套的循环应注意：

（1）内层和外层的循环控制变量不能重名。

（2）外循环必须完全包含内循环，不能交叉。

（3）嵌套的循环最好采用缩进格式书写，以保证层次清晰，便于阅读。

嵌套循环的执行过程是：外循环每走一步，作为其循环体的内循环就完全执行一次。

【例 5.12】从下面程序的运行结果可以看清楚嵌套循环的执行过程。

```c
#include "stdio.h"
void main()
{ int i,j;
  for(i=0;i<3;i++)
```

```
    { printf("i=%d:  ",i);
      for(j=0;j<5;j++) printf("j=%-5d",j);
      printf("\n");
    }
}
```

运行结果：

```
i=0:  j=0  j=1  j=2  j=3  j=4
i=1:  j=0  j=1  j=2  j=3  j=4
i=2:  j=0  j=1  j=2  j=3  j=4
```

【例 5.13】输出 3～100 之间的素数。

算法设计：

n 从 3 到 100，每次增 2（越过偶数），重复执行：① 判断 n 是不是素数；② 若是素数则输出。

```
#include "math.h"
#include "stdio.h"
void main()
{ int n,i;
  for(n=3;n<=100;n+=2)
    { for(i=2;i<=sqrt(n);i++)
        if(n%i==0) break;
      if(i>sqrt(n)) printf("%d\t",n);
    }
}
```

> 外循环的循环体，包含两个语句：for 语句和 if 语句

【例 5.14】编程输出图 5-6 所示图形。

分析：字母 A 的 ASCII 码值为 65。第一行输出 A，第二行输出 B……第 i 行输出 ASCII 码值为 i+64 的字母。

算法设计：行循环控制变量 i 从 1 到 5 循环执行下面的过程。

（1）输出 5-i 个空格符。

（2）输出 2i-1 个字母。

（3）换行。

```
A
BBB
CCCCC
DDDDDDD
EEEEEEEEE
```

图 5-6　例 5.14 图形

```
#include "stdio.h"
void main()
{ int i,j;
  for(i=1;i<=5;i++)
    { for(j=1;j<=5-i;j++) printf(" ");
      for(j=1;j<=2*i-1;j++) printf("%c",i+64);
  printf("\n");
    }
}
```

> i 控制的循环体，包含 3 个语句：两个并列的 for 语句和输出换行语句

思考：

（1）此程序输出的图形在屏幕的左侧，如何使它平移到屏幕中间？

（2）修改程序的哪两处，可输出倒三角和各种直角三角形？

5.5 循环结构程序举例

【例 5.15】输入任意 3 个正整数，求它们的最小公倍数。

分析：最小公倍数的值最大可能是 3 个数的乘积。用 a、b、c 存放 3 个正整数。

用穷举法：n 从 1 到 a·b·c 每次增 1，顺序检验，当某个 n 能被 3 个数同时整除时跳出循环，此时的 n 就是最小公倍数。

```
#include "stdio.h"
void main()
{ int a,b,c,n;
  printf("a,b,c=");
  scanf("%d,%d,%d",&a,&b,&c);
  for(n=1;n<=a*b*c;n++)
if(n%a==0 && n%b==0 && n%c==0) break;   /*复合条件——逻辑表达式的使用*/
  printf("The lowest common multiple is %d\n",n);
}
```

程序测试：

```
a,b,c=12,45,18↙
The lowest common multiple is 180
```

实际上，最小公倍数的值最小可能是 3 个数中最大的，所以也可以从最大数开始，每次增加该数，这样可以减少程序的循环次数，提高程序效率。

```
#include "stdio.h"
void main()
{ int a,b,c,s,n;
  printf("a,b,c="); scanf("%d,%d,%d",&a,&b,&c);
  if(a<b) s=a,a=b,b=s;
  if(a<c) s=a,a=c,c=s;              /*将 a,b,c 中最大的换到 a 中*/
  for(n=a;n<=a*b*c;n+=a)            /*n 从 a 开始，每次增加 a*/
if(n%b==0 && n%c==0) break;
  printf("The lowest common multiple is %d\n",n);
}
```

【例 5.16】我国古代数学家在《算经》中出了一道题：鸡翁一，值钱五；鸡母一，值钱三，鸡雏三，值钱一。百钱买百鸡，问鸡翁、母、雏各几何？意为：公鸡每只 5 元，母鸡每只 3 元，小鸡 3 只 1 元，用 100 元钱买 100 只鸡，问公鸡、母鸡、小鸡各几只？

分析：设公鸡数为 x、母鸡数为 y、小鸡数为 z，可列出如下方程组：

$$\begin{cases} x+y+z=100 & ① \\ 5x+3y+z/3=100 & ② \end{cases}$$

两个方程，3 个未知数，这是不定方程，有多组解。可以用"穷举法"将所有可能的组合都测试一遍，找出符合条件的组合并输出。

算法设计：

用穷举法。首先据题意可知 x 的取值范围为 0～20，y 的取值范围为 0～33，对每一个 x 和 y 重复执行下面的过程。

（1）根据方程①有 z=100-x-y。

（2）若 x、y、z 满足方程②，且 z 为整数（因小鸡数不可能是小数），则是一组解。

```
#include "stdio.h"
void main()
{ int x,y,z;
  clrscr();
  printf("cock\then\tchick\n");
  for(x=0;x<=20;x++)
   for(y=0;y<=33;y++)
   { z=100-x-y;
     if(5*x+3*y+z/3==100 && z%3==0)    /*检验条件,注意z为整数的判断*/
       printf("%d\t%d\t%d\n",x,y,z);
   }
}
```

运行结果:

```
cock    hen     chick
0       25      75
4       18      78
8       11      81
12      4       84
```

【例 5.17】输入一个不多于 5 位的正整数, 要求: ① 按逆序输出每一位数字, 例如原数为 12345, 应输出 54321; ② 输出该数位数。

变量设计: n 存放正整数, 应为 long 型; 用变量 place 计数位数, 应为 int 型。

分析: 逆序输出, 即先输出最低位。最低位即 n%10, 输出它并用 place 计数; 然后去掉 n 的最低位。重复输出最低位, 直到 n 为 0 输出 place。

算法设计: 用迭代法, 迭代变量为 n, 迭代关系为 n=n/10, 迭代结束条件为 n 为 0。

```
#include "stdio.h"
void main()
{ long n; int place=0;
  printf("Input a number(0--99999):");
  scanf("%ld",&n);
  printf("reverse:");
  while(n)                    /*若 n 非 0 则重复做*/
   { printf("%d",n%10);       /*输出 n 的最低位*/
     place++;                 /*计数*/
     n/=10;                   /*去掉 n 的最低位*/
   }
  printf("\nplace=%d\n",place);
}
```

程序测试:

```
Input a number (0--99999) : 24685✓
reverse: 58642
place=5
```

【例 5.18】输出 Fibonacci 数列的前 20 项。该数列的第 1 项 f_1=1, 第 2 项 f_2=1, 从第 3 项开始每一项都是它前两项之和, 即:

$$f_n=f_{n-1}+f_{n-2} \qquad (n \geqslant 3)$$

分析: 这显然是个递推的问题, 可采用顺推法。

变量设计: 用 f 存放当前项, 用 f1、f2 分别存放当前项的前第二项和前第一项, 均为 long 型。

用 i 作循环变量。

算法 1：每循环一次求出一项。

初始条件为 f1=f2=1；计算公式为 f=f1+f2；迭代关系为 f1=f2，f2=f；迭代次数从第 3 项推到第 20 项，如图 5-7 所示。

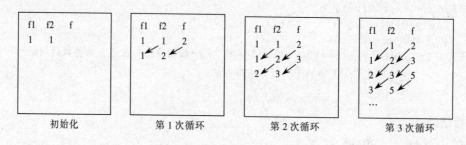

图 5-7　每循环一次求出一项

```
#include "stdio.h"
void main()
{  long f1,f2,f; int i;
   clrscr();
   f1=f2=1;                        /*初始化*/
   printf("%-12ld%-12ld",f1,f2);
   for(i=3;i<=20;i++)
   { f=f1+f2;                      /*求出当前项*/
     printf("%-12ld",f);           /*输出当前项，-12ld 表示输出项占 12 位，长整型*/
     if(i%4==0)printf("\n");       /*每行 4 项*/
     f1=f2;  f2=f;                 /*变量迭代，为下一项做初始化*/
   }
}
```

运行结果：

1	1	2	3
5	8	13	21
34	55	89	144
233	377	610	987
1597	2584	4181	6765

算法 2：每循环一次求出两项。

初始条件为 f1=f2=1；迭代关系为 f1=f1+f2，f2=f2+f1；迭代次数为 10，如图 5-8 所示。

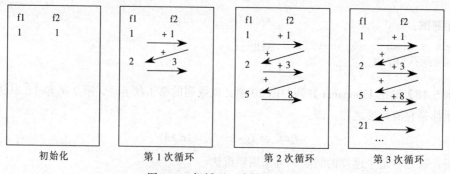

图 5-8　每循环一次输出两项

```
#include "stdio.h"
void main()
{ int i;long f1,f2;
  clrscr();
  f1=1;f2=1;
  for(i=1;i<=10;i++)
   { printf("%-12ld %-12ld",f1,f2);      /*输出当前两项*/
     if(i%2==0)  printf("\n");           /*每输出四项就换行*/
     f1=f1+f2;   f2=f2+f1;               /*迭代计算下两项*/
   }
}
```

【例 5.19】编写一个程序，实现电文加密。利用恺撒加密算法实现，如图 5-9 所示，输入电文的字符，要求输出其相应的密码。

分析：为使电文保密，常按一定规律将其转换成密码，收报人再按约定将其译回原文。恺撒加密算法是一种简单的替换加密算法，即字母表中的每个字母都由其后面第 k 个字母替换（超过字母表尾后，则从首字母开始）。k 值就是这种加密算法的密钥。本例设 $k=4$，可按以下规律将电文变成密码：将字母 A 变成 E，a 变成 e，即变成其后的第 4 个字母，W 变成 A，X 变成 B，Y 变成 C，Z 变成 D。非字母字符不变。

算法设计：输入一串字符，以回车符作为结束标志。用结束标志控制循环。

图 5-9　恺撒加密算法（k=4）情形

（1）循环初始化：读第 1 个字符到变量 ch 中。

（2）当 ch 不是回车符时，循环执行下面的过程。

① 如果 ch 是字母，则：

● 将 ch 变成其后的第 4 个字符（ch=ch+4）。

● 如果 ch 大于大写字母 Z 并且小于等于 Z+4（即：ch 是 WXYZ 中的一个），或者 ch 大于小写字母 z，则 ch=ch-26（转换成对应密码，请查看 ASCII 码表）。

② 输出转换后的密码字符 ch。

③ 读下一个字符到 ch 中。

```
#include "stdio.h"
void main()
{ char ch;
  ch=getchar();
  while(ch!='\n')
  { if((ch>='A'&&ch<='Z')||(ch>='a'&&ch<='z'))
    { ch=ch+4;
      if((ch>'Z'&&ch<='Z'+4)||ch>'z')
          ch-=26;
    }
    putchar(ch);
    ch=getchar();
  }
}
```

程序测试：

<u>abc,WZ,12,AB,WX</u>✓
efg,AD,12,EF,AB

【例5.20】公式 $\dfrac{\pi}{4}=1-\dfrac{1}{3}+\dfrac{1}{5}-\dfrac{1}{7}+\cdots$，求π的近似值，直到最后一项的绝对值小于 10^{-6} 为止。

分析：这是一个求分数累加和的问题。可将公式看成 $\dfrac{\pi}{4}=1+\dfrac{-1}{3}+\dfrac{1}{5}+\dfrac{-1}{7}+\cdots$。循环结束条件是最后一项的绝对值小于 10^{-6}，用条件控制循环，用 while 语句实现。

变量设计：分子 s 为 int 型；分母 n，整个分数 t=s/n，pi 为累加和，均为 float 型（n 虽然也是整数，但为了计算 t 而将其定义为 float 型）。

算法设计：

（1）初始化：累加和 pi 清零，第 1 项分子 s、分母 n 和整个分数 t 均为 1。

（2）当 t 的绝对值大于等于 10^{-6} 时重复执行：

① 将当前项 t 累加到 pi 中；

② 求下一项的分子 s；

③ 求下一项的分母 n；

④ 计算下一项 t。

（3）输出 4·pi 即为π的近似值。

由于需要求 t 的绝对值，要用到绝对值函数 fabs()，所以必须包含头文件 math.h。

```c
#include "math.h"
#include "stdio.h"
void main()
{ int s; float n,t,pi;
  pi=0;s=n=t=1;
  while(fabs(t)>=1e-6)          /*1e-6是10⁻⁶的指数形式*/
{ pi+=t;
  s=-s;
  n+=2;
  t=s/n;
}
printf("%.6f\n",4*pi);
}
```

运行结果：

3.141594

习　题

一、简答题

1. 循环结构的程序必须具备哪些要素？它们在循环中各自起着什么作用？

2. 什么是"死循环"？出现"死循环"现象应该如何处理？

3. while 循环和 do…while 循环有什么不同？在什么情况下应该用 while 循环语句？

4. break 语句可以中断循环，使循环提前结束。那么一个 break 语句能否从多重循环中跳出？

5. 若需要循环输入并处理一批数据，但每次运行输入数据的个数不确定，应如何控制循环？

二、选择题

1. 以下程序的输出结果是（　　　　）。

```c
#include "stdio.h"
void main()
{ int i,s;
  for(i=1;i<=5;i++)
    s+=i;
  printf("i=%d,s=%d\n",i,s);
}
```

A. i=5,s=15　　　　　　　　　　B. i=6,s=15

C. i=6,s 的值不定　　　　　　　D. 无输出

2. 以下程序的输出结果是（　　　　）。

```c
#include "stdio.h"
void main()
{ int x=4;
    do printf("%d",x--); while(!x);
}
```

A. 4321　　　　　B. 3210　　　　　C. 死循环　　　　　D. 4

3. 下面程序的输出结果是（　　　　）。

```c
#include "stdio.h"
void main()
{ int x=3;
    while(x--);  printf("%d",x);
}
```

A. 321　　　　　B. 21　　　　　C. 210　　　　　D. –1

4. 以下程序的输出结果是（　　　　）。

```c
#include "stdio.h"
void main()
{ int i=1,sum=0;
    while(i<=5)  sum+=i;
    printf("sum=%d\n",sum);
}
```

A. 无输出　　　　　B. 死循环　　　　　C. 编译出错　　　　　D. sum=15

5. 以下程序的输出结果是（　　　　）。

```c
#include "stdio.h"
void main()
{ int a,b;
    for(b=1,a=1;a<100;a++)
    { if(b>=10)break;
        if(b%3)
          { b+=8; continue; }
        b-=5;
    }
    printf("a=%d,b=%d\n",a,b);
}
```

    A. a=4,b=12   B. a=6,b=11

    C. a=3,b=17   D. a=100,b=11

6. 若有定义:

```c
int i,j;
for(i=5;i;i--)
    for(j=0;j<4;j++) {…}
```

则上面程序段中内循环体的总的执行次数是 (　　　　)。

    A. 20   B. 16   C. 24   D. 30

7. 在执行下面程序时，如果从键盘上输入：<u>ABCdef↙</u>

```c
#include "stdio.h"
void main()
{ char ch;
    while((ch=getchar())!='\n')
    { if(ch>='A'&&ch<='Z')  ch+=32;
        else  if(ch>='a'&&ch<='z')  ch-=32;
        printf("%c",ch);
    }
    printf("\n");
}
```

则上面程序的输出结果是 (　　　　)。

    A. ABCdef   B. abcDEF   C. abc   D. DEF

三、填空题

1. 下面程序的输出结果是_____。

```c
#include "stdio.h"
void main()
{ int k,n,m;
    n=5;m=1;k=1;
    while(k<=n)m*=2,k++;
    printf("%d\n",m);
}
```

2. 下面程序的运行情况是_____。

```c
#include "stdio.h"
void main()
{ int i=1,sum=0;
    while(i<10) sum=sum+i;i++;
    printf("i=%d,sum=%d\n",i,sum);
}
```

3. 以下程序的输出结果是_____。

```c
#include "stdio.h"
void main()
{ int i=0,sum=1;
    do { sum+=i++; } while(i<9);
    printf("%d\n",sum);
}
```

4. 下面是求 n 的阶乘的程序，请填空。

```c
#include "stdio.h"
```

```
void main()
{ int i,n;  long np;
  scanf("%d",&n);
  np= _____ ;
  for(i=2;i<=n;i++)_____ ;
  printf("%d!=%ld\n",n,np);
}
```

5. 下面程序的功能是判断输入的整数是不是素数，若为素数输出 1，否则输出 0，请填空。

```
#include "stdio.h"
void main()
{ int i,x,y=1;
  scanf("%d",&x);
  for(i=2;i<=x/2;i++)
  if_____ { y=0; break; }
  printf("%d\n", y);
}
```

四、编程题

1. 求 1−3+5−7+⋯−99+101 的值。

2. 输入一组整数，统计并输出其中正数、负数和零的个数。

3. 若有一分数序列：

2/1,3/2,5/3,8/5,13/8,21/13⋯

求出这个数列的前 20 项之和。

4. 编写程序，求出所有 3 位数中满足各位数字的立方和等于 1099 的 3 位数。

5. 输入一行字符，分别统计出其中的英文字母、空格、数字和其他字符的个数。

6. 求 $\sum\limits_{n=1}^{20} n!$ 的值（即求 1! +2! +3! +⋯+20! ）。

7. 试求 1 000 以内的"完数"。（一个数如果恰好等于它的因子之和，这个数就称为"完数"。例如，6 的因子为 1、2、3，而 6=1+2+3，因此 6 是"完数"。）

8. 输入两个正整数 m 和 n，求其最大公约数和最小公倍数。

五、趣味编程题

1. 一个数如果恰好出现在它的平方数的右侧，这个数就称为"同构数"。例如，6 出现在它的平方数 36 的右侧，因此 6 是"同构数"。编程找出 100 以内的所有同构数。

2. 一个数如果恰好等于它每一位数字的立方和，这个数就称为"阿姆斯特朗数"。例如，$407=4^3+0^3+7^3$，因此 407 是"阿姆斯特朗数"。编程找出 1 000 以内的所有阿姆斯特朗数。

第 6 章　编译预处理

C 语言中有几种特殊的命令，称为"编译预处理命令"。在前面各章中，已经多次使用过以"#"开头的编译预处理命令，如：#include、#define。通常在对 C 源程序进行编译之前，C 编译系统会先对这些特殊命令进行预处理，然后将预处理的结果与源程序一起进行编译，以得到目标程序。

C 语言编译系统提供的编译预处理功能，在实际编写程序时非常实用。它可以改善程序设计环境，有助于编写易读、易修改、易移植、易调试的程序，提高程序的效率，也有利于模块化的程序设计。

C 语言提供的预处理命令主要有以下 3 种：

（1）宏定义命令。

（2）文件包含命令。

（3）条件编译命令。

预处理命令不是 C 语言的组成部分，更不是 C 语句。为了区别预处理命令和 C 语言本身的语句，对预处理命令做如下规定：

（1）必须以"#"开头。

（2）每个命令必须另起一行。

本章将对 3 种预处理命令进行介绍。

6.1　宏　定　义

在 C 语言中，允许用一个标识符来表示一串字符，称为宏。被定义为宏的标识符称为宏名，程序中引用宏名，称为宏调用。在编译预处理时，对程序中的宏调用，用宏定义中的字符串去替换，称为宏代换或宏展开。

宏定义是用户编写的，由程序中的宏定义命令完成。宏展开是由预处理程序在编译之前自动完成的。

6.1.1　不带参数的宏定义

不带参数的宏定义就是 2.2.5 节中介绍的符号常量的定义。其一般定义格式如下：

#define 标识符 字符串

其中：

（1）"标识符"称为宏名，习惯上用大写字母，以区别于其他标识符。

（2）"字符串"可以是常量、表达式、格式串等。

说明：

（1）宏定义命令在程序中位于函数的外面，宏名的作用域是从定义行开始到本源文件结束，用户也可以用#undef命令终止宏定义的作用域。

（2）宏定义时，可以引用已定义的宏名（即宏定义嵌套），宏展开时层层置换。

（3）对程序中用双引号扩起来的字符，即使与宏名相同，也不进行置换。

【例 6.1】编写程序，求半径为 3.5 的圆的周长 L 和面积 S。

```
#define  R    3.5
#define  PI   3.1416
#define  L    2*PI*R                /*引用了已定义的宏R和PI*/
#define  S    PI*R*R
#define  PR   "L=%7.2f\nS=%.2f\n"   /*定义了一个控制格式字符串*/
#include "stdio.h"
void main()                         /*主程序简练，易于阅读*/
{ printf(PR,L,S); }
```

程序中定义了 5 个宏，其中宏 L 和宏 S 都引用了宏 R 和宏 PI。主函数中引用了宏 PR、宏 L 和宏 S。

程序运行情况如下：

```
L=21.99
S=38.48
```

实际上，在编译预处理之后，程序已变成下面的形式（即宏展开的结果）：

```
#include "stdio.h"
void main()
{ printf("L=%7.2f\nS=%7.2f\n",2*3.1416*3.5,3.1416*3.5*3.5); }
```

注意：

（1）宏定义是用宏名代替一个字符串，只做简单的置换，不做语法检查。如果定义时"字符串"中有错，只有在宏展开的源程序中才能检查出来。

（2）宏定义不是语句，所以末尾不必加分号。若加分号，则分号也作为字符串的一部分。字符串也不要用双引号括起来，若加双引号，则双引号也是字符串的一部分。

如例 6.1 中的宏 PR，它的字符串有双引号，宏展开时双引号也作为字符串的一部分替代 PR。

再如：

```
#define  R    3.5;
#define  PI   3.1416;
#include "stdio.h"
void main()
{ printf("S=%7.2f\n",PI*R*R); }
```

这个程序运行时会出错，因为宏展开的结果是：

```
void main()
{ printf("S=%7.2f\n",3.1416;*3.5;*3.5;); }
```

由于宏定义末尾有 ";"，从宏展开的结果看，这样做显然造成了语法错误。

6.1.2 带参数的宏定义

不带参数的宏定义在宏展开时进行简单的字符串替换即可；而带参数的宏定义，不仅要进行字符串替换，还要进行参数替换。

带参数的宏定义的一般格式如下：

```
#define  宏名(形式参数表)  字符串
```

其中：字符串中包含形式参数表中的参数。

带参数的宏调用格式如下：

```
宏名(实际参数表)
```

宏展开时，若在程序中遇到带参数的宏调用，要用宏定义中的字符串替换；字符串中的形式参数要用宏调用中的实际参数替换。

实际参数简称实参，形式参数简称形参。

【例 6.2】编写一通用程序。求半径为 r 的圆的周长 L 和面积 S。

```
#define  PI  3.1416
#define  L(R)   2*PI*R
#define  S(R)   PI*R*R
#define  PR  "L=%7.2f\nS=%7.2f\n"
#include "stdio.h"
void main()
  { float r;
    printf("r=");
    scanf("%f",&r);
    printf(PR,L(r),S(r));
  }
```

上面程序的主函数中有 3 个宏调用：PR、L(r)和 S(r)，其中 L 和 S 是带参数的宏。宏定义中的 R 是形参，函数中的 r 是实参。

宏展开的结果是：

```
#include "stdio.h"
void main()
{ float r;
 printf("r=");
 scanf("%f",&r);
 printf("L=%7.2f\nS=%7.2f\n",2*3.1416*r,3.1416*r*r);
}
```

程序测试：

第一次运行：

r=3.5✓
L=21.99
S=38.48

第二次运行：

r=7.8✓
L=49.01
S=191.13

比较宏展开前后的主函数可以看出，宏定义使程序易读、通用。

注意：

（1）实参必须有确定的值，且实参的个数应与形参的个数一致。

（2）实参还可以是表达式，宏展开时会用"表达式"代替宏定义中字符串里的形参。

　　这时要注意，有时使用表达式作为实参可能造成与编程者原意不符，所以在宏定义中，最好将字符串中的形参用括号括起来。如有宏定义为：

```
#define PI 3.1416
#define S(R) PI*R*R
```

宏调用为：

```
a=3;b=2;
area=S(a+b);
```

宏展开的结果是：

```
a=3;b=2;
area=3.1416*a+b*a+b;
```

即宏展开时，宏调用 S(a+b)用宏定义中的字符串 PI*R*R 替换；字符串 PI*R*R 中的形参 R 用实参 a+b 替换。显然，宏展开的结果不是编程者的本意。

　　所以，宏定义应该写成：

```
#define S(R) PI*(R)*(R)
```

这样，宏展开才是编程者希望的：

```
area=3.1416*(a+b)*(a+b);
```

　　（3）在宏定义中，若定义带参的宏，则宏名与括号间不能加空格，否则会把宏名作为无参宏，而把括号及后面的统统作为字符串的组成部分。

　　例如有宏定义：

```
#define P 3
#define S (a) P*a*a
```

有宏调用：

```
ar=S(3+5);
```

宏展开的结果为：

```
ar=(a) 3*a*a(3+5);
```

这显然不是编程者的本意。

　　（4）宏定义是用一个标识符来表示一个字符串，一般都是在一行内完成。但如果一行写不下，也可以续行。续行是在输入回车符之前先输入反斜杠"\"。注意反斜杠与回车符之间不能有其他符号。

　　例如：

```
#define SWAPAB(a,b) { int t; \
                      t=a; a=b; b=t; }
```

　　（5）宏定义还可以在字符串中定义多个语句。

【例 6.3】例 6.2 的问题也可以编写如下程序。

```
#define  PI  3.1416
  #define  f(R,L,S)  L=2*PI*R; S=PI*R*R;
  #define  PR  "L=%7.2f\nS=%7.2f\n"
  #include "stdio.h"
void main()
  { float r,l,s;
    printf("r=");
    scanf("%f",&r);
  f(r,l,s);
```

```
    printf(PR,l,s);
  }
```
宏展开的结果是：
```
#include "stdio.h"
void main()
  { float r,l,s;
    printf("r=");
    scanf("%f",&r);
    l=2*3.1416*r; s=3.1416*r*r;
    printf("l=%7.2f\nS=%7.2f\n",l,s);
}
```

【例 6.4】输入任意的三个数，使用带参宏编程找出其中最大的数，并输出。

分析：定义一个求两个数最大值的宏，两次调用。
```
#define MAX(x,y) (x>y)?x:y
#include "stdio.h"
void main()
{ float a,b,c,max;
  printf("a,b,c=");
  scanf("%f,%f,%f",&a,&b,&c);
  max=MAX(a,b);            /*宏展开此语句为: max=(a>b)?a:b;*/
  max=MAX(max,c);          /*宏展开此语句为: max=(max>c)max:c;*/
  printf("max=%f\n",max);
}
```
程序测试：
```
a,b,c=6.8,3.5,8.9✓
max=8.900000
```
程序也可以写成：
```
#define MAX(x,y) (x>y)?x:y
#include "stdio.h"
void main()
{ float a,b,c;
  printf("a,b,c=");
  scanf("%f,%f,%f",&a,&b,&c);
  printf("max=%f\n", MAX(MAX(a,b),c));
          /*宏展开此语句为: printf("max=%f\n", ((a>b)?a:b>c)?(a>b)?a:b:c);*/
}
```

【例 6.5】用牛顿迭代法求下面方程在 1.5 附近的根。

$$2x^3 - 4x^2 + 3x - 6 = 0$$

所谓牛顿迭代法，即若方程 $f(x)=0$ 在某个区间内单调连续，则在区间内取一点 $x0$，过点 $(x0, f(x0))$ 做切线，方程为：

$$f'(x0) = \frac{y - f(x0)}{x - x0}$$

与 x 轴的交点为：

$$x = x0 - \frac{f(x0)}{f'(x0)} \qquad ①$$

当 $|x - x0| < \varepsilon$ 时，把 x 作为原方程的近似解，否则 $x0=x$，重复用方程①求新的 x。

分析：

迭代初始条件为 x0=1.5；迭代关系是方程①；迭代结束条件是 $|x-x0|<\varepsilon$，ε 为计算精度。

本例中 $f(x)=3x^3-4x^2+3x-6$，则：

$$f'(x)=6x^2-8x+3$$

可以定义两个带参宏来实现函数值和导数值的计算：

（1）带参宏 f(x)计算 f(x)。

（2）带参宏 f1(x)计算 f(x)的导数。

已知 x0 为 1.5，ε 用变量 e 存放，可以从键盘输入，此处设 e=0.000001。

算法设计：

（1）初始化：① 输入精度 e；② x0=1.5；③ 求一个 x 的值。

（2）当 $|x-x0|\geq\varepsilon$ 时循环执行：① x0=x；② 求一个 x 的值。

（3）输出 x。

由于需要求绝对值，所以必须包含头文件 math.h。

程序设计：

```
#define  f(x)  (2*(x)*(x)*(x)-4*(x)*(x)+3*(x)-6)
#define  f1(x)  (6*(x)*(x)-8*(x)+3)
#include <math.h>
#include "stdio.h"
void main()
{ float x0,x,e;
  printf("Input e:");
  scanf("%f",&e);
  x0=1.5;
  x=x0-f(x0)/f1(x0);
  while(fabs(x-x0)>=e)
  { x0=x;
    x=x0-f(x0)/f1(x0);          /*语句中调用宏 f 和宏 f1*/
  }
  printf("x=%.2f\n", x);
}
```

其中语句：

`x=x0-f(x0)/f1(x0);`

宏展开的结果为：

`x=x0-(2*(x0)*(x0)*(x0)-4*(x0)*(x0)+3*(x0)-6)/(6*(x0)*(x0)-8*(x0)+3);`

程序测试：

`Input e:`<u>0.000001</u>↙
`x=2.00`

综上所述，宏定义就是把一个简单的功能描述成一个字符串，并用一个标识符命名；宏的调用过程实际上是宏的展开过程，不带参的宏调用，宏展开是进行简单的字符串替换，即用宏定义中的字符串替换宏调用中的宏名；带参的宏调用，宏展开不仅要进行字符串的替换，而且还要进行参数替换，即用宏定义中的字符串替换宏调用中的宏名，且串中的形参用实参字符串替换。

6.2 文 件 包 含

"文件包含"是指将指定的源文件中的内容插入到当前源文件中来，编译后，得到一个目标文件。文件包含的一般格式为：

```
#include <文件名>
```

或

```
#include "文件名"
```

第一种格式，是告诉编译预处理程序，被包含的文件存放在 C 编译系统所在的目录下。这种方式适用于包含 C 提供的头文件。因为 C 提供的头文件都存放在 C 编译系统所在的目录下。

第二种格式，预处理程序首先到当前文件所在的目录中查找被包含的文件，如果找不到，再到 C 编译系统所在的目录下查找。

一般地，被包含的文件是系统提供的，多用尖括号方式的文件包含命令；被包含的文件是用户自己编写的，多用双引号方式的文件包含命令。

文件包含为组装大程序和程序复用提供了一种手段。在实际应用中，编写程序时习惯将公共的常量定义、函数声明等构成一个源文件，作为以后被其他程序使用的头文件。编程人员共用头文件的好处是：减少重复定义的工作量，也可以保证程序的一致性和可靠性。另外，也可以把一些函数库中没有的常用的功能模块编写成函数，作为文件保存在磁盘上，当要用时就将其包含进来，不必再重复书写，以节省精力和时间。

说明：

（1）一个 include 命令只能指定一个被包含文件。

（2）一个文件包含另一个文件，预编译后就成为一个文件，如图 6-1 所示，文件 f1.c 包含文件 f2.c，预编译后成为一个文件。

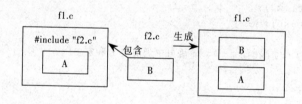

图 6-1　文件包含

（3）文件包含可以嵌套，即一个被包含文件中还可以包含另一个文件。

多文件程序的运行问题，将在 12.2 节中介绍。

6.3 条 件 编 译

一般情况下，编译系统对源程序的每一行都进行编译。但有时希望对其中一部分内容只在一定条件下才进行编译，从而形成目标代码，即对其中部分内容指定编译条件，这就是条件编译。

条件编译命令有 3 种格式：

（1）#ifdef　标识符　　　　（2）#ifndef　标识符　　　　（3）#if　表达式
　　　程序段 1　　　　　　　　　　　程序段 1　　　　　　　　　　　程序段 1
　　#else　　　　　　　　　　　#else　　　　　　　　　　　#else
　　　程序段 2　　　　　　　　　　　程序段 2　　　　　　　　　　　程序段 2
　　#endif　　　　　　　　　　　#endif　　　　　　　　　　　#endif

3 种格式的区别是：

格式 1 是当标识符用#define 命令定义过时，在编译阶段编译程序段 1，否则编译程序段 2。

格式 2 与格式 1 正相反，是当标识符未用#define 命令定义过时，在编译阶段编译程序段 1，否则编译程序段 2。

格式 3 是当表达式值为真时，在编译阶段编译程序段 1，否则编译程序段 2。

与 if 语句相似，其中：

```
#else
    程序段 2
```

也可以没有，如同单选择结构的 if 语句。

【例 6.6】求　$s=1!+2!+3!+\cdots+20!$。

分析：很显然，结果 s 的值很大，输出后很难判断对错。为了验证程序的正确性，可以每计算一个阶乘值就输出一个，并对该输出语句进行条件编译。

这是一个求累加和的问题，s 的初值应为 0，第 n 项就是 n 的阶乘。

变量设计：变量 n 表示求阶乘项，为整型；用变量 t 存放阶乘值，求阶乘是累乘问题，t 的初值应为 1；变量 s 表示求和值。

用格式 1 描述：

```
#define F 1
#include "stdio.h"
void main()
{ int n;double t,s;
  t=1;s=0;
  for(n=1;n<=20;n++)
  {  t=t*n;
     #ifdef F
          printf("%g\n",t);
     #endif
      s=s+t;
  }
  printf("s=%g\n",s);
}
```

> 编译预处理：
> 当 F 被定义时，输出 t

程序调试阶段运行结果如下：

```
1
2
6
24
120
...
2.4329e+18
s=2.56133e+18
```

结果是正确的。若去掉程序第一行的宏定义，程序最终运行结果是：

s=2.56133e+18

格式 2 与格式 1 正相反，即无宏定义时输出中间值 t，有宏定义时不输出 t 值。

用格式 3 描述，在程序调试阶段，宏定义为：

```
#define F 1
```

程序运行时输出每个阶乘值。验证正确后将 1 改为 0，再运行就只输出最终结果了。

习　　题

一、简答题

1. 编译预处理命令是在什么时候被执行的？
2. 分别叙述无参宏和带参宏的展开过程。
3. 宏定义中的错误应该如何查找？

二、选择题

1. 设有以下宏定义：

```
#define N 3
#define Y(n)  ((N+1)*n)
```

则执行语句 z=2*(N+Y(5+1)); 后，z 的值为（　　　）。

　　A. 54　　　　　　B. 48　　　　　　C. 24　　　　　　D. 出错

2. 下列说法正确的是（　　　）。

　　A. C 程序必须在开头用预处理命令#include

　　B. C 程序中必须有预处理命令

　　C. 预处理命令必须位于 C 源程序的首部

　　D. 在 C 语言中预处理命令都以 "#" 开头

3. 下列说法不正确的是（　　　）。

　　A. 宏调用不占用运行时间　　　　　　B. 宏调用可能会使源程序变长

　　C. 宏没有类型　　　　　　　　　　　D. 宏名必须用大写字母

4. 若有下面的程序段，则 c 的值是（　　　）。

```
#define  MCRO(x,y)  (x>y)?(x):(y)
…
int a=5,b=3,c;
c=MCRO(a,b)*2;
…
```

　　A. 5　　　　　　B. 3　　　　　　C. 6　　　　　　D. 10

5. 现有下面的程序：

```
#define SWAP(x,y)  s=x;x=y;y=s
#include "stdio.h"
void main()
{ int a,b,s;
  s=0;
  scanf("%d,%d",&a,&b);
  if(a>b)  SWAP(a,b);
  printf("a=%d,b=%d\n",a,b);
}
```

运行后若输入 "1,2✓"，则程序的输出结果为（　　　）。

A. a=1,b=2　　　　B. a=2,b=1　　　　C. a=2,b=2　　　　D. a=2,b=0

三、填空题

1. 以下程序的输出结果是_____。

```
#define ADD(x)  (x)+(x)
#include "stdio.h"
void main()
{ int a=4,b=6,c=7,d;
   d=ADD(a+b)*c;  printf("d=%d",d);
}
```

2. 下面程序的输出结果是_____。

```
#define CIR(r)  r*r
#include "stdio.h"
void main()
{ int a=1,b=2,t;
  t=CIR(a+b);  printf("t=%d\n",t);
 }
```

3. 阅读程序回答问题：

```
#define VAL1 0
#define VAL2 2
#include "stdio.h"
void main()
{ int flag;
  #ifdef VAL1
     flag=VAL1;
  #else
     flag=VAL2;
  #endif
     printf("flag=%d\n",flag);
}
```

问题 1：程序执行的结果是_____。

问题 2：如果程序中下画线处改为：#if VAL1，则程序输出结果是_____。

四、编程题

1. 定义一个带参数的宏，使两个参数的值互换。编写程序，输入两个数 a、b，调用宏实现按先大后小的顺序输出。

2. 用带参的宏实现：输入两个整数，求它们相除的余数。

3. 求三角形面积的公式为：

$$area = \sqrt{s(s-a)(s-b)(s-c)}$$

其中，$s=\dfrac{1}{2}(a+b+c)$，a、b、c 为三角形的三边。定义两个带参的宏，一个用来求 s，另一个用来求 area。编写程序，调用宏求面积 area。

第7章 函 数

C语言的源程序是由函数组成的，函数是C程序的基本单位。C语言不仅提供了丰富的库函数，而且还允许用户自己定义函数。结构化程序设计提倡把较大的问题分解成若干个模块，大的模块还可以继续分解成较小的模块，每个模块完成一个独立的功能。在C语言中，模块就是由函数实现的，用户可以将一个特定功能编写成一个函数，这就是用户自定义函数。

C语言的一个程序至少要有一个主函数 main()，程序往往是由多个函数组成的。在程序中，主函数可以调用其他函数，其他函数也可以互相调用，一个函数（主函数除外）可以被一个或多个函数多次调用。

程序中的变量，不仅有数据类型之分，还有存储类型之分。变量会因为在程序中定义的位置不同而具有不同的作用域，也会因为定义了不同的存储类型而被分配在内存中不同的存储区域，从而具有不同的生存期。

本章主要介绍函数的定义、函数的调用、变量的作用域、变量的存储类别等内容。本章所说函数是指用户自定义函数。

7.1 函数定义与函数调用

函数定义就是依据算法，编写一个程序块，实现一个独立的功能。函数调用就是在函数定义的程序块中，引用已经定义的函数。用户自定义函数只有通过调用才能执行，习惯上称调用者为主调函数，被调用者为被调函数。

7.1.1 函数定义

1. 函数定义的一般格式

一个函数定义由两部分组成：

（1）函数首部：包括函数类型、函数名、函数的形式参数表等信息。

（2）函数体：可以分为声明部分和执行部分。

函数定义的一般格式如下：

其中：

（1）类型标识符：即函数类型。

（2）形式参数表：简称"形参表"，即函数的初始参数。由于编写函数时还不知道参数的具体值，只能用一个名字表示，所以称为"形式参数"，也称"虚参"。形参表的一般格式如下：

```
类型标识符 变量名，类型标识符 变量名，……
```

（3）声明部分：包含函数体的变量定义、函数内调用函数的声明。

（4）执行部分：由语句组成，是函数的主体。

说明：

（1）函数从定义形式角度，可以分为有参函数和无参函数两种。在一般格式中，函数首部圆括号内有形参表时，称为有参函数；形参表也可以为空（即无形参表），称为无参函数。有参数时，参数可以是一个或多个，若有多个参数要用逗号分隔。

（2）声明部分也可以为空。

【例 7.1】定义一个无参函数，功能是输出字符串"&&&&&&&&&&&&&&"。

函数定义如下：

```
void  print( )              /*形参表为空*/
  {                         /*声明部分也为空*/
     printf("&&&&&&&&&&&&&&\n");
  }
```

【例 7.2】一个有参函数的定义，功能是找出任意两个数中较大的数。

函数定义如下：

```
float max( float x, float y )   /*有两个形参 x 和 y*/
{  float z;                     /*函数体的变量定义*/
   if(x>y) z=x; else z=y;
   return z;                    /*返回函数值*/
}
```

2．函数返回值与函数类型

（1）函数返回值。函数从调用返回结果角度，可以分为有返回值函数和无返回值函数两种。

- 有返回值函数：此类函数被调用执行完后，向主调函数返回一个执行结果，称为函数返回值。例如，库函数中的平方根函数 sqrt(x)、正弦函数 sin(x)等，其中，x 是形式参数，给 x 传一个具体值，就能求出函数值，函数值即函数返回值。再如，例 7.2 中的 max()函数就是一个用户自定义的有返回值函数，返回两个数中较大的数 z。

- 无返回值函数：此类函数用于完成某项特定的处理任务，执行完成后不用向主调函数返回函数值。例如，例 7.1 就是一个用户自定义的无返回值函数，完成输出一串字符的功能。

函数返回值就是函数调用后得到的函数值，它是通过函数定义中的 return 语句完成的。也就是说，如果函数需要返回函数值，在函数定义的执行部分中，就要用 return 语句将值返回。

return 语句的一般格式如下：

```
return (表达式);
```

或

```
return  表达式;
```

该语句的功能是结束函数的执行，并将表达式的值返回给主调函数。

注意：一个函数中可以有一个或多个 return 语句，执行到哪个，哪个起作用。

例如，例 7.2 的函数定义也可以写成：

```
float max( float x, float y )
{  if(x>y) return x;
   else return y;
}
```

函数中有两个 return 语句，当 x>y 时，执行前一个，否则执行后一个。

还可以写成更简单的形式：

```
float max(float x,float y)
   { return (x>y)?x:y ; }
```

即用条件表达式实现。

（2）函数类型。在函数定义时，必须明确定义函数返回值的类型。函数返回值的类型就是函数类型。函数类型可以是图 2-1 中的任何类型。如：例 7.2 中函数类型为 float 型，因为函数需要返回较大的数 z 的值，而 z 的类型为 float 型。再如：例 7.1 中函数类型为 void，即空类型，表示函数无返回值。

但是需要指出的是，如果在函数定义中，函数返回值的类型和函数类型不一致时，将由函数类型决定函数返回值的类型。

例如：若函数类型为 int，即使 return(3.5)，函数值也只能是 3。

注意：函数如果不需要返回函数值，函数类型应明确定义为 void，即空类型。

3. 函数定义与算法的对应关系

算法的基本结构一般包括三部分：

（1）初始化（包括：输入的原始数据和为数据处理所做的准备）。

（2）数据处理（实现具体的功能）。

（3）输出结果。

定义一个函数，也需要考虑三部分内容：

（1）形式参数：函数是否需要初始参数（即原始数据），若需要，有几个，都是什么类型。形参就是函数的输入参数。

（2）数据处理（包括数据处理的准备和处理过程）。

（3）函数返回值：函数执行完毕是否需要返回函数值，若需要，要返回一个什么类型的值，这个值的类型就是函数类型。函数返回值是函数的输出参数。

分析例 7.1 中的 print()函数可知：

（1）只要求输出一个具体字符串，不需要形式参数，所以是无参函数。

（2）输出字符串就完成了函数功能，不需要返回函数值，所以函数类型为 void。

分析例 7.2 中的 max()函数可知：

（1）需要有"两个任意数"作为原始数据，即两个形式参数，用变量 x 和 y 存放，设为 float 型。

（2）需要存放较大的数，定义变量 z；把 x 和 y 中大的送给 z。

（3）较大的数 z 就是需要返回的函数值，所以函数类型为 z 的类型，即 float 型。

注意:

（1）在 C 语言中，所有的函数定义，包括主函数 main()在内，都是平行关系。换句话说，不能在一个函数中定义另一个函数，即函数不能嵌套定义。

（2）形参变量和函数内的变量不同，不能混在一起定义。形参变量的定义在函数首部的圆括号内，函数内的变量定义在函数体中。

如把例 7.2 的函数写成:

```
float max( float x, float y, float z )
{
    if(x>y) z=x;
    else z=y; return z;
}
```

或写成:

```
float max()
{ float x,y,z;
    if(x>y) z=x; else z=y;
    return z;
}
```

都是错误的。

7.1.2 函数调用

函数定义的目的是为了在程序中引用，在函数定义的程序块中，引用已经定义的函数，就称为函数调用。

用户自定义函数只有被调用才能被执行。当主调函数执行到函数调用处时，会转去执行被调函数，被调函数执行结束后，再返回到主调函数调用点继续执行。

用户自定义函数之间允许互相调用，也允许嵌套调用，还可以自己调用自己。主函数 main()可以调用其他函数，但不允许其他函数调用。因此，C 语言程序总是从 main()函数开始执行，完成对其他函数的调用后再返回到 main()函数，最后由 main()函数结束整个程序。

1. 函数调用的一般格式

函数调用的一般格式如下:

函数名(实际参数表)

其中，实际参数表简称实参表，有多个参数时各实参之间要用逗号分隔。对无参函数调用时，实参表为空。

【例 7.3】编写一个函数，选出任意两个数中较大的数，并调用该函数输出任意三个数中最大的数。

程序如下:

```
#include "stdio.h"
float max(float x,float y)
{ float z;
    if(x>y) z=x;else z=y;
    return(z);
}
```

自定义函数:
求两个数中较大的数

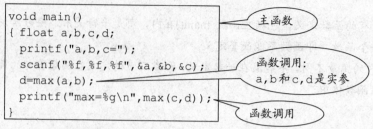

2. 关于形参与实参的说明

（1）函数定义中指定的形参变量，是函数的入口参数。在未调用函数之前，它们不占存储单元，只有在被调用时系统才为形参分配临时的存储单元，且在调用结束后，存储单元即被释放。

（2）函数调用中指定的实参，可以是常量、变量或表达式。实参必须有确定的值。

（3）形参与实参在个数、类型和顺序上必须一致，且一一对应，否则会发生错误或与预想不一致。

（4）在函数调用时，实参对形参变量的数据传递是单向的值传递，即将实参表达式的值传递给形参变量。当实参是变量时，形参和实参可以同名，但各自占用独立的存储单元，形参的变化不影响实参，换句话说，形参的值不能反向地传递给实参。

实参是表达式（常量和变量是表达式的特例）的这种函数调用方式称为函数的"值传递"调用。值传递调用方式，数据进入函数只有一个入口，即实参传值给形参；只有一个出口，即函数返回值（有返回值函数），从而保证了函数的独立性。值传递调用方式的函数最多只有一个返回值。

【例7.4】实参与形参值传递举例。

```
#include "stdio.h"
int kk(int x,int y)
{  x*=x;   y*=y;
   printf("x=%d,y=%d\n",x,y);
   return(x+y);
}
void main()
{  int i,x=4,y=5;
   i=kk(x,y);
   printf("a=%d,b=%d\n",x,y);
   printf("a*a+b*b=%d\n",i);
}
```

运行结果：

```
x=16,y=25          （kk函数中形参的变化）
a=4,b=5            （主调函数的实参变量不受形参的影响）
a*a+b*b=41         （函数返回值）
```

此例说明，即使实参与形参同名，形参的变化也不会影响实参的值。

3. 函数调用的执行过程

程序总是从 main()函数开始执行，并以 main()函数结束。

例 7.3 的程序执行过程如下：

（1）输出：a,b,c=

（2）输入（假设）：3.5，7.8，9.6↙

（3）先调用函数 max()：为形参 x 和 y 分配存储单元，并将实参 a 和 b 的值 3.5 和 7.8 传给形参 x 和 y；为函数体变量 z 分配存储单元；执行 if 语句（因为 x>y 为假，所以将 y 值 7.8 赋给 z），返回 z 值 7.8 到调用处，函数调用结束，释放形参 x 和 y 及 z 的存储空间；然后将返回值 7.8 赋给 d。

（4）先调用函数 max()：为形参 x 和 y 分配存储单元，并将实参 c 和 d 的值 9.6 和 7.8 传给形参 x 和 y；为函数体变量 z 分配存储单元；执行 if 语句（因为 x>y 为真，所以将 x 值 9.6 赋给 z），返回 z 值 9.6 到调用处，函数调用结束，释放形参 x 和 y 及函数体变量 z 的存储空间；然后按格式串顺序输出：max=9.6。

一般来说，函数调用的执行过程大致包含以下 6 个步骤：

（1）为函数的形参分配存储单元。

（2）将实参表达式的值传递给对应的形参。

（3）为函数体变量分配存储空间。

（4）执行函数体的语句序列。

（5）函数体执行完，或执行了 return 语句（计算表达式的值，作为函数返回值）后，释放本次调用分配的存储空间。

（6）返回函数调用处（若有返回值，则作为调用结果），继续执行。

4．函数的调用方式

函数调用方式是指函数调用在主调函数中出现的位置，归纳起来可分为以下两种方式：

（1）函数语句：函数调用作为一个独立的语句，即在函数调用一般格式后加 "；"。这种函数调用方式的被调函数多数是无返回值函数，即被调函数的函数类型为 void 型。若被调函数有返回值，则返回值被抛弃。

（2）函数表达式：函数调用出现在表达式中，函数值参加表达式的运算。这种函数调用方式的被调函数一定是有返回值函数。

【例 7.5】下面的程序中两次调用例 7.1 中的函数，由于该函数是 void 类型，所以函数调用方式应该是函数语句方式。

```
#include "stdio.h"
void  print( )
{
  printf("&&&&&&&&&&&&&\n");
}
void main()
{ print();                      /*函数语句，对自定义函数的调用*/
  printf("I love china !\n");    /*对库函数的调用*/
  print();                      /*再一次调用自定义函数*/
}
```

运行结果：

```
&&&&&&&&&&&&&
I love china !
```

&&&&&&&&&&&&&

函数调用方式为函数表达式，就是说，凡是表达式可以出现的地方，函数调用都可以出现。例如：

（1）函数调用出现在赋值语句中。

如例 7.3 中的第三个语句：d=max(a,b);

由于赋值语句的一般格式是："变量名=表达式;"，所以此处的函数调用是作为表达式出现的。

（2）函数调用作为函数的实参。

【例 7.6】例 7.3 程序也可以写成下面的形式，即用 max(a,b)作为实参，取代变量 d。

```
#include "stdio.h"
float max(float x,float y)
{ float z;
  if(x>y) z=x;else z=y;
  return(z);
}
void main()
{ float a,b,c;
  printf("a,b,c=");
  scanf("%f,%f,%f",&a,&b,&c);
  printf("max=%g\n",max(c,max(a,b)));
}
```

输出项 max(c,max(a,b))是函数嵌套调用，函数调用 max(a,b)又作为函数调用的实参。

（3）函数调用作为输出项，出现在 printf()函数调用中（实质也是函数的实参）。

例 7.6 程序中的 max(c,max(a,b))就是作为 printf()函数的输出项，也是 printf()函数调用的实参。

5. 函数原型声明

在 C 语言的程序中，一个函数调用另一个函数必须具备以下条件：

（1）被调函数必须是已经定义的函数，可以是库函数，也可以是用户自定义函数。

（2）如果被调函数是库函数，必须在主调函数中用"#include"包含有关头文件；如果是用户自定义函数，还应该在主调函数中对被调函数做函数原型声明。

如同在函数中用到变量需要"先定义，后使用"一样，在函数中调用其他函数也需要"先声明，后调用"，以便编译程序检查函数调用的合法性，即检查被调函数是否定义，以及函数类型、函数参数是否匹配等信息。

函数原型声明简称函数声明。函数声明的一般格式如下：

　　　　类型标识符　函数名(类型标识符 变量名,类型标识符 变量名,…);

或

　　　　类型标识符　函数名(类型标识符,类型标识符,…);

其中第一种格式就是函数首部末尾加分号；第二种格式是括号内只给出形参类型。

以下 3 种情况可以省略主调函数中对被调函数的函数声明：

（1）被调函数写在主调函数之前，主调函数中可以不声明。

（2）被调用函数类型是 int 型或者是 char 型，主调函数中可以不声明。

（3）在程序文件开头，所有函数定义之前，在函数的外部已经做了函数声明，主调函数中可以不声明。

由于编译系统对文件的编译是从前向后顺序进行的，对于第（1）种情况编译系统已经了解被调函数的信息，所以可以检查调用的正确性。

细心的读者会发现，在前面的程序中总是自定义函数在前，main()函数在后。实际上 main() 函数可以出现在程序的任何位置。只是在前面的程序中，main()函数调用自定义函数却没有对其做声明，所以只有将用户自定义函数放在 main()函数前面定义，才可以省略声明。

对于第（2）种情况，省略声明的原因是 int 型和 char 型通用且类型简单，所以系统可以免检。但是由于系统无法检查函数调用的合法性，若函数调用时参数使用不当，编译时也不会报错。因此，为了程序安全、代码清晰，仍然建议声明为好。

一般习惯采用第（3）种方式，即在程序开头处，对程序中所有自定义函数统一做声明。这样在主调函数中就不必再声明，也可以避免遗漏。

如例 7.6 的程序也可以写成：

```
#include "stdio.h"
void main()
{ float a,b,c;
  float max(float, float);   /*函数内声明*/
  printf("a,b,c=");
  scanf("%f,%f,%f",&a,&b,&c);
  printf("max=%g\n",max(c,max(a,b)));
}
float max(float x,float y)
{  return (x>y)?x:y ; }
```

还可以写成：

```
#include "stdio.h"
float max(float,float);      /*函数外声明*/
void main()
{ float a,b,c;
  printf("a,b,c=");
  scanf("%f,%f,%f",&a,&b,&c);
  printf("max=%g\n",max(c,max(a,b)));
}
float max(float x,float y)
{  return (x>y)?x:y ; }
```

【例 7.7】编写一个判断某数是否为素数的函数 prime()。编写 main()函数，输入整数 n，调用函数 prime()对 n 进行判断，是素数输出"yes"，不是素数输出"no"。

分析函数 prime 的定义：

（1）形参：需要一个 int 型的形参 n，即要判断的某数。

（2）判断 n 是否为素数。用变量 i 从 2 到 n-1 每次增 1 循环执行：

① 如果某个 i 能整除 n 时，中断循环。

② 如果 i 等于 n 则 n 是素数，否则 n 不是素数。

（3）函数返回值：标识判断结果，n 是素数返回 1，不是素数返回 0。所以函数类型为 int 型。

```
#include "stdio.h"
void main()
{ int m;
  int prime(int);              /*函数声明。由于函数返回值是整型，也可以省略*/
```

```
    printf("m=");scanf("%d",&m);
    if(prime(m)) printf("yes\n");      /*函数调用*/
    else printf("no\n");
}
int prime(int n)                       /*函数定义*/
  { int i;
    for(i=2;i<n;i++)
    if(n%i==0) break;
    if(i==n) return 1; else return 0;
  }
```

其中 main()函数中 if 后面括号内就是函数调用，调用方式是函数表达式。如果 m=9，调用过程如下：

① 为 prime()函数中的形参 n 分配存储单元。

② 将 m 的值 9 传给 n，即 n=9。

③ 为变量 i 分配存储单元。

④ 执行 prime()函数的执行部分，计算后返回 0。

⑤ 释放 n、i 的存储单元。

⑥ 返回的 0 代回到 prime(m)处；由于 if(0)，则执行 else 子句，所以输出"no"。

7.1.3　函数与带参宏的区别

【例 7.8】用自定义函数实现：用牛顿迭代法求下面方程在 1.5 附近的根。

$$2x^3 - 4x^2 + 3x - 6 = 0$$

分析：

在例 6.5 中，用宏定义 f(x)和 f1(x)分别计算方程的函数值和一阶导数值。那么，本例中将分别定义函数 f(x)和 f1(x)，取代宏定义 f(x)和 f1(x)。

程序如下：

```
#include "stdio.h"
#include "math.h"
float f(float x)                       /*计算 f(x)*/
{ return 2*x*x*x-4*x*x+3*x-6; }
float f1(float x)                      /*计算 f(x)的一阶导数*/
{ return 6*x*x-8*x+3; }
void main()
{ float x0,x,e;
  printf("Input e:");
  scanf("%f",&e);
  x0=1.5;
  x=x0-f(x0)/f1(x0);
  while(fabs(x-x0)>=e)
  { x0=x;
    x=x0-f(x0)/f1(x0);
  }
  printf("x=%.2f\n", x);
}
```

程序测试：

```
Input e:0.000001↙
x=2.00
```

比较宏定义和自定义函数两种方法编写的程序，除了函数定义形式与宏定义形式不同以外，函数的调用形式和带参宏的调用形式看上去没有什么区别，程序的运行结果也相同。

函数的调用形式为：函数名(实际参数表)。

带参宏的调用形式为：宏名(实际参数表)。

带参的宏与函数有些相似，但两种方法本质上是有区别的。主要区别如下：

（1）函数调用时，先求出实参表达式的值，然后传递给形参；带参宏展开时，是用实参代替形参，是简单的替换。

（2）函数的调用是在程序的运行期间进行的；而宏的调用是在编译之前进行的，所以不占用程序的运行时间，占用的是编译时间。

（3）函数调用的实参和函数定义的形参，有类型匹配的要求；而宏调用的实参和宏定义的形参之间没有类型的概念。

（4）函数调用时为形参分配临时的存储单元；而宏的调用不分配存储单元，没有值的传递，也没有返回值的概念。

（5）使用宏，当宏展开时会使源程序变长，而函数调用不会。

由于函数调用时，要保留主调函数的现场，为被调函数的形参和内部变量分配存储单元，实参对形参进行值传递，函数返回时还要恢复现场等，这些都占用程序的运行时间，为了提高程序的执行效率，通常将简短的表达式计算的函数的定义，改写成宏定义。宏定义主要用于常量定义（无参宏）和简短的表达式计算（有参宏）。

7.2 函数的嵌套调用与递归调用

用户自定义函数之间允许互相调用，也允许嵌套调用，还可以自己调用自己。

7.2.1 函数的嵌套调用

C 语言中函数的定义都是相互平行且独立的，也就是说在定义函数时，一个函数内不能再定义另一个函数，即函数的定义不能嵌套。但函数的调用允许嵌套，即被调用的函数还可以再调用其他函数。

在被调用函数中又调用其他函数，称为函数的嵌套调用，过程如图 7-1 所示。

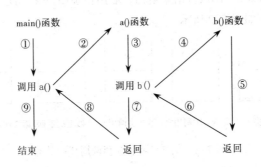

图 7-1　函数的嵌套调用

这里的 a()函数和 b()函数是相互独立的，没有隶属关系。

程序运行从 main()函数开始，当执行到函数调用语句时，该语句就是断点；这时程序将保存断点，转去执行被调函数；当被调函数执行完以后，会返回断点处继续执行主调函数。

【例7.9】阅读下面程序，体会函数嵌套调用的执行过程。

```c
#include "stdio.h"
void p1(),p2();              /*函数声明*/
void main()
{ printf("*****\n");         /*①*/
  p1();                      /*②*/
  printf("&&&&&\n");         /*③*/
}
void p1()
{ printf("11111\n");         /*④*/
  p2();                      /*⑤*/
  printf("22222\n");         /*⑥*/
}
void p2()
{ printf("33333\n");}        /*⑦*/
```

运行结果：

```
*****
11111
33333
22222
&&&&&
```

系统在函数调用时，保存主调函数的状态及调用点，把控制转到被调函数去执行，当被调函数返回时，恢复主调函数状态，把控制转回调用点继续执行。保存主调函数的状态及调用点是通过栈实现的。栈是一种"后进先出"的数据结构，即调用函数时将主调函数的状态及调用点入栈，再调用再入栈……；返回时，从栈顶出栈，恢复主调函数的状态，从调用点继续执行，再返回再出栈……，直到栈空。即当遇到函数调用时，断点入栈，然后转去执行被调函数；当被调函数执行结束返回时，断点从栈顶出栈，转回断点处继续执行主调函数。

例7.9的执行过程如下：

从主函数开始，先执行①；执行②时因是函数调用将②（断点）入栈；转去执行 p1()中的④；执行到⑤时因是函数调用将⑤（断点）入栈；转去执行 p2()中的⑦；p2()执行结束返回，取出栈顶断点⑤，继续执行执行⑥；p1()执行结束返回，取出栈顶断点②（此时栈空）；继续执行③；主函数结束。本例栈的状态如图7-2所示。

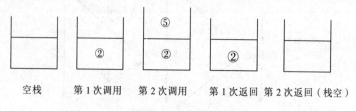

　　　空栈　　　第1次调用　第2次调用　　第1次返回 第2次返回（栈空）

图7-2　例7.9函数嵌套调用栈的状态

7.2.2　函数的递归调用

一个函数直接或间接地调用该函数自身，称为函数的递归调用，这样的函数称为递归函数。

采用递归方法解决问题的思想是：把原来一个不能或不好解决的大问题，划分成一个或几个小问题（小问题的求解方案与大问题相同），小问题再划分成一个或几个更小的问题，按这种思想分解下去，最终分解到每个小问题都可以求解（这是递归的出口）；然后求解，把结果回代到上一层再求解，逐层求解、回代，直至原问题解决。

使用递归方法进行程序设计有三个要点：一是函数的形式参数（对有参函数而言）；二是递归结束的条件；三是函数返回值（对有返回值函数而言）。其中递归结束的条件（即递归出口）是必需的，用来防止递归调用无终止地进行。

【例 7.10】用递归的方法求 $n!$。

$$n! = \begin{cases} 1 & (n=1 \text{或} n=0) \\ n(n-1)! & (n>1) \end{cases}$$

例如：$n=4$。

分析：从递归公式可以知道，求 $n!$ 的问题转化成了求 $n(n-1)!$ 的问题，而求 $(n-1)!$ 的方法与求 $n!$ 相同，只是规模（参数）不同而已。随着一次次调用，规模不断减小，直到 $n=1$ 或 $n=0$ 便是递归的出口。

$4!$ 的递推和回归过程如图 7-3 所示。

可见，递归调用的过程分为两个阶段：

（1）递推阶段：从原问题出发，按递归公式递推，最终达到递归终止条件（出口）。

（2）回归阶段：按递归终止条件求出结果，逆向逐步代入递归公式，回归到原问题。

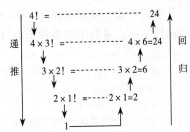

图 7-3　4!递归示意图

算法设计：函数形参为 n，是 int 型；函数返回值即 n!值，用变量 f 存放，f 为 float 型，也就是函数类型；递归结束条件为 n=1 或 n=0。

```c
#include "stdio.h"
float fac(int n)
{ float f;
  if(n==0||n==1) f=1;      /*递归出口*/
    else f=n*fac(n-1);     /*递归*/
    return(f);
}
void main()
{ int n;
  printf("n=");
  scanf("%d",&n);
  printf("%d!=%g\n",n,fac(n));
}
```

程序测试：

n=5✓
5!=120

用递归方法求解问题，算法往往更清晰、更简练，程序代码简洁。但对初学者来说，正确理解递归调用过程可能有一定的难度。

注意：虽然递归调用是直接或间接地调用自身，但和调用其他函数一样，每次调用都需要重新分配存储单元，并不是共用同一存储单元。

函数的递归调用也是通过栈实现的。即当遇到函数调用时，断点入栈，然后执行函数；当函数返回时，从栈顶取出断点，转回断点处继续执行。

例 7.10 程序中函数 fac() 递归调用的过程如图 7-4 所示。

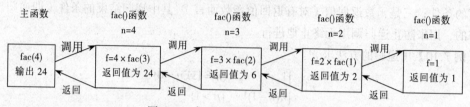

图 7-4　求 4! 的函数递归调用过程

【例 7.11】编写用递归的方法求 Fibonacci 数列的函数，并调用它输出前 20 项。该数列的第 1 项 $f_1 = 1$，第 2 项 $f_2 = 1$，从第 3 项开始每一项都是它前两项之和，即：

$$f_n = f_{n-1} + f_{n-2} \qquad (n \geqslant 3)$$

分析：函数形参即项数 n，为 int 型；函数返回值即第 n 项的值，用变量 f 存放，f 为 long 型，也即函数类型；递归结束条件为 n<3。

```c
#include "stdio.h"
long fib(int n)
{ long f;
  if(n<3)  f=1;                      /*递归出口*/
  else  f=fib(n-1)+fib(n-2);         /*递归*/
  return f;
}
void main()
{ int i;
  clrscr();
  for(i=1;i<=20;i++)
  { printf ("%-12ld",fib(i));
    if(i%5==0)printf("\n");
  }
}
```

可见，在用递归方法实现的函数中就是一个公式，通过递归结束条件判断，不断地把函数调用转换为另一个函数调用。递归调用会占用大量的栈空间和程序运行时间，但是采用递归方法编写的程序简洁、可读性好，可以使复杂的问题变得容易解决，即把简洁、清晰的程序留给用户，把复杂的函数调用过程留给计算机。

7.3　变量的存储类型与作用域

在 C 语言中，每一个变量都有两个属性：数据类型和存储类型。

定义变量不仅要定义其数据类型，还要定义其存储类型。不同的存储类型在内存中所占的存储区域不同。而变量所在的存储区域又决定了变量存在的时间（即变量的生存期）。变量存储方式从时间的角度可以分为动态存储方式和静态存储方式。

变量在程序中的定义位置决定了该变量的有效范围，即不同的定义位置具有不同的作用域。变量从作用域的角度可以分为局部变量和全局变量。

7.3.1 变量的存储类型

在 C 语言中，变量的存储类型有以下 4 种：

（1）auto：自动的。

（2）register：寄存器的。

（3）static：静态的。

（4）extern：外部的。

定义变量既要定义其数据类型，也要定义其存储类型。因此，完整的变量定义格式如下：

存储类型　数据类型 变量表;

为了方便理解，可以将计算机内存中供用户使用的存储空间划分为以下 3 个区域：

（1）程序区。

（2）静态存储区。

（3）动态存储区。

用户程序被存放在程序区，程序中的变量根据其定义的存储类型被存放在静态存储区或动态存储区中。

运算器中的寄存器也可以寄存变量。寄存器变量的存储类型为 register 类型。其他类型的变量都存放在内存单元。当需要运算时，要将变量从内存单元送入运算器中，然后参加运算；而寄存器变量直接存在运算器的寄存器中，当需要运算时，直接参加运算，不必到内存去取数据，可以提高执行速度。但是因为计算机中的寄存器个数有限，有的 C 语言不支持寄存器变量，将寄存器变量当作自动变量处理。

auto 类型的变量存储在动态存储区中，static 类型和 extern 类型的变量存储在静态存储区中。

举例来说，动态存储区好比旅店的"客房"，客人来时登记、使用，走时退房；静态存储区好比客人的"长期包房"，不管使用与否，自始至终占用。

静态存储区中的变量，在编译时为其分配存储单元并且初始化，且在整个程序运行期间都存在。也就是说，静态存储区中变量的生存期是从程序编译开始，到程序运行结束。

动态存储区中的变量，在程序执行过程中调用函数时临时为其分配存储单元，函数返回即释放。也就是说，动态存储区中变量的生存期是从函数被调用开始，到函数返回时结束。

可见，变量的存储类型决定了变量的存储区域，而变量的存储区域又决定了变量的生存期。

7.3.2 变量的作用域

在讲解函数调用时关于形参与实参的说明中曾提到，函数中的形参变量只有在函数被调用时，才被分配临时的存储单元，函数调用结束返回时即被释放。可见形参变量只在定义它的函数体中才有效，离开该函数就不存在了。这既表明了形参变量的作用域，也表明了它的生存期。不仅是形参变量，C 语言中所有的变量都有自己的作用域和生存期。变量在程序中定义位置不同，其作用域也不同。C 语言中的变量，按作用域范围可分为两种，即局部变量和全局变量。

局部变量又称为内部变量，是指在函数中定义的变量，包括函数的形参变量和函数体变量，其作用域仅限于定义它的函数内。局部变量又分为自动局部变量和静态局部变量。

全局变量又称为外部变量，是在函数外部定义的变量。全局变量不属于任何一个函数，而属于定义它的源程序文件。全局变量的作用域是从定义点到该源程序文件尾，有可能跨越几个函数，可以被跨越的各函数所共用。

自动局部变量和函数的形参变量采用动态存储方式，而静态局部变量、全局变量采用静态存储方式。

1. 自动局部变量

自动局部变量，简称自动变量。

（1）作用域：自动变量是在函数内定义的变量，其作用域仅限于定义它的函数内。

（2）存储类型：自动变量的存储类型说明符是 auto，是默认的局部变量存储类型。通常会省略说明符，如：

```
auto int a,b;
```

等价于

```
int a,b;
```

前面用过的形参变量和函数体变量都是自动局部变量。

（3）生存期：当函数被调用时，系统在动态存储区为自动变量分配存储单元，函数调用结束，即被释放，即自动变量的生存期是函数被调用期间。

（4）初始化：自动变量在每次函数调用时都被重新分配存储单元，其存储位置随着程序的运行而变化，所以，未初始化的自动变量的值是随机的。

例如：

```
float max(float x,float y)
{ float z;
  if(x>y) z=x; else z=y;
  return z;
}
```

函数中形参变量 x、y 和函数体变量 z 都是函数 max() 的局部变量，它们只有在 max() 函数中才有效，其他函数都不能使用它们，即只有在 max() 函数被调用时才为它们分配存储单元，它们的生命才开始，当函数调用结束返回时，为其分配的存储单元被释放，它们的生命也就结束了。

另外，在复合语句中也可以定义变量，称为此复合语句的局部变量，其作用域仅限于此复合语句，复合语句结束就被释放。这种复合语句称为分程序。

【例 7.12】分程序举例：输出两个数中较大的数。

```
#include "stdio.h"
void max(float a,float b)
{ if (a<b)
  { float t;t=a;a=b;b=t; }        /*分程序，t 为此分程序的局部变量*/
  printf("%g\n",a);
}
void main()
{ float a,b;
```

```
printf("a,b=");
scanf("%f,%f",&a,&b);
max(a,b);
}
```

在编写程序时,往往主要考虑程序的输入量和输出量,对一些中间变量可能是在用到时才注意到还没有定义,如果正好是用在复合语句中,就可以在其中定义。如本例中函数 max()的功能是输出两个数中较大的数,算法是:如果 a<b,则互换,以保证 a 是较大的数。互换用的中间变量 t 在函数体的声明部分没有定义,是在复合语句中定义的,复合语句结束就被释放了。

由于在函数中输出了较大的数 a,函数无须返回值,所以函数类型是 void 型。因为函数是 void 类型,所以在主函数中函数调用方式为函数语句形式。

注意:

(1)无论是 main()函数,还是其他自定义函数,在函数中定义的变量都是局部变量,只在所定义的函数中有效,其他函数都不能调用它们。

(2)不同的函数可以定义同名变量,它们代表不同的对象,各自占用不同的存储单元,互不干扰。

如例 7.12 中,main()函数内定义的变量 a 和 b,与 max()函数的形参变量 a 和 b 同名,它们各自隶属于各自的函数,各自占用各自的存储单元,互不影响。

2. 静态局部变量

(1)作用域:静态局部变量也是在函数内定义的变量,其作用域也仅限于定义它的函数内部。

(2)存储类型:静态局部变量的存储类型符是 static。如:

```
static int a,b;
```

(3)生存期:在编译阶段,系统在静态存储区为静态局部变量分配固定的存储单元,并初始化;调用结束时存储单元不释放,仍保留;再调用时,前一次的结果就是本次调用的初值;直到程序运行结束。静态局部变量的生存期是整个程序运行期间。

(4)初始化:静态局部变量是在程序编译阶段分配存储单元并初始化,以后调用不再重新初始化。对于程序中未初始化的静态局部变量,系统会自动将它初始化为 0。

【例 7.13】自动局部变量与静态局部变量的比较。

程序 1:

```
#include "stdio.h"
int f()
{ auto int a=0;
  a+=1;
  return(a);
}
void main()
{ int i;
  for(i=1;i<=3;i++)
    printf("%d\t",f());
}
```

程序 2:

```
#include "stdio.h"
int f()
{ static int a=0;
  a+=1;
  return(a);
}
void main()
{ int i;
  for(i=1;i<=3;i++)
    printf("%d\t",f());
}
```

运行结果：   运行结果：

   1   1   1   1   2   3

可见，自动局部变量每次调用都重新初始化；静态局部变量前次调用结果是后次调用的初值。

思考：若例 7.13 的两个程序中，变量 a 都不赋初值 0，会如何？

【例 7.14】利用静态变量"前次调用结果是后次调用的初值"的特点，编写求阶乘的函数，并调用它输出 1～10 的阶乘。

```c
#include "stdio.h"
float fun(int n)
{ static float y=1;          /*y是静态局部变量*/
  y*=n;
  return y;
}
void main()
{ int n;
  for(n=1;n<=10;n++)
    printf("%d!=%g\n",n,fun(n));
}
```

运行结果：

```
1! =1
2! =2
3! =6
...
10! =3628800
```

3. 全局变量

全局变量是在函数外部定义的变量，又称为"外部变量"。

（1）作用域：全局变量不属于任何一个函数，而属于定义它的源程序文件。其作用域是从定义点到该文件尾，有可能跨越几个函数，可以为跨越的各函数共用。

（2）全局变量在函数外定义，存储类型是默认的 extern，通常省略说明符。如在函数外定义 int a,b; 即可。

（3）生存期：在编译阶段，系统在静态存储区为全局变量分配固定的存储单元，并初始化；调用结束时存储单元不释放，仍保留；在它作用域里的所有函数都可以引用或改变其值；直到整个程序运行结束时才释放。全局变量的生存期也是整个程序运行期间。

（4）初始化：全局变量是在程序编译阶段分配存储单元并初始化的，以后调用不再重新初始化。对于程序中未初始化的全局变量，系统会自动将它初始化为 0。

（5）作用域的扩展：用 extern 声明全局变量，可以扩展全局变量的作用域。全局变量的作用域是从定义点到其所在的文件尾，如果要在定义点之前，或在其他源程序文件中引用全局变量，只需在引用处加 extern 声明即可。全局变量声明的一般格式如下：

extern 类型标识符 变量表;

当类型标识符为 int 时，也可以写成：

extern 变量表;

（6）作用域的限制：用 static 作为存储类型定义全局变量，则全局变量只限于它所在的源程序文件引用，其他源程序文件不能引用。

【例 7.15】全局变量作用域举例。

```
#include "stdio.h"
int n=1;                    /*定义全局变量 n，并初始化为 1*/
void fun()
  { n+=3;                   /*引用全局变量*/
    printf("%d,",n);
  }
void main()
  { n+=5;                   /*引用全局变量*/
    printf("%d,",n);
    fun();
    n+=7;                   /*引用全局变量*/
    printf("%d\n",n);
  }
```

运行结果：

6,9,16

在程序编译阶段为全局变量 n 分配存储单元，并赋初值为 1。在程序执行阶段，main()函数第一次改变 n 值为 6；调用函数 fun()第二次改变 n 为 9，函数返回；继续执行 main()函数第三次改变 n 值为 16。

可见，在全局变量作用域中的函数都可以引用和改变其值，引入全局变量的意义也就在于这里。由于函数调用只能返回一个值，若想返回多个值，可以利用全局变量增加函数之间的联系渠道。

【例 7.16】编写一个函数，求半径为 r，高为 h 的圆柱体的体积 v 和表面积 s。要求在主函数中输入 r 和 h，输出 v 和 s。

分析：形参为 r 和 h；计算 v 和 s；v 和 s 的值都需要返回给主函数，而函数调用只能返回一个值，所以将 v 和 s 定义成全局变量，使函数与主函数共用。这样，函数无须返回值，函数类型为 void 型。

```
#define PI  3.1416
#include "stdio.h"
float v,s;                  /*全局变量定义*/
void vs(float r,float h)    /*函数定义*/
{ s=2*PI*r*(r+h);
  v=PI*r*r*h;
}
void main()
{ float r,h;
  printf("r,h=");
  scanf("%f,%f",&r,&h);
  vs(r,h);                  /*函数调用*/
  printf("s=%7.2f\nv=%7.2f\n",s,v);
}
```

程序测试：

r,h=<u>3.5,5.5</u>✓

```
s=197.92
v=211.67
```
可见，由于全局变量 v 和 s 的作用域是从定义点到文件尾的所有函数，即函数 vs() 和 main() 都可以使用或改变它们，这样相当于在函数之间实现了参数的传递和返回。

注意：

（1）若全局变量与它作用域内的局部变量同名，则在局部变量的作用域中全局变量不起作用。

（2）全局变量在程序的全部执行过程中都占用存储单元，它作用域内的各函数执行时都可以改变其值，降低了函数的独立性，所以应尽量少用。

【例 7.17】全局变量与局部变量同名举例。
```c
#include "stdio.h"
int a=3,b=5;                        /*全局变量a、b */
int min(int x,int y)
{  printf("min: a=%d,b=%d\n",a,b);
   return (x<y)?x:y;
}
void main()
{ int a=10,b=15;                    /*局部变量a、b */
  printf("min=%d\n", min(a,b));
  printf("main: a=%d,b=%d\n",a,b);
}
```
运行结果：
```
min: a=3,b=5
min=10
main: a=10,b=15
```
从程序中可见，全局变量 a 和 b 与 main() 函数中的局部变量 a 和 b 同名，所以在 main() 函数中起作用的是局部变量 a 和 b，全局变量 a 和 b 只在 min() 函数中起作用。即：

在程序编译阶段：为全局变量 a 和 b 分配存储单元，并初始化使 a 为 3，b 为 5。

在程序执行阶段：

① 先执行 main() 函数，为局部变量 a 和 b 分配存储单元，并初始化使 a 为 10，b 为 15。

② 调用函数 min()，为形参变量 x 和 y 分配存储单元，并用局部变量实参 a 和 b 为形参变量 x 和 y 传值，使 x 为 10，y 为 15；由于 min() 函数中没有定义 a 和 b，所以 printf() 函数中的输出项 a 和 b 是全局变量，输出 "min: a=3,b=5"，min() 函数返回值为 10，释放形参变量 x 和 y 的存储单元，返回 main() 函数继续执行；输出 "min=10"。

③ 由于 main() 函数中的局部变量 a 和 b 与全局变量 a 和 b 同名，在 main() 函数中起作用的是局部变量 a 和 b，所以，输出 "main: a=10,b=15"。

【例 7.18】扩展全局变量作用域举例。
```c
#include "stdio.h"
extern int a,b;                     /*全局变量声明，作用域扩展到此。或 extern a,b;*/
int fun1()
{  return a+b; }
int fun2()
{  return a-b; }
int a=8,b=3;                        /*全局变量定义*/
```

```
void main()
{ printf("a+b=%d\n",fun1());
  printf("a-b=%d\n",fun2());
}
```

运行结果：

```
a+b=11
a-b=5
```

通过用 extern 对全局变量 a 和 b 的声明，使其作用域变成从声明处到文件结束。

若去掉程序第一行的全局变量声明语句，在编译时会出现 4 处错误，即 fun1 和 fun2 中的 a 和 b 未定义的错误。

全局变量的声明也可以在函数内部，但要注意，此时全局变量的作用域只扩展到该函数内，例如：

```
#include "stdio.h"
int fun1()
{ extern int a,b;          /*全局变量声明，作用域扩展到此函数*/
  return a+b;
}
int fun2()
{ return a-b; }
int a=8,b=3;               /*全局变量定义*/
void main()
{ printf("a+b=%d\n",fun1());
  printf("a-b=%d\n",fun2());
}
```

在编译时会出现 2 处错误，即 fun2 中的 a 和 b 未定义错误。

为了避免可能导致的错误，一般将全局变量的定义放在引用它的所有函数之前，这样就不必再对全局变量进行声明。

注意：全局变量和局部变量都是相对的。若在一个函数内有分程序，则函数内的局部变量对于分程序来说，就是全局变量。

【例 7.19】全局变量和局部变量的相对性举例。

```
#include "stdio.h"
void main()
{   int a=1,b=2,c=3;
    ++a;
    c+=++b;
    { int b=4,c;
      c=b*3;
      a+=c;
      printf("1:%d,%d,%d\n",a,b,c);
      a+=c;
      printf("2:%d,%d,%d\n",a,b,c);
    }
    printf("3:%d,%d,%d\n",a,b,c);
}
```

运行结果：

```
1:14,4,12
2:26,4,12
3:26,3,6
```

分析运行结果可知，main()函数的局部变量 a、b、c 是分程序的全局变量，而全局变量 b、c 与分程序中的局部变量 b、c 重名，所以在分程序中，全局变量 b、c 不起作用。

为了避免不必要的麻烦，建议全局变量与局部变量最好不要重名。

使用全局变量看似灵活方便，但要慎用，因为通过全局变量进行数据传递，会影响函数的独立性，不利于结构化程序的编写与调试。而用局部变量可以减少函数间的相互关联，更符合结构化程序设计思想，这样的程序可移植性好，可读性强，便于调试。

7.4 内部函数与外部函数

函数在本质上是全局的，因为一个函数需要被其他函数调用才能被执行。在 C 语言中，当一个程序是由多个源程序文件组成时，根据在一个源程序文件中定义的函数能否被其他源程序文件中的函数调用，将函数分为内部函数和外部函数。

同变量一样，每一个函数也都有两个属性：数据类型和存储类型。函数的数据类型就是函数类型，而函数的存储类型决定了函数的作用域。

7.4.1 内部函数

如果在一个源程序文件中定义的函数只能被本文件中的函数调用，称这种函数为内部函数。即内部函数的作用域仅限于定义它的源程序文件内部。内部函数又称为静态函数。

定义内部函数，只需在函数定义的首部函数类型前加存储类型 static 即可。内部函数定义的一般格式如下：

```
static  类型标识符  函数名 (形参表)
{ 声明部分
  执行部分
}
```

说明：

（1）static 表示定义的函数是内部函数，表明该函数只能被所在源程序文件中的其他函数调用。其类型标识符、函数名、形参表等都与普通函数定义规则相同。

（2）使用内部函数，可以限定函数的作用域，这样，在不同的文件中使用同名的内部函数，就不会互相干扰。

7.4.2 外部函数

如果在一个源程序文件中定义的函数，既可以被本文件的其他函数调用，也可以被其他文件中的函数调用，这样的函数称为外部函数。即外部函数的作用域是整个程序。

外部函数定义的一般格式如下：

```
extern 类型标识符 函数名 (形参表)
{ 声明部分
  执行部分
}
```

其中，extern 是外部函数的存储类型，也是默认的函数存储类型，通常都省略。可见以前定义过的函数都是外部函数。

在 7.1.2 节所讲函数原型声明的一般格式中，实质上也是省略了存储类型标识符 extern。

外部函数声明的一般格式应为：

extern 类型标识符 函数名(形参表);

7.5 函数设计举例

在一般的程序设计中，主函数总是包含如下内容：

（1）输入数据（如果需要）。

（2）调用函数完成要求的功能。

（3）输出结果。

【例 7.20】编写两个函数，分别求两个整数的最大公约数和最小公倍数。

函数设计：

（1）求最大公约数（greatf）函数：形参为 m 和 n。

用穷举法，即在公因子的可能范围内一个个地测试，最大可能是两个数中较小的，最小可能是 1。

具体步骤是：

① 初始化：如果 m<n 则互换，使 n 中存放的是两个数中较小的。

② i 从 n 到 1，每次减 1，循环执行：如果 m 和 n 能同时被 i 整除，则中断循环。

③ 返回 i 即为最大公约数。

（2）求最小公倍数（lowestf）函数：形参为 m、n 和最大公约数；返回"m×n/最大公约数"。

（3）主函数。

变量定义：两个整数 m 和 n；最大公约数 great；最小公倍数 lowest。

算法设计：

① 输入 m 和 n。

② 用 m 和 n 作实参调用 greatf()求出的最大公约数 great；用 m、n 和 great 作实参调用 lowestf()求出最小公倍数 lowest。

③ 输出最大公约数和最小公倍数。

```c
#include "stdio.h"
int greatf(int m,int n)                 /*求最大公约数函数*/
{ int i;
  if(m<n){ i=m;m=n;n=i; }
  for(i=n;i>=1;i--)
    if(m%i==0&&n%i==0)  break;
  return i;
}
int lowestf(int m,int n,int great)      /*求最小公倍数函数*/
{  return m*n/great; }
void main()
{ int m,n,great,lowest;
  clrscr();
```

```
        printf("m,n=");
        scanf("%d,%d",&m,&n);
        great=greatf(m,n);                        /*求最大公约数函数调用*/
        lowest=lowestf(m,n,great);                /*求最小公倍数函数调用*/
        printf("greatest common divisor is : %d\n",great);
        printf("lowest common multiple is : %d\n",lowest);
    }
```

思考：若定义全局变量 great 和 lowest 存放最大公约数和最小公倍数，用全局变量的方法实现题目要求，该如何实现？并比较两种方法的区别。

【例 7.21】求方程 $ax^2 + bx + c = 0$ 的根，用三个函数分别求当 $b^2 - 4ac$ 大于 0、等于 0 和小于 0 时的根。

分析：

一元二次方程的根为：

$$x_1 = \frac{-b + \sqrt{b^2 - 4ac}}{2a}, \quad x_2 = \frac{-b - \sqrt{b^2 - 4ac}}{2a}$$

可将上面的分式分为两项：

$$p = \frac{-b}{2a}, \quad q = \frac{\sqrt{b^2 - 4ac}}{2a}$$

则：

$$x_1 = p + q, \quad x_2 = p - q$$

当 a 不等于 0 时，有 3 种可能：

（1）$b^2 - 4ac = 0$，有两个相等的实根。

（2）$b^2 - 4ac > 0$，有两个不等的实根。

（3）$b^2 - 4ac < 0$，有两个共轭复根。

函数设计：

（1）两个相等的实根（equal_real_root）函数设计：x1=x2=-b/(2*a)，所以形参为 a 和 b。

（2）两个不等的实根（dist_real_root）函数设计：形参为 a、b 和 disc。

（3）两个共轭复根（complex_root）函数设计：形参为 a、b 和 disc。

（4）主函数设计：输入方程系数 a、b、c；计算 $b^2 - 4ac$ 用变量 disc 保存；根据 disc 值选择所调用的函数。

直接在函数中输出，所以无须返回值，四个函数均为 void 类型。

```
#include "stdio.h"
#include "math.h"
void equal_real_root(float a,float b)            /*求两个相等实根的函数*/
{   float x;
    x=-b/(2*a);
    printf("two equal real roots:\n");
    printf("x1=x2=%.2f\n",x);
}
void dist_real_root(float a,float b,float disc)   /*求两个不等实根的函数*/
{   float x1,x2;
```

```
    x1=(-b+sqrt(disc))/(2*a);
    x2=(-b-sqrt(disc))/(2*a);
    printf("two distinct real roots:\n");
    printf("x1=%.2f,x2=%.2f\n",x1,x2);
}
void complex_root(float a,float b,float disc)    /*求两个共轭复根的函数*/
{   float x1,x2;
    x1=-b/(2*a);
    x2=sqrt(-disc)/(2*a);
    printf("two complex roots:\n");
    printf("x1=%.2f+%.2fi,x2=%.2f-%.2fi\n",x1,x2,x1,x2);
}
void main()
{ float a,b,c,disc;
  do {  printf("Input coefficient a,b,c:");        /*输入系数，保证 a 不等于 0*/
        scanf("%f,%f,%f",&a,&b,&c);
} while(a==0);
  disc=b*b-4*a*c;
  if(disc>0)  dist_real_root(a,b,disc);
  else if(disc==0)  equal_real_root(a,b);
        else complex_root(a,b,disc);
}
```

程序测试：

第一次运行：

Input coefficient a,b,c: <u>1,2,1</u>↙
two equal real roots:
x1=x2=-1.00;

第二次运行：

Input coefficient a,b,c: <u>1,4,2</u>↙
two distinct real roots:
x1=-0.59,x2=-3.41

第三次运行：

Input coefficient a,b,c: <u>1,3,5</u>↙
two complex roots:
x1=-1.50+1.66i,x2=-1.50-1.66i

【例 7.22】用递归的方法求 n 阶勒让德多项式的值，递归公式为：

$$p_n(x) = \begin{cases} 1 & (n=0) \\ x & (n=1) \\ ((2n-1)xp_{n-1}(x)-(n-1)p_{n-2}(x))/n & (n \geq 1) \end{cases}$$

函数设计：

（1）函数 p 设计：形参为阶数 n 和自变量 x，递归结束条件是 n=0 或 n=1。根据阶数 n 的值选用不同的表达式计算函数返回值。

（2）主函数设计：输入自变量 x 的值和阶数 n，用 x、n 作为实参调用函数，计算并输出的多项式的值。

```
#include "stdio.h"
float p(int n,float x)
```

```
{  if(n==0)  return 1;
   else if(n==1) return x;
        else  return ((2*n-1)*x*p(n-1,x)-(n-1)*p(n-2,x))/n;
}
void main()
{  float x;int n;
   clrscr();
   printf("n,x=");
   scanf("%d,%f",&n,&x);
   printf("P%d(%.0f)=%.2f\n",n,x,p(n,x));
}
```

程序测试：

第一次运行：

n,x=<u>0,7</u>✓

p0(7)=1.00

第二次运行：

n,x=<u>1,2</u>✓

p1(2)=2.00

第三次运行：

n,x=<u>3,4</u>✓

p3(4)=154.00

习　　题

一、简答题

1. 什么是形参？什么是实参？实参与形参变量之间是如何进行数据传递的？

2. 有返回值函数和无返回值函数在函数调用方式上有什么不同？

3. 函数声明的作用是什么？什么情况下可以不声明？

4. 带参宏与函数有什么区别？什么情况用带参宏更合适？

5. 函数递归调用与普通的函数调用有什么相同之处和不同之处？

6. 变量的作用域和生存期分别由什么决定？

二、选择题

1. 下面所列的各函数首部中，正确的是（　　　　）。

　A. void play(int a,b;)　　　　　　　　　　B. void play(int a;int b)

　C. void play(int a,int b)　　　　　　　　D. void play(int a,b)

2. 若有一个已经定义的函数，其函数类型为 void，则以下有关该函数调用的叙述中正确的是
（　　　）。

　A. 该函数调用可以出现在表达式中

　B. 该函数调用可以作为一个函数的实参

　C. 该函数调用可以作为独立的语句

　D. 该函数调用可以作为一个函数的形参

3. 若变量 a、b、c、d 已经正确定义并赋值，有如下函数调用语句：

```
function((a+b,c),b+c,d);
```

该函数调用语句中含有的实参个数是（　　　）。

A．3　　　　　　B．4　　　　　　C．5　　　　　　D．6

4．若有函数定义：

```
void fun(int n,float x){…}
```

下面选项中的变量都已正确定义并赋值，则对函数 fun()的正确调用语句是（　　　）。

A．void fun(int n,float x);

B．k=fun(10,22.5);

C．fun(int n,float x);

D．fun(m,y);

5．下面程序的运行结果是（　　　）。

```
#include "stdio.h"
int fun(int a,int b)
{ a+=b;b+=a; return b-a; }
void main()
{ int a,b,c;
  a=b=3;
  c=fun(a,b);
  printf("a=%d,b=%d,c=%d\n",a,b,c);
}
```

A．a=6,b=9,c=3

B．a=3,b=3,c=3

C．a=6,b=6,c=0

D．a=9,b=9,c=0

6．下面程序的运行结果是（　　　）。

```
#include "stdio.h"
int fun(int n)
{ int y;
  if(n==1) y=1; else y=fun(n-1)+n;
  return y;
}
void main()
{ int a=4;
  printf("%d\n",fun(a));
}
```

A．4　　　　　　B．5　　　　　　C．10　　　　　　D．8

7．下面程序的运行结果是（　　　）。

```
#include "stdio.h"
void main()
{ void fun(int); int i;
  for(i=1;i<3;i++)  fun(2);
}
void fun(int x)
{ static int a=2;  int b=2;
  b+=x;  a+=x;
  printf("%d %d ",a,b);
}
```

A．4 4 4 4　　　　　B．4 4 6 4　　　　　C．4 4 6 6　　　　　D．4 4 8 6

8．下面程序的运行结果是（　　　）。

```
#include "stdio.h"
void  fun(int x)
```

```
{ static int a=2;
  a+=x;
}
void main()
{ int x=5;
  fun(x);
  printf("%d,%d",a,x);
}
```
A. 编译出错   B. 7, 5   C. 2,5   D. 5,5

9. 下面程序的运行结果是 (   )。
```
#include "stdio.h"
long  fib(int n)
{  if(n>2)  return(fib(n-1)+fib(n-2));
   else  return(2);
}
void main()
{  printf ("%ld\n",fib(3));  }
```
A. 2   B. 4   C. 6   D. 8

三、填空题

1. 下面程序的运行结果是_____。
```
#include "stdio.h"
unsigned fun (unsigned num)
{ unsigned k=1;
  do { k*=num%10;  num/=10; }while(num);
  return(k);
}
void main()
{ unsigned n=36;
  printf("%d\n",fun (n));
}
```

2. 下面程序的运行结果是_____。
```
#include "stdio.h"
int d=1;
int fun(int p)
 { int d=5;
   d+=p++;  printf("%d  ",d);
 }
 void main()
 { int a=3;
   fun(a);  d+=a++;  printf("%d\n",d);
 }
```

3. 下面程序的运行结果是_____。
```
#include "stdio.h"
void main()
{ int i,a=3;
  for(i=0; i<3; i++) printf("%d,%d;",i,f(a));
}
int f(int a)
```

```
{ int b=0;  static int c=3;
  b++;  c++;
  return(a+b+c);
}
```

4. 下面程序的运行结果是_____。

```
#include "stdio.h"
long fib(int g)
{ switch(g)
  { case 0: return 0;
    case 1: case 2: return (1);
  }
  return (fib(g-1)+fib(g-2));
}
void main()
{ long k;
  k=fib(5); printf("k=%ld\n",k);
}
```

四、编程题

1. 编写求阶乘的函数 fun()，在主函数中输入整数 n，调用 fun()函数求：

$$s=1! +2! + ... +n!$$

2. 编写用辗转相除法求最大公约数的函数 fun()。编写主函数调用它，求任意两个整数的最大公约数和最小公倍数。

3. 编写函数 prime()，功能是判断 m 是否为素数。在主函数中调用它，求出 10~50 之间的素数个数。

4. 编写判断素数的函数 prime()，并编写主函数调用它，验证哥德巴赫猜想（任意一个大偶数都能分解成两个素数之和），输出 10~20 之间偶数分解情况。

5. 编写函数 fun()，功能是计算正整数 num 的各位上的数字之和。例如，若输入 253，则输出应该是 10；若输入 2468，则输出应该是 20。

6. 用递归法将一个十进制数 n 转换成 R 进制（二进制、八进制、十六进制）数。

7. 用牛顿迭代法求下面方程在 1.5 附近的根。用函数实现函数值和导数值的计算。

$$2x^3 - 4x^2 + 3x - 6 = 0$$

8. 设计一个函数，根据一个数的原码，得到该数的补码（complement）。

第8章 数 组

在本章之前，程序中使用的数据类型都是基本类型，也称简单数据类型，对应的变量也称简单变量。在实际程序设计中，经常需要处理大批量的数据，这些数据不是孤立的、杂乱无章的，而是具有内在联系、共同特征的整体。因此，C语言提供了构造数据类型，包括数组类型、结构体类型和共用体类型。构造数据类型是由基本数据类型按一定规则构造而成的。

数组是有先后顺序的数据的集合，数组中的每一个元素都具有相同的数据类型。在计算机中，一个数组在内存占有一片连续的存储区域，数组名就是这片存储区域的首地址。在程序中，用数组名标识这一组数据，用下标来指明数组中元素的序号，用下标变量来标识数组中的每个元素。在需要处理大量同类数据时，将数组和循环语句结合使用，非常方便有效，因此数组在程序设计中应用十分广泛。

本章将介绍一维数组、二维数组和字符数组的相关知识及其应用。

8.1 一 维 数 组

一维数组用来处理诸如一个班级学生的某门课成绩、一行字符、一组整数等数据，是用一个序号标识顺序的同类型的数据集合。

8.1.1 一维数组的定义和初始化

1. 一维数组的定义与存储

数组也可以称为数组变量，与简单变量相同，也必须"先定义，后使用"。定义数组就是定义数组的数据类型、数组名、数组维数和数组长度。

定义的一般格式如下：

数据类型　数组名[常量表达式]；

说明：

（1）数据类型就是数组中每个元素的类型。

（2）一对方括号表明是一维数组；方括号内的"常量表达式"是数组元素的个数，也称为数组长度。例如：

```
int a[5];              /*定义一个一维整型数组a，有5个元素*/
```

（3）数组定义的功能是让系统为数组变量 a 分配 5 个连续的存储单元（因为是整型，所以每个存储单元占两个字节）。存储单元的名字分别为 a[0]、a[1]、a[2]、a[3]、a[4]，称它们为下标变量。存储数组元素的作用与简单变量相同。数组名 a 代表数组存储区域的首地址。数组 a 的存储示意图如图 8-1 所示。

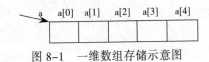

图 8-1 一维数组存储示意图

（4）同类型的多个数组和多个变量可以在一个语句中定义。如：

```
float x[5],y[8],z;                /*定义两个数组 x、y 和一个简单变量 z*/
```

注意：

（1）数组名不能与本函数中的其他变量同名。

（2）定义数组时，数组长度必须是确定的值，即"常量表达式"只能是常量或符号常量，不能是变量。

如有定义：

```
int n=5;
int a[n];
```

则数组 a 的定义是错误的。

（3）数组元素在数组中的序号（即下标）从 0 开始，最大值是数组长度减 1。

如定义：

```
int a[5];
```

其中的 a[5]是定义数组 a 有 5 个元素，能使用的下标变量是 a[0]～a[4]。如果使用了 a[5]（即 a[4]后面的两个字节）则下标出界，导致错误。但是系统并不进行下标越界检查，所以编程时要特别注意。

2. 一维数组的初始化

如果定义数组时，数组元素的值是已知的，可以在定义数组的同时为数组元素赋初值，称之为数组的初始化。

例如：

```
int a[10]={ 1,2,3,4,5,6,7,8,9,10 };
```

表示将 1～10 依次赋给数组元素 a[0]～a[9]。

说明：

（1）可以对数组元素进行整体初始化，即"{ }"中数据的个数等于数组长度。例如：

```
int a[10]={0,1,2,3,4,5,6,7,8,9};
```

（2）也可以对数组元素进行部分初始化。当"{ }"中数据的个数少于元素的个数时，则表示只给前面部分元素赋值，后面的元素默认值为 0。如：

```
int a[10]={0,1,2,3,4};
```

则前 5 个元素 a[0]～a[4]赋初值，后 5 个元素 a[5]～a[9]值为 0。

（3）若不赋初值，则数组各元素无定值。但若是静态数组，系统会自动为数组元素清零。例如：

```
int a[10];                        /*各元素值不定*/
static int a[10];                 /*静态数组，各元素值为零*/
```

（4）在定义数组并初始化时，若省略数组长度，则由"{ }"中数据的个数作为数组长度。例如：

```
int a[ ]={1,3,5,7,9};
```
则数组长度为 5，相当于：
```
int a[5]={1,3,5,7,9};
```

8.1.2 数组元素的引用和基本操作

1. 数组元素的引用

在 C 语言中，不能一次引用整个数组，只能逐个地引用数组中的元素。数组元素也称为下标变量，表示格式如下：

数组名[下标]

其中，下标可以是整型常量、整型变量或整型表达式。

数组一经定义，每个数组元素就和简单变量一样，对简单变量能进行的操作同样适用于数组元素。

例如有定义：
```
int i=2,a[5];              /*定义整型变量 i 并赋初值为 2，定义整型数组 a 有 5 个元素*/
```
则下面的语句：
```
scanf("%d",&a[0]);        /*从键盘输入数组元素 a[0] 的值*/
a[4]=5;                   /*为数组元素 a[4] 赋值为 5*/
a[i]=a[0]+a[2*i];         /*用 a[0] 的值与 a[4] 的值之和为 a[2] 赋值*/
```
都是对数组元素的正确引用。

2. 数组元素的基本操作

用循环语句的循环变量控制数组元素的下标，是程序设计中最常用的方法。下面介绍常用的最基本的操作。

假设有定义：
```
#define N 10
int i,a[N];
```
（1）数组元素的输入。
```
for(i=0;i<N;i++)
   scanf("%d",&a[i]);
```
程序运行时从键盘输入 N 个数据，数据间用空格、回车或【Tab】制表符作为分隔符。如果输入的数据不足 N 个，系统会一直等待用户输入，完全输入后将输入的数据依次赋给 a[0]～a[N-1]。

（2）数组元素的输出。
```
for(i=0;i<N;i++)
   printf("%d",a[i]);
```
程序运行时，输出的数据间无分隔符，并输出在一行上。可以规定每个元素的输出宽度，也可以在格式串中用'\t'控制；若要分行输出，可以输出换行符'\n'。如：
```
for(i=0;i<N;i++)
    printf("%5d",a[i]);   /*每个数据占 5 列，输出在一行上*/
printf("\n");             /*换行*/
```
（3）数组元素求和。假设 N 个数据已经存入数组 a 中。
```
int sum=0;                /*定义变量 sum 存放累加和，并初始化为 0*/
```

```
for(i=0;i<N;i++)
    sum+=a[i];                    /*累加求和*/
```

（4）求数组中的最大元素。假设 N 个数据已经存入数组 a 中。

```
int max;                          /*定义变量 max 存放最大元素*/
max=a[0];                         /*假设第一个元素值最大*/
for(i=1;i<N;i++)                  /*其余每一个元素依次与最大值比较*/
    if(a[i]>max) max=a[i];        /*如果大于最大值，则替换*/
```

（5）求数组最大元素的下标。假设 N 个数据已经存入数组 a 中。

```
int imax;                         /*定义变量 imax 存放最大元素的下标*/
imax=0;
for(i=1;i<N;i++)
    if(a[i]>a[imax]) imax=i;      /*a[imax]是最大值*/
```

以上这些都是最基本的操作，是程序设计的"零件"，是数组应用的基础，希望读者能理解并熟练掌握。

8.1.3 数组名作为函数的参数

前面所讲的函数中，形参都是简单变量，实参可以是常量、变量或表达式；实参与形参变量间的数据传递是单向的值传递，即将实参的值传给形参变量。

数组元素就是简单变量，所以也可以作为函数的形参或实参。

数组名就是数组的首地址，也就是数组中第一个元素的地址。数组名也可以作为函数的参数。

说明：

（1）用数组名作为函数的参数，形参必须是数组名，实参可以是数组名，也可以是数组元素的地址，实参和形参数组类型必须一致。

（2）用数组名作函数参数，实质是地址作函数参数，是把实参地址传给形参，这样两个数组就共用同一段内存空间，当函数调用结束时，在函数中对数组的操作结果就直接留在实参数组中了。

（3）形参数组的大小可以小于或等于实参数组的大小。实际应用中，一般不指定形参数组的大小，而另设一个参数，由主调函数传递数组元素的个数。

【例 8.1】 数组名作为函数的参数，实参和形参都是数组名举例。

```
#include "stdio.h"
void fun1(int x[5])
{   int i;
    for (i=0;i<5;i++)    x[i]+=2;
}
void main( )
{   int a[5]={1,2,3,4,5}, i;
    fun1(a);                        /*数组名 a 作实参，调用函数*/
    for (i=0;i<5;i++)
      printf("%3d",a[i] );
    printf("\n");
}
```

运行结果：

```
3  4  5  6  7
```

函数 fun1()调用前后数组的存储情况如图 8-2 所示。

程序执行过程：

（1）main()函数以数组名 a 作实参调用函数 fun1()，就是把数组 a 的首地址传递给形参数组 x，使 x 和 a 共用存储空间。换句话说，数组 a 的首地址就是形参数组 x 的首地址。

（2）执行函数 fun1()，循环 5 次使每个数组元素的值都加 2。函数执行结束，形参数组 x 无效（因为形参是函数的局部变量），返回 main()函数。

（3）继续执行 main()函数，循环 5 次输出数组 a 的每个元素。由于数组 a 的元素值已经在执行函数 fun1()时被改变，所以输出的是函数调用对存储单元操作的结果。

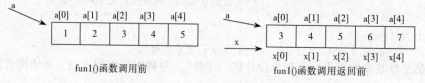

图 8-2　例 8.1 函数调用存储示意图

【例 8.2】数组名作为函数的参数，形参是数组名，实参是数组元素的地址举例。

```c
#include "stdio.h"
void fun2(int x[ ],int  n)
{  int i ;
   for (i=0;i<n;i++)   x[i]+=2;
}
void main( )
{  int a[7]={1,2,3,4,5,6,7},i;
   fun2(&a[2],4);                    /*数组元素的地址作实参*/
   for(i=0;i<7;i++)  printf("%3d",a[i]);
   printf("\n");
}
```

运行结果：

1 2 5 6 7 8 7

函数 fun2()调用前后数组的存储情况如图 8-3 所示。

程序执行过程：

（1）main()函数以数组 a 的第 3 个元素的地址（&a[2]）作实参调用函数 fun2()，就是把 a[2]的地址传递给形参数组 x，使 x 和 a 共用存储空间。换句话说，a[2]的地址就是形参数组 x 的首地址，也就是 x[0]的地址。另一个实参常量 4 作为形参数组 x 的长度，传递给形参变量 n。

（2）执行函数 fun2()，循环 n 次（即 4 次）使 x[0]～x[3]的值都加 2。函数执行结束，形参数组 x 和形参 n 无效，返回 main()函数。

（3）继续执行 main()函数，循环 7 次输出数组 a 的每个元素。由于数组 a 的元素值已经在执行函数 fun2()时被改变，所以输出的是函数调用对存储单元操作的结果。

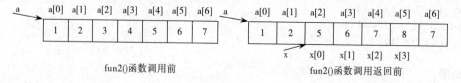

图 8-3　例 8.2 函数调用存储示意图

注意：实参必须是已经存在的地址，可以是已经定义的数组名（数组的首地址），也可以是数组元素的地址（如&a[2]），不能再添加类型。

如把下面的语句行作为函数调用是错误的。

```
fun(int a);
```

通过例 8.1 和例 8.2 的分析可见，数组名作为函数的参数，是把实参地址传给形参，实质是形参数组与实参数组共用同一片存储空间，使函数中对形参数组的操作结果留在实参数组中，实际应用也正是利用了这一点。

8.1.4　一维数组应用举例

排序是将一个无序的数据序列按着某种顺序（升序或降序）重新排列的过程。排序在数据处理中有着广泛的应用，非常重要。下面以将 n 个无序数从小到大排序（升序）为例，通过例题介绍 3 种常用的排序方法：比较交换排序法、选择排序法和冒泡排序法。

在编写通用程序时，无法预知要处理的数据个数，可以定义符号常量 N，先给个虚拟值。待运行程序时，再改为要输入的数据个数。

每一种排序方法都是假定已将要排序的数据存到了一维数组 a 中，数组长度为 N。

【例 8.3】比较交换排序法示例。

比较交换排序法的基本思想如下：

- 将 a[0]与 a[1]～a[n-1]逐个比较，如果某个元素值小于 a[0]则互换。经过这趟比较交换，可将数组中最小的元素换到 a[0]中。
- 将 a[1]与 a[2]～a[n-1]逐个比较，如果某个元素值小于 a[1]则互换。经过这趟比较交换，可将数组中次小的元素换到 a[1]中。

……

- 重复 n-1 趟比较交换，就会将 n-1 个小的元素依次换到 a[0]～a[n-2]中，最大的留在 a[n-1]中。

例如，要排序的数据是{ 40,27,18,34,28 }，比较交换排序过程如下：

```
待排码：40，27，18，34，28
第 1 趟：18，40，27，34，28
第 2 趟：18，27，40，34，28
第 3 趟：18，27，28，40，34
第 4 趟：18，27，28，34，40
```

函数设计：

（1）编写函数 Sort()实现比较交换排序法，形参为数组 a，元素个数 n；无须返回值，为 void 类型。

函数 Sort()算法设计：

① 外循环用变量 i 控制，重复 n-1 次进行 n-1 趟排序。

② 内循环用循环变量 j 从 i+1 到 n-1 重复做每一趟：如果 a[i]>a[j]则 a[i]和 a[j]互换。

（2）编写主函数：定义数组 a[N]，输入 N 个无序数，调用函数排序，输出排序结果。

```
#define N  5
```

```c
#include "stdio.h"
void Sort(int a[],int n)
{ int i,j;
  for(i=0;i<n-1;i++)
   for(j=i+1;j<n;j++)
    if(a[i]>a[j])
      { int s;s=a[i];a[i]=a[j];a[j]=s; }
  }
void main()
{ int  i,a[N];
  printf("Input %d numbers:",N );
  for(i=0;i<N;i++)
      scanf("%d",&a[i]);
  Sort(a,N);
  for(i=0;i<N;i++)
      printf("%5d ",a[i]);
  printf("\n");
}
```

【例 8.4】选择排序法示例。

比较交换排序法在比较的过程中，只要发现前面的元素值大于后面的元素值就交换，每趟可能有多次交换，因此效率不高。选择排序法是对比较交换排序法的改进。

选择排序法的基本思想如下：

- 在第 i 趟比较的过程中，用变量 p 记录当前最小的元素的下标，一趟结束，a[p]就是最小的元素，如果 a[p]不是 a[i]，就与 a[i]互换。这样每趟最多只有一次交换。

- 先假设 a[0]最小，p 记录它的下标值为 0。将 a[p]与 a[1]~a[n-1]逐个比较，如果某个元素值小于 a[p]，则 p 记录它的下标值。经过这趟比较，p 是当前最小元素的下标。如果 p 不等于 0（即：本趟最小的不是 a[0]），a[p]与 a[0]互换，可将数组中最小的元素换到 a[0]中。

- 再假设 a[1]最小，p 记录它的下标值为 1。将 a[p]与 a[2]~a[n-1]逐个比较，如果某个元素值小于 a[p]，则 p 记录它的下标值。经过这趟比较，p 是当前次小元素的下标。如果 p 不等于 1，a[p]与 a[1]互换，可将数组中次小的元素换到 a[1]中。

  ……

- 重复 n-1 趟，就会将 n-1 个小的元素依次换到 a[0]~a[n-2]中，最大的留在 a[n-1]中。

例如，要排序的数据是{40，27，18，34，58}，选择排序过程如下：

```
待排码: 40, 27, 18, 34, 58
第 1 趟: 18, 27, 40, 34, 58
第 2 趟: 18, 27, 40, 34, 58
第 3 趟: 18, 27, 34, 40, 58
第 4 趟: 18, 27, 34, 40, 58
```

函数设计：

编写函数 SelectSort 实现选择排序法。外循环用 i 控制，i 从 0 到 n-2；内循环用 j 控制，j 从 i+1 到 n-1。

```
#include "stdio.h"
void SelectSort(int a[],int n)
{ int i,j,p;
   for(i=0;i<n-1;i++)
   { for(p=i,j=i+1;j<n;j++)
        if(a[p]>a[j]) p=j;
     if(p!=i) { int s;s=a[i];a[i]=a[p];a[p]=s; }
   }
}
void main()
  { int i,a[8]={8,3,2,5,9,1,6,7};
    printf("before sort:\n");
    for(i=0;i<8;i++)
       printf("%5d ",a[i]);
    printf("\n");
    SelectSort(a,8);
    printf("after sort:\n");
    for(i=0;i<8;i++)
       printf("%5d ",a[i]);
    printf("\n");
}
```

【例 8.5】冒泡排序法示例。

冒泡排序法的基本思想如下：

每一趟的比较总是从第 1 个元素开始，相邻两个元素比较，若前一个大于后一个则互换。这样每比较一趟，就将一个大的数换到最后。即：

a[0]与 a[1]，a[1] 与 a[2]，…，a[n-2] 与 a[n-1]比较，若前一个大于后一个则互换，最大的"冒出"。

a[0]与 a[1]，a[1] 与 a[2]，…，a[n-3] 与 a[n-2]比较，若前一个大于后一个则互换，第二大的"冒出"。

……

重复 n-1 趟，就会将 n-1 个小的元素依次换到 a[0]～a[n-2]中，最大的留在 a[n-1]中。

例如，要排序的数据是{ 40，27，58，34，18 }，冒泡排序过程如下：

> 待排码：40，27，58，34，18
> 第 1 趟：27，40，34，18，58
> 第 2 趟：27，34，18，40，58
> 第 3 趟：27，18，34，40，58
> 第 4 趟：18，27，34，40，58

函数设计：

编写函数 BubbleSort 实现冒泡排序法。外循环用 i 控制，i 从 0 到 n-2；内循环用 j 控制，j从 0 到 n-i-1。

```
#include "stdio.h"
void BubbleSort(int a[],int n)
{ int i,j;
   for(i=0;i<n-1;i++)
```

```
        for(j=0;j<n-i-1;j++)
          if(a[j]>a[j+1])
            { int s;s=a[j];a[j]=a[j+1];a[j+1]=s; }
}
void main()
{  int i,a[8]={8,1,2,5,9,3,6,7};
   printf("before sort:\n");
   for(i=0;i<8;i++)
       printf("%5d ",a[i]);
   printf("\n");
   BubbleSort(a,8);
   printf("after sort:\n");
   for(i=0;i<8;i++)
       printf("%5d ",a[i]);
   printf("\n");
}
```

实际上，有时 n 个数也不一定要排 n-1 趟，当排到某一趟已无交换时，即数已有序，可以中断循环。

例如，要排序的数据是{ 40，27，18，34，58，98，80 }，冒泡排序过程如下：

待排码：40，27，18，34，58，98，80
第 1 趟：27，18，34，40，58，80，**98**
第 2 趟：18，27，34，40，58，**80**，98
第 3 趟：18，27，34，40，**58**，80，98

可见，第 3 趟时已经无交换，不用进行下一趟的比较。函数代码改为：

```
void BubbleSort(int a[],int n)
{  int i,j,s,f;
    for(i=0;i<n-1;i++)
    { for(f=1,j=0;j<n-i-1;j++)
      if(a[j]>a[j+1])
        { s=a[j];a[j]=a[j+1];a[j+1]=s;f=0; }
      if(f) break;
    }
}
```

其中，变量 f 用于记录每一趟中是否有交换。

思考：以上 3 种排序方法，若想输出每一趟排序结果，程序应怎样修改？

【例 8.6】用数组实现输出 Fibonacci 数列前 20 项的问题。

分析：定义一个数组 f[20]用来存放数列的每一项，先生成数列，然后输出。

```
#include "stdio.h"
void main()
{ int i,f[20];
  f[0]=f[1]=1;                        /*初始化，前两项为 1*/
  for(i=2;i<20;i++)                   /*循环求每一项*/
    f[i]=f[i-1]+f[i-2];
  for(i=0;i<20;i++)                   /*循环输出，每行 5 项*/
  { if(i%5==0) printf("\n");
    printf("%12d",f[i]);
  }
}
```

思考：将用于输出的循环语句的循环体中的两个语句互换位置，能否有同样的输出效果？

【例 8.7】编写函数求某门课程的平均成绩。调用函数输出高于平均成绩的分数，并统计高于平均成绩的人数。

函数设计：函数名为 average；形参是存放成绩的数组 x、数组长度 n；返回值是平均成绩 ave，函数类型为 float 型。

主函数设计：输入 N 个成绩到数组 a；用数组名 a 和数组长度作为实参调用函数，用变量 aver 存放返回值；输出 aver；输出大于 aver 的数组元素，并用 cnt 计数，输出 cnt。

```
#include "stdio.h"
#define N 6
float average(int x[ ],int n)          /*求平均值函数*/
  { int i;
    float ave=0;
    for(i=0;i<n;i++) ave+=x[i];
    return ave/n;
}
void main()
{ int a[N],i,cnt=0;
  float aver;
  printf("Input the scores : ");       /*输入数组*/
  for(i=0;i<N;i++)  scanf("%d",&a[i]);
  aver=average(a,N);                    /*函数调用*/
  printf("average=%.2f\n",aver);        /*输出平均成绩*/
  for(i=0;i<N;i++)                      /*输出大于平均成绩的数组元素*/
    if(a[i]>aver)
    { printf("%5d",a[i]);
      cnt++;                            /*计数*/
    }
  printf("\ncnt=%d\n",cnt);
}
```

程序测试：

```
Input the scores : 65 75 80 60 80 75✓
average=72.50
   75   80   80   75
cnt=4
```

【例 8.8】某单位举办歌曲演唱大奖赛，参赛歌手 M 人，评委 N 人。每个歌手的最后得分计算方式为：所有评委打分之和，去掉一个最高分，去掉一个最低分，再除以 N-2。

要求：编一函数计算每个歌手的最高分、最低分和最后得分。由主函数输入每个歌手每位评委的打分，输出最高分、最低分和最后得分。

分析：用数组存放每位评委对歌手的打分。要求函数返回 3 个值，即最高分 max、最低分 min 和最后得分 ave，可以用 max、min 两个全局变量，函数返回 ave。

```
#include "stdio.h"
#define M 4
#define N 5
float max,min;
float average(float a[],int n)
{ int i;float ave=0;
```

```
    max=min=a[0];
    for (i=0;i<n;i++)
    { if(a[i]>max) max=a[i];
      if(a[i]<min) min=a[i];
      ave+=a[i];
    }
    return ((ave-max-min)/(n-2));
}
void main()
{ float score[N],cj;int i,j;
  for(i=0;i<M;i++)
  { for(j=0;j<N;j++)   scanf("%f",&score[j]);
    cj=average(score,N);
    printf("max=%g,min=%g,cj=%g\n",max,min,cj);
  }
}
```

8.2 二 维 数 组

二维数组用来处理诸如一个班级学生的多门课成绩、一个矩阵等有行有列等同类型数据。二维数组可以看成是若干个一维数组的组合。

8.2.1 二维数组的定义与初始化

1. 二维数组的定义与存储

二维数组定义的一般格式如下：

数据类型　数组名[常量表达式 1]　[常量表达式 2];

说明：

（1）两对方括号表明是二维数组；"常量表达式 1"是数组的行数，"常量表达式 2"是数组的列数。例如：

int a[2][3];　/*定义一个 2 行 3 列共 6 个元素的数组*/

（2）功能是让系统为数组变量 a 分配 6 个连续的存储单元，存储单元的名字分别为 a[0][0]、a[0][1]、a[0][2]、a[1][0]、a[1][1]、a[1][2]，用来存储数组元素。与一维数组类似，a[i][j]（$0 \leqslant i < 2$，$0 \leqslant j < 3$）就是一个简单变量，数组名 a 代表数组存储区域的首地址。

注意：

（1）C 语言把二维数组看成是一维数组的组合。

例如有定义：

int a[3][4]={{1,3,5,7},{9,11,13,15},{17,19,21,23}};

可以把 a 看作一维数组，它有 3 个元素 a[0]、a[1]、a[2]，每个元素都是一个一维数组名，包含 4 个元素。即：

数组 a[0]包含 a[0][0], a[0][1], a[0][2], a[0][3]

数组 a[1]包含 a[1][0], a[1][1], a[1][2], a[1][3]

数组 a[2]包含 a[2][0], a[2][1], a[2][2], a[2][3]

如图 8-4 所示，把二维数组看成是一维数组的数组。但是要注意，a[0]、a[1]、a[2]是数组名，是行的首地址，不是下标变量，所以不占用存储空间。

（2）二维数组在内存中是按行存放的。

数组 a 的存储示意图如图 8-5 所示。

图 8-4　二维数组示意图

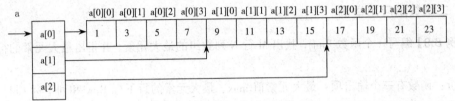

图 8-5　二维数组 a 的存储示意图

2．二维数组的初始化

与一维数组类似，若数组元素的值是已知或部分已知，可以在定义数组的同时为数组元素初始化。

（1）将数据用{ }括起，按行依次赋值。如：

`int a[2][3]={1,2,3,4,5,6};`

也可分行赋值。如：

`int a[2][3]={{1,2,3},{4,5,6}};`

（2）如果对全部数据都赋值，则行长度可以省略，但列长度不可省略。如：

`int a[][3]={{1,2,3},{4,5,6}};`

（3）也可以对部分元素赋初值。如：

`int a[2][3]={{1},{4,5}};`

此时是对每行前面的元素赋初值，其余的元素值为 0。

可见，将每一行的数据分别用{ }括起，看起来更清晰。

8.2.2　二维数组元素的引用

与一维数组一样，二维数组也不能整体引用，只能逐一引用每个元素。二维数组元素的表示形式如下：

数组名[行下标][列下标]

对数组元素的引用规则与一维数组一样，不再讲述。

二维数组的输入和输出是最常用的基本操作，需要用两层循环控制。

设有定义：

```
#define M 3
#define N 4
int i,j,a[M][N];
```

（1）二维数组元素的输入。

```
for(i=0;i<M;i++)
    for(j=0;j<N;j++)
        scanf("%d",&a[i][j]);
```

程序运行时，按行序输入 M × N 个数据，数据间用空格、回车或【Tab】制表符作为分隔符。

（2）以矩阵的形式输出二维数组。

```
for(i=0;i<M;i++)
{ for(j=0;j<N;j++)                     /*输出一行*/
      printf("%5d",a[i][j]);
   printf("\n");                       /*换行*/
}
```

8.2.3 二维数组应用举例

【例 8.9】编写一个函数 fun()，找出 M 行 N 列数组的最大元素，并指出最大元素的行下标和列下标。

分析：函数有三个输出项：最大元素值 max、最大元素的行下标 Row 和列下标 Col。将 Row 和 Col 定义为全局变量，函数返回 max。

```
#include "stdio.h"
#define M 3
#define N 4
int Row,Col;
int fun(int a[M][N])
{ int i,j,max;
  max=a[0][0]; Row=0; Col=0;          /*初始化*/
  for(i=0;i<M;i++)
     for(j=0;j<N;j++)
        if(a[i][j]>max)
          { max=a[i][j]; Row=i; Col=j; }
     return max;
}
void main()
{ int i,j,max;
   int a[M][N]={{4,21,3,8},{5,32,67,20},{9,12,14,2}};
   for(i=0;i<3;i++)                    /*输出原矩阵*/
   { for(j=0;j<4;j++)
       printf("%-5d",a[i][j]);
     printf("\n");
   }
   max=fun(a);                         /*二维数组名作实参，函数调用*/
   printf("Row=%d\t Max=%d\t Colum=%d\n",Row,max,Col);
}
```

运行结果：

```
4    21   3    8
5    32   67   20
9    12   14   2
Row=1   Max=67  Colum=2
```

思考：修改程序，实现输出每行的最大元素，并指明它所在的列。

【例 8.10】若有一个 2×3 的矩阵 a，输出它的转置阵。

方法 1：用数组 b 存放数组 a 的转置阵。

```
#include "stdio.h"
void main()
{ int i,j,a[2][3]={{1,2,3},{4,5,6}},b[3][2];
```

```
    printf("source array :\n");           /*输出矩阵 a*/
    for(i=0;i<2;i++)
    {  for(j=0;j<3;j++)
          printf("%5d",a[i][j]);
       printf("\n");
    }
    for(i=0;i<2;i++)                        /*生成转置阵 b*/
      for(j=0;j<3;j++)
          b[j][i]=a[i][j];
    printf("targe array:\n");              /*输出矩阵 b*/
    for(i=0;i<3;i++)
    {  for(j=0;j<2;j++)
          printf("%5d",b[i][j]);
       printf("\n");
    }
}
```

方法 2：不再定义数组 b，直接输出 a 的转置阵。

```
#include "stdio.h"
void main()
{ int i,j,a[2][3]={{1,2,3},{4,5,6}};
  printf("source array :\n");
  for(i=0;i<2;i++)
    {  for(j=0;j<3;j++)
          printf("%5d",a[i][j]);
       printf("\n");
    }
  printf("targe array:\n");               /*输出转置阵*/
  for(j=0;j<3;j++)                         /*原来矩阵的列，是转置阵的行*/
  {  for(i=0;i<2;i++)                      /*原来矩阵的行，是转置阵的列*/
        printf("%5d",a[i][j]);
     printf("\n");
  }
}
```

【例 8.11】求 N 阶方阵主、负对角线的元素之和。

分析：当行循环变量与列循环变量相等（主对角线），或行循环变量与列循环变量之和等于
N-1（副对角线）时，累加当前元素 a[i][j]。

```
#include "stdio.h"
#define N 4
void main()
{ int a[N][N],i,j,sum=0;
  clrscr();
  for(i=0;i<N;i++)
    for(j=0;j<N;j++)
      scanf("%d",&a[i][j]);
  for(i=0;i<N;i++)
    for(j=0;j<N;j++)
      if(i==j || i+j==N-1)  sum+=a[i][j];
  printf("sum=%d\n",sum);
}
```

思考：本程序是用两层循环实现的主、负对角线的求和，如何改用单循环实现？并分别用 3 阶矩阵和 4 阶矩阵测试。

【例 8.12】输出图 8-6 所示的杨辉三角形。

分析：杨辉三角形的特点是每一行的第一个元素和最后一个元素都是 1。其他的元素都等于上一行对应元素与上一行对应元素的前一个元素之和，即 a[i][j]=a[i-1][j]+a[i-1][j-1]。

```
1
1   1
1   2   1
1   3   3   1
1   4   6   4   1
1   5  10  10   5   1
...
```

图 8-6　杨辉三角形

方法 1：用二维数组实现。

具体步骤如下：

（1）生成数组。行循环控制变量 i 从 0 到 9 循环生成每一行。

① 第一个元素（第 0 个）和最后一个元素（第 i 个）都是 1。

② 列循环变量 j 从 1 到 i-1 循环生成其他元素。

即：a[i][j]=a[i-1][j]+a[i-1][j-1];。

（2）输出数组。

```c
#include "stdio.h"
#define N 10
void main()
{ int i,j,a[N][N];
  clrscr();
  for(i=0;i<N;i++)              /*生成数组*/
  { a[i][0]=a[i][i]=1;
    for(j=1;j<i;j++)
      a[i][j]=a[i-1][j]+a[i-1][j-1];
  }
  for(i=0;i<N;i++)             /*输出数组*/
  { for(j=0;j<=i;j++)
      printf("%5d",a[i][j]);
    printf("\n");
  }
}
```

方法 2：用一维数组实现，即生成一行，输出一行。生成当前行时，数组中保存的是前一行。

具体步骤如下：

行循环控制变量 i 从 0 到 N-1 循环执行下面的过程。

（1）从尾部依次向前生成当前行：生成行尾 a[i]=1；j 从 i-1 到 1 依次生成 a[j]=a[j]+a[j-1]。

（2）输出当前行：j 从 0 到 i 依次输出 a[j]。

（3）换行。

```c
#include "stdio.h"
#define N 10
void main()
{ int i,j,a[N];
  clrscr();
  for(i=0;i<N;i++)
  { a[i]=1;
    for(j=i-1;j>0;j--)  a[j]=a[j]+a[j-1];        /*生成当前行*/
    for(j=0;j<=i;j++)  printf("%5d",a[j]);       /*输出当前行*/
```

```
    printf("\n");
  }
}
```

8.3　字符数组

字符数组就是数据类型为 char 的数组，用于存放字符，即数组的每个元素存放一个字符，占一个字节。字符数组同数值数组一样，也可以是一维的、二维的甚至是多维的。前两节中介绍的一维数组、二维数组的定义、存储和引用都适用于字符数组。

C 语言中，没有字符串变量，字符数组主要用于处理字符串。

8.3.1　字符数组的存储和初始化

1．字符数组的存储

如有定义：

```
char ch[10];
```
则系统为字符数组 ch 分配 10 个连续的存储单元（每个元素占 1 个字节），存储单元的名字分别是 ch[0],ch[1],…,ch[9]。

如果用于存放字符，可以最多存放 10 个字符。但是，如果用于存放字符串，则字符串的长度最大为 9，因为 C 语言规定字符串必须以'\0'结尾。字符'\0'的 ASCII 码值为 0，表示"空"。

注意：定义用于存放字符串的数组，数组长度至少要比字符串的长度多 1，以便存放字符'\0'。

由于通常使用字符串时，只关心串中的有效字符，而不是字符数组的长度，所以 C 语言规定：当遇到'\0'时表明字符串结束，后面的不再是有效字符。当输入字符串时，系统自动在串尾加'\0'；输出字符串时，只输出有效字符。

2．字符数组的初始化

字符数组的初始化有以下两种方式：

（1）用字符来初始化。

例如：

```
char  str[5]={'c','h','i','n','a'};
```
将字符依次赋给 str[0]～str[4]。若字符个数多于数组长度，语法出错；若字符个数少于数组长度，则后面元素自动为空字符，即'\0'。

（2）用字符串常量来初始化。

例如：

```
char str[ ]={"china"};
```
或

```
char str[ ]="china";
```
此时系统会自动在字符串常量的最后加一个结束标志'\0'，数组的长度等于字符串常量中字符的个数加 1，即 str 占 6 个字节。

若有定义：

```
char s[80]="china";
```

则数组 s 占 80 个字节，字符串存放在 s[0]～s[4]，从 s[5]～s[79]均为'\0'。

注意：

（1）空格与空字符不同。空格也是字符，其 ASCII 码值为 32，空字符'\0'的 ASCII 码值为 0。

例如：

```
char string[ ]="I love china!";
```

则数组 string 的长度为 14。

（2）若字符数组定义的同时就初始化，可以省略数组长度。但要注意，用字符初始化和用字符串初始化是不同的。

【例 8.13】字符串与字符数组的区别。

```
#include "stdio.h"
void main()
{ char str1[ ]="china";
  char str2[ ]={'c','h','i','n','a'};
  printf("%d,%d\n",sizeof(str1),sizeof(str2));
}
```

运行结果：

```
6,5
```

数组 str1 的长度为 6，即末尾还要加'\0'；数组 str2 的长度为 5，即字符的个数。

8.3.2　字符数组的输入与输出

常用 scanf()函数和 printf()函数输入、输出字符数组，用格式符"%s"控制。例如：

```
char str[20];
scanf("%s",str);
printf("%s",str);
```

注意：

（1）用格式符"%s"控制 scanf()函数输入字符串时，从键盘上输入的字符串中不能有空格。

例如对于语句：

```
scanf("%s",str);
```

若运行时输入：

```
How are you! ✓
```

则字符数组 str 中只能接收到"How"，因为使用 scanf()函数和格式符"%s"时，空格是作为分隔符使用的，即遇到空格就表示前一个字符串输入结束。

（2）字符数组名就是字符数组的首地址，不能再加取地址运算符。

例如：

```
scanf("%s",&str);
```

是错误的。

使用 scanf()函数输入的字符串中不能有空格，显然不方便。为此，C 语言提供了专门用来处理字符串的函数。

8.3.3　常用的字符串处理函数

　　C 语言提供了一些专门用来处理字符串的函数，当使用这些函数时，都要求字符数组中存在字符串结束标志'\0'，否则处理结果会出错。字符串输入/输出函数的声明包含在 stdio.h 中，字符处理函数的声明包含在 ctype.h 中，字符串处理函数的声明包含在 string.h 中。

1．字符串输出函数 puts()

　　函数调用的一般格式如下：

```
puts(参数);
```

　　其中，"参数"可以是字符数组名，也可以是字符串常量。

　　此函数的功能是将以 '\0' 结束的一个字符串输出到终端，输出时将 '\0' 转换成 '\n'。相当于：

```
printf("%s\n",字符串);
```

2．字符串输入函数 gets()

　　函数调用的一般格式如下：

```
gets(参数);
```

　　其中，"参数"只能是字符数组名。

　　此函数的功能是从终端输入一个字符串到字符数组中，回车表示输入结束。系统自动在字符串尾部加'\0'。

　　【例 8.14】字符串输入、输出函数应用举例。

```
#include "stdio.h"
void main()
{ char str[20];
  printf("Input a string : ");
  gets(str);
  puts(str);
}
```

　　程序测试：

```
Input a string : How are you! ↙
How are you!
```

　　用函数 gets()输入字符串，是以回车表示输入结束。所以回车之前输入的所有字符（包括空格）都作为有效字符输入到字符数组中。

　　思考：若程序运行等待输入时，直接按【Enter】键，字符数组中是什么？

3．字符串连接函数 strcat()

　　函数调用的一般格式如下：

```
strcat(参数1,参数2);
```

　　其中，"参数 1"必须是字符数组名；"参数 2"可以是字符数组名，也可以是字符串常量。

　　此函数的功能是把"参数 2"字符串连接到"参数 1"字符数组的后面，连接时取消"参数 1"后面的'\0'。

　　说明： "参数 1"字符数组的长度必须足够大，以容纳连接后的字符串。连接后"参数 2"不变。

【例 8.15】字符串连接函数应用举例。

```
#include "stdio.h"
#include "string.h"
void main()
{ char str1[60]="My name is ",str2[20];
  printf("Input your name : ");
  gets(str2);
  strcat(str1,str2);
  puts(str1);
}
```

程序测试：

```
Input your name : TOM↙
My name is TOM
```

4．复制字符串函数 strcpy()

函数调用的一般格式如下：

```
strcpy(参数1,参数2);
```

其中，"参数 1"必须是字符数组名，"参数 2"可以是字符数组名，也可以是字符串常量。此函数的功能是将"参数 2"字符串复制到"参数 1"字符数组中去。

说明：

（1）"参数 1"字符数组的长度不可小于"参数 2"字符串的长度。

（2）复制后，"参数 1"字符数组中原来的内容被覆盖。

注意： 字符数组不能用赋值语句整体赋值，但可以用字符串复制函数 strcpy()实现对字符数组的整体赋值。

如有定义：

```
char s1[60];
```

给 s1 赋值

```
s1="china";
```

不合法。但是用

```
strcpy(s1,"china");
```

是合法的。

5．字符串比较函数 strcmp()

函数调用的一般格式如下：

```
strcmp(参数1,参数2)
```

其中，"参数 1"和"参数 2"可以是字符数组名，也可以是字符串常量。

此函数的功能是比较两个字符串，若字符串 1 大于字符串 2，函数返回值大于 0；若字符串 1 等于字符串 2，函数返回值等于 0；若字符串 1 小于字符串 2，函数返回值小于 0。即函数返回值是数值。

字符串比较规则：两个字符串对应字符比较，以第一对不相同字符的 ASCII 码值的大小作为比较结果。若对应字符均相同，则两个字符串相等，返回 0；否则返回第一对不相等字符的 ASCII 码值之差。

注意：不能用关系运算（如==和！=等）进行字符串的比较，可以用字符串比较函数 strcmp()
实现。

例如，若有如下定义：

```
char str1[80]="that",str2[80]="then";
```

比较两个字符串，用

```
str1<str2
```

不合法。但是用

```
strcmp(str1,str2)
```

是合法的。

【例 8.16】字符串比较函数应用举例。

```
#include "stdio.h"
#include "string.h"
void main()
{ char str1[20],str2[20];
  int compare;
  printf("Input two strings : \n");
  gets(str1);
  gets(str2);
  compare=strcmp(str1,str2);
  printf("%d\n",compare);
}
```

程序测试：

第一次运行：

```
Input two strings :
that✓
there✓
-4        ("that"小于"there"，'a'的 ASCII 码值减'e'的 ASCII 码值，结果为-4)
```

第二次运行：

```
Input two strings :
the✓
that✓
4         ("the"大于"that")
```

第三次运行：

```
Input two strings :
the✓
the✓
0         (结果为 0)
```

6. 测字符串长度函数 strlen()

函数调用的一般格式如下：

```
strlen(参数)
```

其中，"参数"可以是字符数组名，也可以是字符串常量。

此函数的功能是测试字符串长度，函数返回值是整型数，是字符串中字符的个数，不包括'\0'。

例如：

```
char str[ ]="china";
```

```
printf("%d \n",strlen(str));
```
输出结果是 5，即字符串的实际长度。

　　C语言提供了丰富的库函数，建议阅读附录 C，了解各函数的功能以便在编程时正确引用。另外，需要指出，不同的编译系统提供的函数，函数名字、函数功能和函数数量等可能不同，必要时查一下库函数手册，以免因有差异而出错。

8.3.4　字符数组应用举例

　　【例 8.17】输入 5 个字符串，输出其中最大的。

　　方法 1：用一维字符数组实现。

```
#include "stdio.h"
#include "string.h"
#define N 5
void main()
{ char str[20],max[20];
  int i;
  printf("input %d strings :\n",N);
  gets(max);                    /*输入第 1 个字符串，假定最大*/
  for(i=2;i<=N;i++)             /*循环处理后 4 个字符串*/
  { gets(str);                  /*输入第 i 个串*/
    if(strcmp(str,max)>0)       /*与最大串比较，若大则替换*/
        strcpy(max,str);
  }
  puts(max);
}
```

程序测试：

```
input 5 strings :
China✓
Japan✓
Mongolia✓
India✓
Korea✓
Mongolia
```

　　方法 2：用二维字符数组实现。

　　分析：利用 C 语言把二维数组看成是一维数组的组合的特点，定义：

```
char str[N][20];                     /*数组 str 是 N 个长度为 20 的字符串数组*/
```
这样，str[0]就是第 1 个字符串，str[1]就是第 2 个字符串……

```
#include "stdio.h"
#include "string.h"
#define N 5
void main()
{ char str[N][20],max[20];
  int i;
  printf("input %d strings :\n",N);
  for(i=0;i<N;i++) gets(str[i]);      /*str[i]为第 i 个字符串*/
  strcpy(max,str[0]);                 /*先假设 str[0]最大*/
  for(i=1;i<N;i++)                    /*依次与最大串比较，若大则替换*/
```

```
    if(strcmp(str[i],max)>0) strcpy(max,str[i]);
  puts(max);
}
```

注意：字符串的比较，应该用字符串比较函数 strcmp()；用一个字符串为另一个字符串赋值，应该用字符串复制函数 strcpy()。

【例 8.18】不用字符串连接函数，自己编写一个函数实现字符串连接。

分析：用变量 i 控制字符串 s1 的下标，用变量 j 控制字符串 s2 的下标。

（1）使 i 指向第 1 个串尾，即指向'\0'。

（2）将第 2 个串连接在第 1 个串尾部。

（3）在生成的新字符串尾加'\0'，标志串结束。

```
void connect(char s1[],char s2[])
{ int i=0, j=0;
  while(s1[i]) i++;                      /*i 指向第 1 个串尾*/
  while(s2[j]) s1[i++]=s2[j++];          /*将第 2 个串连接在第 1 个串尾*/
  s1[i]='\0';                                  /*末尾加'\0'*/
}
#include "stdio.h"
void main()
{ char s1[60],s2[30];
  printf("Input s1:"); gets(s1);
  printf("Input s2:"); gets(s2);
  connect(s1,s2);
  printf("Output s1:"); puts(s1);
  printf("Output s2:"); puts(s2);
}
```

程序测试：

```
Input s1: foot↙
Input s2: ball↙
Output s1: football
Output s2: ball
```

【例 8.19】输入一行英文句子，统计其中有多少个单词，单词之间用空格分隔。

方法 1：

分析：用 num 统计单词个数；用 word 作标记，word=0 表示单词未开始，word=1 表示处在单词中。统计单词的过程是，从 str[0]开始，直到字符串结束（即 str[i]为'\0'），依次检查字符串各字符。如果字符串的第 i 个字符是空格，则单词未开始 word 置 0。否则即第 i 个字符不是空格，如果此时 word 为 0，则表示新单词开始了，将 word 置 1、num 加 1。

```
#include "stdio.h"
void main()
{ char str[70];
  int i,num=0,word=0;
  printf("input string:\n");
  gets(str);
  for(i=0;str[i]!='\0';i++)
    if(str[i]==32) word=0;
    else  if(word==0) { word=1;num++; }
```

```
    printf("There are %d words in the line.\n",num);
  }
```

程序测试：

```
input string:
This is a book. ✓
There are 4 words in the line.
```

方法 2：

分析：用 num 统计单词个数。统计单词的过程是，从 str[0]开始，直到字符串结束（即 str[i] 为'\0'），依次检查字符串各字符。如果字符串的第 i 个字符是空格，而第 i+1 个字符不是空格，说明第 i+1 个字符是某单词的开始字符，则单词数量 num 加 1。但是，如果句子不是以空格开始，则第一个单词无法统计，这时单词数量 num 的初值为 1。

```
#include <stdio.h>
void main()
{ char str[70];
  int i,num=0;
  printf("input string:\n");
  gets(str);
  if(str[0]!=32 ) num=1;                    /*句子不是以空格开头*/
  for(i=0;str[i]!='\0';i++)
    if(str[i]==32&&str[i+1]!=32)
      num++;
   printf("There are %d words in the line.\n",num);
 }
```

程序测试：

```
input string:
This is a book. ✓
There are 4 words in the line.
```

【例 8.20】输入一英文句子，统计字母出现的频率，大小写字母视为等同。

分析：

（1）英文共 26 个字母，用整型数组 a[26]的 26 个元素作为计数器，即 a[0]计 a 或 A 的出现次数，a[1]计 b 或 B 的出现次数，……，a[25] 计 z 或 Z 的出现次数。

（2）将句子中的字母都转换成大写。则 A 的 ASCII 码为 65，所以用字母的 ASCII 码减 65，即为计数单元的下标。如：a[s[i]−65]就是存储单元 s[i]中字符的计数器。

（3）查附录 C 可知，strupr()函数可将字符串所有字符都转换成大写字母；isalpha()函数可判断字符是不是字母。

```
#include "ctype.h"
#include "string.h"
#include "stdio.h"
void main()
{ static int a[26] ;                        /*静态数组自动初始化为 0*/
  char s[80];
  int i;
  printf("Input a sentence:\n");
  gets(s);                                  /*输入英文句子*/
  strupr(s);                                /*将句子中字母都转换成大写*/
```

```
   for(i=0;s[i];i++)
   if(isalpha(s[i])) a[s[i]-65]++;          /*s[i]是字母则计数*/
   for(i=0;i<26;i++)
   { if(i%10==0) printf("\n");
     printf("%c:%d  ",i+65,a[i]);
   }
}
```

程序测试：

```
Input a sentence:
This is a book. ↙
A:1 B:1 C:0 D:0 E:0 F:0 G:0 H:1 I:2 J:0
K:1 L:0 M:0 N:0 O:2 P:0 Q:0 R:0 S:2 T:1
U:0 V:0 W:0 X:0 Y:0 Z:0
```

习　　题

一、简答题

1. 数组的每一个元素都是一个简单变量，那么为什么要用数组？

2. 用数组名作函数的参数，与用变量作函数的参数有什么不同？

3. 在 C 语言中，二维数组在内存是如何存放的？

4. 存放字符的字符数组和存放字符串的字符数组有什么不同？

二、选择题

1. 若有以下定义：int a[10]={1,2,3,4,5};，则下面数组元素值不正确的是（　　　）。

   A. a[2]的值是 2　　　B. a[0]的值是 1　　　C. a[4]的值是 5　　　D. a[7]的值是 0

2. 若有数组定义：int x[4]={1,2,3,4};，则语句 printf("%d",x[4]); （　　　）。

   A. 输出 4　　　　　　　　　　　　　B. 编译出错

   C. 运行出错　　　　　　　　　　　　D. 输出一个不确定的值

3. 下面数组定义中不正确的是（　　　）。

   A. int a[2][3];　　　　　　　　　　B. int b[3][ ]={{1},{2,3},{4,5}};

   C. int c[ ][3]={{1},{2,3},{4,6}};　　D. int d[ ]={1,2,3,4,5};

4. 下面程序的运行结果是（　　　）。

```
#include "stdio.h"
void main()
{  int i,x[3][3]={1,2,3,4,5,6,7,8,9};
   for(i=0;i<3;i++)
   printf("%2d",x[i][2-i]);
}
```

   A. 1 5 9　　　　　B. 1 4 7　　　　　C. 3 5 7　　　　　D. 3 6 9

5. 若有如下定义：

```
char x[ ]={'a','b','c','d','e'};
char y[ ]="abcde";
```

   则正确的叙述为（　　　）。

   A. 数组 x 和数组 y 等价　　　　　　B. 数组 x 和数组 y 长度相等

    C. 数组 x 的长度大于数组 y 的长度　　　　D. 数组 x 的长度小于数组 y 的长度

6. 下面程序的运行结果是 (　　　)。

```c
#include "string.h"
void main()
{ char arr[2][5];
  strcpy(arr[0],"cock");
  strcpy(arr[1],"hen");
  arr[0][4]='&';
  printf("%s\n",arr);
}
```

  A. cock　　　　　　B. hen　　　　　　C. cock&hen　　　　D. 编译出错

7. 当执行下面的程序时, 如果输入 <u>ABC↙</u> , 则输出结果是 (　　　)。

```c
#include "stdio.h"
#include "string.h"
void main()
{ char ss[10]="12345";
  gets(ss);
  strcat(ss,"6789");
  printf("%s\n",ss);
}
```

  A. ABC6789　　　B. ABC67　　　　C. 12345ABC67　　　D. ABC456789

8. 以下程序的运行结果是 (　　　)。

```c
#include "string.h"
void main()
{ char s1[ ]="the",s2[ ]="that";
  if(strcmp(s1,s2)==0)  printf("s1=s1\n");
  else if(strcmp(s1,s2)>0)  printf("s1>s2\n");
      else printf("s1<s2\n");
}
```

  A. s1==s2　　　　B. s1>s2　　　　C. s1<s2　　　　D. 无输出

9. 为了判断两个字符串 s1 和 s2 是否相等, 应当使用 (　　　)。

  A. if(s1==s2)　　　　　　　　　　　B. if(s1=s2)

  C. if(strcpy(s1,s2))　　　　　　　　D. if(strcmp(s1,s2)==0)

10. 若有定义: char str1[10],str2[10]={"books"};, 则能将字符串 books 赋给数组 str1 的正确语句是 (　　　)。

  A. str1={"books"};　　　　　　　　B. strcpy(str1,str2);

  C. str1=str2;　　　　　　　　　　　D. strcpy(str2,str1);

三、填空题

1. 若有定义: float a[20];, 则 a 数组元素下标的上限是_____, 下限是_____。

2. 下面程序的输出结果是_____。

```c
#include "stdio.h"
void main()
{ int arr[10],i,k=0;
  for(i=0;i<10;i++) arr[i]=i;
```

```
for(i=0;i<4;i++)  k+=arr[i]+i;
printf("%d\n",k);
}
```

3. 下面程序的功能是输出数组 s 中最大元素的下标, 请完善程序。

```
#include "stdio.h"
void main()
{ int k,p;
  int s[]={1,-9,7,2,-10,3};
  for(p=0,k=p;p<6;p++)
     if(s[p]>s[k])_____
  printf("%d\n",k);
}
```

4. 下面程序的输出结果是_____。

```
#include "stdio.h"
void main()
{ static int a[][3]={9,7,5,3,1,2,4,6,8};
  int i,j,s1=0,s2=0;
  for(i=0;i<3;i++)
  for(j=0;j<3;j++)
  { if(i==j) s1=s1+a[j];
    if(i+j==2) s2=s2+a[j];
  }
  printf("%d,%d\n",s1,s2);
}
```

5. 输入 5 个字符串, 将其中最小的打印出来, 请完善程序。

```
#include "stdio.h"
#include "string.h"
void main()
{ char str[10],temp[10];int i;
  _____;
   for(i=0;i<4;i++)
   { gets(str);
     if(strcmp(temp,str)>0)_____;
   }
  printf("%s\n",temp);
}
```

6. 执行下面语句的输出结果是_____。

```
printf("%d\n",strlen("s\n\040\tend"));
```

四、编程题

1. 编写函数求数组元素的平均值。在主函数中输入数组, 并输出大于平均值的数组元素。

2. 编写函数, 找出数组中最小元素, 返回其下标。在主函数中将最小元素与第一个元素互换。

3. 编写函数, 统计若干个学生的平均成绩、最高分以及得最高分的人数, 并在主程序中输出。
例如, 输入 10 个学生的成绩: 92, 67, 68, 56, 92, 84, 67, 75, 92, 66, 则输出平均成绩为
77.9, 最高分为 92, 得最高分的人数为 3 人。

4. 若有一个已经排好序的数组, 输入一个数, 插入到数组中使之仍然有序。

5. 编写函数把数组中所有奇数放在另一个数组中。在主函数中输出奇数数组。

6. 编写函数对字符数组按字母 ASCII 码值由大到小顺序进行排序。在主函数中输出排序结果。

7. 编写函数，将十六进制数转换成十进制数。在主函数中输入十六进制数，输出十进制数。

8. 编写函数求二维数组周边元素之和，作为函数返回值，并在主函数中输出。

9. 将一个数组中的元素按逆序重新存放。例如：原来是 1，3，5，7，9，要求改为 9，7，5，3，1，且仍存在原数组中。

五、趣味编程题

1. 输出"魔方阵"。所谓魔方阵是指这样的奇数方阵，它的每一行、每一列、对角线之和均相等。例如，三阶魔方阵为：

```
8  1  6
3  5  7
4  9  2
```

2. 生成"螺旋方阵"，并将其输出。例如，5 阶螺旋方阵为：

```
 1  16  15  14  13
 2  17  24  23  12
 3  18  25  22  11
 4  19  20  21  10
 5   6   7   8   9
```

第9章 指　针

指针是 C 语言中一种重要的数据类型,也是 C 语言的一个重要特色。正确而灵活地运用指针,可以有效地表示复杂的数据结构,动态地分配存储单元,方便灵活地使用字符串和数组,能像汇编语言一样处理内存地址,调用函数时不用全局变量也能获得多个返回值等。指针是 C 语言的精华,掌握并应用指针可以编写出精练而高效的程序。指针也是语言学习中的一个难点,指针的概念比较复杂,使用也比较灵活,初学时常会出错,因此必须多思考、多比较、多实践。

本章主要介绍指针和指针变量的概念,介绍用指针变量引用变量、数组、字符串和函数等内容,以及存储空间的动态分配与释放。

9.1 指针和指针变量的概念

计算机的内存是以字节为单位编号的,每个字节都有一个唯一的编号,这个编号就是内存地址。

程序中定义了变量,编译系统就会根据变量的类型,在内存为它分配存储单元(例如:int 型占 2 字节,float 型占 4 字节等)。存储单元的第一个字节的地址即存储单元的首地址,就是变量的地址。每个变量名对应一个唯一的内存地址,即存储单元的首地址,编译系统会自动建立起变量名与变量地址的对应关系。

在程序中存或取变量的值是通过变量名对存储单元进行操作的。

9.1.1 变量的存取

若程序中有如下定义和语句:

```
int i,j;
i=3;
scanf("%d",&j);
printf("%d",i+j);
ip=&i;
```

假设编译系统分配存储单元情况如图 9-1 所示,其执行过程如下。

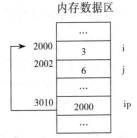

图 9-1　存取变量示意图

1. 直接存取变量

执行
```
i=3;
```
3 被送到 2000、2001 字节(这两个字节是一个整型存储单元)。

执行
```
scanf("%d",&j);
```

若输入为 6，则 6 被送到 2002、2003 字节，如图 9-1 所示。

执行

```
printf("%d",i+j);
```

从 2000 开始的两个字节取出 i 值，从 2002 开始的两个字节取出 j 值，相加后输出。

这种按变量地址存或取变量值的方式，就是直接存取变量，也称为直接访问内存。

实际上，用户不必关心变量在内存的实际地址，只要直接使用变量名即可，变量名与存储单元的对应关系由系统自动完成，如&i 就是变量 i 的地址，&j 就是变量 j 的地址。

2. 间接存取变量

若将一个变量的地址存放在另一个存储单元中，如：

```
ip=&i;
```

表明将变量 i 的地址存放在 ip 中，要取 i 的值，除了直接存取外，还可以先从 3010 为首地址的存储单元中取出 2000，再从 2000 开始的两个字节中取出 i 的值，这种方式就是间接存取变量，也称为间接访问内存。

9.1.2　变量的指针和指针变量

1. 变量的指针

通过变量的地址就能找到变量的存储单元，就像一个房间号指示着一个房间一样，所以 C 语言形象地将地址称为指针，即指针就是地址。

变量的指针就是变量的地址，如&i 就是变量 i 的指针。

2. 指针变量

像存放整型数据的变量称为整型变量一样，如果一个变量专门用来存放其他变量的地址，则称它为指针变量。

例如：ip 存放 i 的地址，ip 就是一个指针变量，就说指针变量 ip 指向变量 i，如图 9-2 所示。

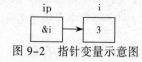

图 9-2　指针变量示意图

注意：指针和指针变量是不同的概念。一个指针就是一个地址，是常量；而一个指针变量可以被赋予不同的地址值（指针值），是一个存放地址（指针）的变量。

通过指针变量可以实现对其他变量的间接访问。例如，通过 ip 可以访问 i。

通过定义不同类型的指针变量，还可以方便地引用数组和字符串、引用函数，直接对内存进行操作等。这也正是引入指针概念的意义所在。

9.2　指向变量的指针变量

变量的指针就是变量的地址，如变量 i 的指针就是&i。

由于 ip 中存放的是变量 i 的指针&i，所以，ip 就是指针变量，就说 ip 是指向变量 i 的指针变量。

9.2.1　指针变量的定义

变量必须"先定义，后使用"，指针变量也一样。指针变量定义的一般格式如下：

基类型 *指针变量名;

其中，"基类型"就是指针变量所指向的变量的数据类型。"*"在这里表示定义了一个指针变量。

例如：

```
int *p,*q;
```

定义了 p 和 q 两个指针变量，它们将存放整型变量的地址。

再如：

```
float f,*fp;
```

定义了浮点型变量 f 和浮点型指针变量 fp，f 将存放浮点型数据，fp 将存放浮点型变量的地址。

9.2.2　指针变量的引用

与指针变量相关的运算符有：取地址运算符"&"（是单目运算符，结合方向为右结合），间接访问运算符"*"（或称为指针运算符，也是单目运算符，结合方向也是右结合）。

下面介绍与运算符"&"和"*"对应的运算。

如有定义：

```
int i,*p;                  /*i 是整型变量，p 是指针变量*/
```

（1）指向操作：就是为指针变量赋值，使指针变量指向具体的变量。例如：

```
p=&i;                      /*p 指向变量 i*/
```

（2）间接访问操作：就是对指针变量所指的变量进行存取。如：*p 就是 p 所指向的变量 i，是对变量 i 的间接访问。例如：

```
i=3;                       /*将 3 赋给变量 i，是直接访问内存*/
*p=3;                      /*也是将 3 赋给变量 i，是通过 p 间接访问内存*/
```

此时*p 和 i 等价。

【例 9.1】指向操作和间接访问操作举例。

```
#include "stdio.h"
void main()
{ int i,*p;
  p=&i;                /*使指针变量 p 指向变量 i*/
  *p=3;                /*通过指针变量 p 对变量 i 间接赋值*/
  printf("i=%d\n",i);
}
```

运行结果：

```
i=3
```

程序也可以写成：

```
#include "stdio.h"
void main()
{ int i,*p;
  p=&i;
  i=3;
  printf("i=%d\n",*p);   /*通过指针变量 p 间接取变量 i 并输出*/
}
```

取地址运算符"&"和间接访问运算符"*"是一对互为逆运算的运算符。例如有：

```
int i,*p;
p=&i;
```

则有：*p 与 i 等价，&*p 与 p 等价，*&i 与 i 等价。

9.2.3　指针变量的初始化

在定义指针变量的同时也可以为其赋初值，使指针变量指向具体的变量。如例 9.1 也可以写成：

```c
#include "stdio.h"
void main()
{  int i,*p=&i;
   *p=3;
   printf("i=%d\n",i);
}
```

即：

```c
int i,*p=&i;
```

等价于

```c
int i,*p;
p=&i;
```

此时要注意，为指针变量赋初值的变量地址必须已经存在，即该变量已经定义，否则会出现错误。例如，若将例 9.1 写成如下形式：

```c
#include "stdio.h"
void main()
{  int *p=&i,i;
   *p=3;
   printf("i=%d\n",i);
}
```

则在编译时会出现"Undefined symbol 'i' in function main"错误，意为变量 i 没有定义。所以，引用变量的地址必须在定义变量之后。

注意：

（1）"*"在定义语句中和在执行语句中意义是不同的。在定义语句中，只表示其后的"标识符"是指针变量名；在执行语句中才是运算符，是间接访问操作。

例如：

```c
int i,*p=&i;          /*这里的"*"只表示p是指针变量名*/
*p=3;                 /*这里的"*"是运算符*/
```

（2）运算符"*"的运算对象只能是指针变量。

例如：

```c
int a,*p=&a;
*p=5;                 /*合法*/
*a=8;                 /*不合法，因为a是int型变量，不是指针变量*/
```

（3）指针变量只能指向定义时指定的基类型的变量。

例如：

```c
float f,*p,*q;        /*p,q只能指向float型变量*/
int a,b;
p=&f;                 /*正确的指向*/
q=&a;                 /*错误的指向，类型不匹配*/
```

（4）指针变量必须先赋值，再做"*"运算。否则不仅引用无意义，而且是危险的。

指针变量和其他变量一样，使用之前不仅要定义类型，而且必须赋值。普通变量没有赋值时其值是随机的。同样，指针变量没有赋值时其值也是随机的，而且是个不确定的地址。若其存储单元中的值恰巧是重要数据的地址，就可能造成比普通变量不赋值就使用更严重的后果，如造成系统混乱、死机等现象。

使用指针变量，首先要定义，其次要赋值，然后才可以引用。还要注意区分指针变量、指针变量所指变量及指针变量的地址。

例如：

```
int a,*p;          /*定义指针变量p*/
p=&a;              /*为p赋值，使p指向变量a*/
*p=100;            /*引用p，通过p为a赋值100*/
```

则：p是指针变量，其内容是a地址；*p是p所指向的变量a，其内容是a的值100；&p是指针变量p本身所占用的存储单元地址。

【例9.2】输入a和b两个整数，按先大后小的顺序输出。

（1）未采用指针变量。

如果a<b，a、b两个存储单元的内容互换。

```
#include "stdio.h"
void main()
{ int a,b;
  printf("a,b=");
  scanf("%d,%d",&a,&b);
  if(a<b)
  { int t; t=a;a=b;b=t; }
  printf("max=%d,min=%d\n",a,b);
  printf("a=%d,b=%d\n",a,b);
}
```

程序测试：

a,b=5,9↙
max=9,min=5
a=9,b=5

程序是通过改变a、b存储单元中原来的内容来实现题目的要求的。

（2）用指针变量实现。

如果a<b，两指针变量指向互换，输出所指内容，a、b存储单元中的内容不变。

```
#include "stdio.h"
void main()
{ int a,b,*p1,*p2;
  printf("a,b=");
  scanf("%d,%d",&a,&b);
  p1=&a;p2=&b;
  if(a<b)
  { int *p;p=p1;p1=p2;p2=p; }
  printf("max=%d,min=%d\n",*p1,*p2);
  printf("a=%d,b=%d\n",a,b);
}
```

程序测试：

a,b=5,9↙
max=9,min=5
a=5,b=9

程序是通过指针变量指向互换来实现题目要求的，变量a、b存储单元中原有内容不变。

程序执行过程如图 9-3 所示。其中图 9-3（a）是 if 语句执行前状态；图 9-3（d）是 if 语句执行后状态。

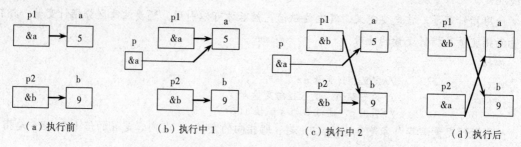

图 9-3　例 9.2 用指针变量实现的程序执行过程

9.2.4　指针变量作为函数参数

首先分析下面两个看上去相似的算法，看能否实现各自题目的要求，从而复习有关的概念。

算法 1：输入两个整数 a、b，按先大后小的顺序输出。

```
void swap(int x,int y)
{ int s; s=x;x=y;y=s; }
void main()
{ int a,b;
  输入无序的 a,b;
  if (a<b)  swap(a,b);
  输出 a,b。(希望 a,b 有序)
}
```

算法 2：输入 10 个无序整数，按从大到小的顺序输出。

```
void sort(int x[],int n)
{ 用选择法实现对数组 x 排序 }
void main()
{ int a[10],i;
  输入无序的数组 a;
  sort(a,10);
  输出数组 a。(希望数组 a 有序)
}
```

两个算法看上去非常相似，不同之处只有函数参数。算法 1 是变量作为函数参数，算法 2 是数组名作为函数参数。

分析算法 1：假设输入的 a、b 分别为 5 和 9。main() 函数对函数 swap() 的调用过程为：实参 a、b 将 5 和 9 传递给形参 x、y；在函数 swap() 中通过变量 s 实现了 x 和 y 的互换；由于形参 x、y 是函数的局部变量，其作用域只是它所在的函数，函数返回时被释放，并没有改变实参 a 和 b。所以算法不能完成题目要求。

分析算法 2：main() 函数对函数 sort() 的调用是，将实参数组 a 的首地址传递给形参数组 x，使 x 与 a 共用存储空间，在函数 sort() 中进行的对数组 x 的排序，就是对数组 a 进行排序；函数返回时，排序结果留在数组 a 中。所以算法能完成题目要求。

以上两个算法所涉及概念是：函数参数为变量时，实参对形参的数据传递是单向的值传递；函数参数为数组时，实参对形参的数据传递是地址传递，函数的操作结果留在实参数组中。

注意：指针变量也是简单变量。指针变量作为函数参数就是把变量的"地址值"传送到另一个函数中，也是单向的"值传递"。

指针变量作为函数参数与普通变量作为函数参数的区别，只是在于指针变量传递的是地址值，普通变量传递的是数值。

【例 9.3】将例 9.2 中两数互换的操作用函数实现，并用指针变量作为函数参数。

```
#include "stdio.h"
void swap(int *p1,int *p2)   /*实参与形参结合，使p1指向a，p2指向b*/
{ int p;
 p=*p1;*p1=*p2;*p2=p;        /*p1和p2通过间接访问操作，使a和b互换*/
}
void main()
{ int a,b,*p,*q;
  printf("a,b=");
  scanf("%d,%d",&a,&b);
  p=&a;q=&b;
  if(a<b) swap(p,q);         /*指针变量作为实参*/
  printf("max=%d,min=%d\n",a,b);
}
```

上面的 main() 函数中也可以不定义指针变量，而用指针常量（地址）作为实参。可将程序写成：

```
void main()
{ int a,b;
  printf("a,b=");
  scanf("%d,%d",&a,&b);
  if(a<b) swap(&a,&b);       /*指针常量作为实参*/
  printf("max=%d,min=%d\n",a,b);
}
```

需要注意的是，若 swap() 的函数体改为：

```
{ int *r; r=p1;p1=p2;p2=r; }
```

则与上述算法 1 类似，是形参指针变量指向互换，由于形参是函数的局部变量，当函数返回时形参被释放，并没有使 a、b 互换，所以无法完成题目要求。执行过程示意图如图 9-4 所示。

用指针变量作函数参数，主调函数将变量的地址传递给被调函数，被调函数通过间接访问操作，把操作结果存储在主调函数的变量中，从而实现被调函数对主调函数中变量值的改变。

利用这一点，用指针变量作为函数参数，不用全局变量，主调函数也能从被调函数获得多个返回值。

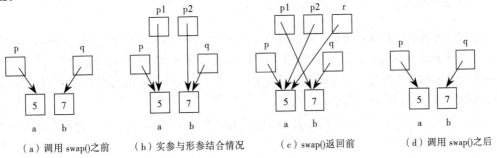

（a）调用 swap() 之前　　（b）实参与形参结合情况　　（c）swap() 返回前　　（d）调用 swap() 之后

图 9-4　例 9.3 程序执行过程示意图

【例 9.4】输入 10 个整数，输出其中最大的和最小的数。

（1）未使用指针变量。

由于函数最多只能返回一个值，所以通过两个全局变量 max 和 min 来实现。因为全局变量的作用域是从定义点到文件尾，作用域内的函数都可以引用或改变其值。

```c
#include "stdio.h"
int max,min;
void fun(int a[ ],int n)
{ int i;
  max=min=a[0];
  for(i=1;i<n;i++)
  { if(a[i]>max)max=a[i];
    if(a[i]<min)min=a[i];
  }
}
void main()
{ int i,a[10];
  for(i=0;i<10;i++)  scanf("%d",&a[i]);
  fun(a,10);
  printf("max=%d,min=%d\n",max,min);
}
```

（2）用指针变量实现。

主调函数用变量 max 和 min 的地址作为实参，被调函数通过间接访问操作，将结果存储在主调函数的变量 max 和 min 中。

```c
#include "stdio.h"
void fun(int a[ ],int n,int *max,int *min)
{ int i;
  *max=*min=a[0];
  for(i=1;i<n;i++)
  { if(a[i]>*max)*max=a[i];
    if(a[i]<*min)*min=a[i];
  }
}
void main()
{ int i,max,min,a[10];
  for(i=0;i<10;i++)
  scanf("%d",&a[i]);
  fun(a,10,&max,&min);
  printf("max=%d,min=%d\n",max,min);
}
```

本程序是通过将存放最大值、最小值的变量地址&max、&min 作为实参传递给 fun()函数的形参指针变量 max 和 min（注意 main()函数中的 max、min 是整型变量，fun()函数中的 max、min 是指向整型变量的指针变量，二者同名不同类型，互不干扰），所以 fun()中的*max 和*min 就是对 main()函数中的 max 和 min 的间接访问操作。

由此可见，用指针作为函数的参数，增加了函数之间的传输渠道，可以避免用全局变量带来的负面作用，从而保证了函数的独立性。

9.3　一维数组与指针变量

在 C 语言中数组名代表数组的首地址，数组的首地址就是数组的指针。

9.3.1　指向一维数组的指针变量

1. 指向数组元素的指针变量的定义

指针变量指向一维数组就是指向数组元素。数组中的每个元素都具有相同的数据类型，每个元素都相当于一个普通变量，所以，指向数组元素的指针变量与指向变量的指针变量相同。

例如：

```
int a[5],*p;
p=&a[0];
```

定义了一个整型数组 a，它的每一个元素 a[0]、a[1]、a[2]、a[3]、a[4]都是整型变量；定义了一个指向整型变量的指针变量 p，它可以指向数组的每一个元素；把数组 a 的头一个元素的地址&a[0]赋给指针变量 p。

2. 指向数组元素的指针变量的初始化

由于数组名 a 是数组的首地址，也就是头一个元素的地址，所以：

```
p=a;
```

等价于

```
p=&a[0];
```

也可以在定义时初始化指针变量。例如：

```
int a[10],*p=a;
```

9.3.2　通过指针变量引用数组元素

在第 8 章数组中是采用下标变量来引用数组元素的，引用格式为：

```
数组名[下标]
```

这种引用数组元素的方法称为"下标法"。例如：

```
#include "stdio.h"
void main()
{ int i,a[5];
  for(i=0;i<5;i++)
    scanf("%d",&a[i]);
  for(i=0;i<5;i++)
    printf("%5d",a[i]);
}
```

引用数组元素也可以采用"指针法"。指针法还可以分为指针相对引用法和指针移动法。

若有定义：

```
int a[5]={3,4,5,6,7},*p=a;
```

则存储情况如图 9-5 所示。

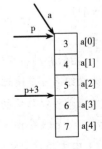

图 9-5　指针相对引用法示意图

请注意区别：此时 p 和 a 的值是相等的，但是，p 是指针变量，它的指向是可以改变的；a 是指针常量，是固定的地址。

C 语言规定：若指针变量 p 已经指向数组中的一个元素，则 p+1 指向数组中该元素的下一个元素，而不是 p 的值加 1。

例如，若数组元素是 int 类型，则意味着 p+1 的值比 p 的值多 2 个字节；若数组元素是 float 类型，则意味着 p+1 的值比 p 的值多 4 个字节。

设 p 的初值为 a，即为 &a[0]，用指针变量 p 引用数组元素，既可以采用指针相对引用法，也可以采用指针移动法。

1. 指针相对引用法

指针相对引用法就是相对固定的地址，偏移若干个存储单元。

例如：

p+3

是相对 p 当前的指向，偏移 3 个存储单元。p 指向 a[0]，p+3 就指向 a[3]，即：p+3 与 &a[3] 等价（见图 9-5）。指针相对引用法是一种相对指针当前指向的引用。

一般地，由于 a 是数组的首地址，是固定的地址常量，那么 a+i 是数组 a 的第 i 个元素的地址，即 a+i 与 &a[i] 等价；*(a+i) 就是数组 a 的第 i 个元素，即 *(a+i) 与 a[i] 等价。使用 a[i] 的形式访问数组中的元素称为"下标法"，使用 *(a+i) 的形式访问数组中的元素称为"指针法"。

同理，若 p=a，也可以通过指针变量 p 来引用数组 a 中的元素，p+i 与 a+i 等价，就是 &a[i]；*(p+i) 与 *(a+i) 等价，就是 a[i]。同样，既可以使用 p[i] 的形式访问数组元素，也可以使用 *(p+i) 的形式访问数组元素。

即在 int a[5],*p=a; 的情况下：

（1）a、&a[0]、p 等价，代表数组 a 的首地址。

（2）&a[k]、a+k、&p[k] 、p+k 等价，代表数组 a 第 k 个元素的地址。

（3）a[k]、*(a+k)、p[k]、*(p+k) 等价，代表 a 数组第 k 个元素。

2. 指针移动法

指针移动法就是改变指针变量的指向，是对指针变量重新赋值。

例如：

p++; 或 ++p;

是使 p 由原来指向 a[0]，变成 p 指向 a[1]，如图 9-6 所示。此时 p 的值是 &a[1]。

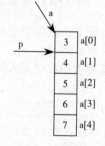

图 9-6　指针移动法示意图

注意：

（1）指针相对引用法对数组名和指针变量都适用，而指针移动法只适用于指针变量。

因为数组名 a 是地址常量，是不能移动的，所以，a++、++a、a--、--a 都是错误的。而指针变量 p 的值是可以改变的，既可以相对 p 当前的指向偏移，如 p+i 或 p-i，此时 p 的指向不变；也可以移动，如 p++ 或 p--，此时 p 的指向被改变。

（2）由于指针变量的值是可以改变的，所以偏移总是相对指针变量当前的指向。

例如：对于图 9-5 的状态，p+3 就是 &a[3]，而对于图 9-6 的状态，p+3 就是 &a[4]。

【例 9.5】指针相对引用法和指针移动法举例。

```
#include "stdio.h"
void main()
 { int a[5]={3,4,5,6,7},*p;
   p=a;
   *(p+1)+=2;                      /*指针相对引用*/
   printf("%d,%d\n",*p,*(p+1));
   p++;                            /*指针移动*/
   *(p+1)+=2;                      /*指针相对引用*/
   printf("%d,%d\n",*p,*(p+1));
}
```

运行结果:

```
3,6
6,7
```

【例 9.6】分别用下标法、指针相对引用法和指针移动法输入、输出数组元素。

（1）下标法。

```
#include "stdio.h"
void main()
{ int a[5],i;
   for(i=0;i<5;i++)
      scanf("%d",&a[i]);
   for(i=0;i<5;i++)
      printf("%3d",a[i]);
   printf("\n");
}
```

（2）指针相对引用法。

```
#include "stdio.h"
void main()
{ int a[5],i;
   for(i=0;i<5;i++)
      scanf("%d",a+i);            /*相对数组 a 的首地址*/
   for(i=0;i<5;i++)
      printf("%3d",*(a+i));
   printf("\n");
}
```

（3）指针移动法。

```
#include "stdio.h"
void main()
{ int a[5],*p;
   for(p=a;p<a+5;p++)             /*指针 p 移动*/
      scanf("%d",p);
   for(p=a;p<a+5;p++)
      printf("%3d",*p);
   printf("\n");
}
```

注意：指针变量的移动范围是有限的，如果超出了所指数组的上下界，引用是无效的。

例如：例 9.6 中的 p<a+5 就是对指针变量 p 引用范围的限定。

用下标法、指针相对引用法和指针移动法引用数组元素的比较：

（1）下标法直观不易出错，但是效率比较低。

（2）指针相对引用法与下标法效率相同。即：a[k]和*(a+k)都是先相对数组首地址 a，计算 a+k 得到第 k 个元素的地址，然后再访问该地址中的数据。

（3）指针移动法用指针变量直接指向数组元素，不需要每次都计算地址，因此可以提高程序的执行效率。

9.3.3 指向数组元素的指针变量允许的运算

如有定义：

```
int a[5],*p,*q;
```

假设下面的操作是连续的。

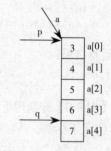

图 9-7　赋值运算示意图

1．赋值运算

赋值运算是使指针变量指向具体的变量。例如：

```
p=a;q=a+4;
```

是使 p 指向数组 a 的首地址，即指向 a[0]；使 q 指向 a[4]，如图 9-7 所示。

2．指针运算

指针运算 "*" 是通过指针变量进行间接访问操作。例如：

```
*p=8;
```

通过指针变量 p 间接为 a[0] 赋值，使 a[0] 的值由 3 变为 8。

3．关系运算

关系运算是比较两个指针变量值的大小，即比较两个地址。例如：

```
p<q
```

表达式值为 1。因为数组的存储单元是连续的，p 指向 a[0]，q 指向 a[4]，&a[4]一定大于&a[0]，所以 p<q 为真。

4．减法运算

减法运算是指两个指针相减，得到的是两个指针之间的元素个数。例如：

```
q-p
```

表达式值为 4，是从 p 到 q 之间的元素个数。

5．自增与自减运算

就是改变指针变量的指向，自增运算使指针变量指向下一个元素，自减运算使指针变量指向上一个元素。例如：

```
p++;q--;
```

使 p 由原来指向 a[0]变成指向 a[1]，使 q 由原来指向 a[4]变成指向 a[3]。p++、p+=1 和 p=p+1 都是等价的，是赋值运算。

6．加或减一个常数 i

加或减一个常数 i 就是指针的相对引用。例如：

```
p+3
```

若 p 是&a[1]，则 p+3 就是&a[4]。再如：

$$q-3$$

若 q 是&a[3]的，则 q–3 就是&a[0]。

注意：

（1）指针变量不能进行加法运算，因为两个指针相加无意义。

（2）要注意区分*p++、*++p、(*p)++。由于自加、自减运算与指针运算符"*"的优先级相同，而且都是右结合，所以*p++等价于*(p++)。若 p=a，则*p++是先取*p 的值 a[0]，然后 p 指向下一个元素 a[1]。*++p 是 p 先指向下一个元素 a[1]，然后取其值。(*p)++是 p 所指元素的自增运算，若 p=a，*p 就是 a[0]，(*p)++则是 a[0]=a[0]+1。

9.3.4　数组名作为函数参数

在第 8 章数组中已经介绍了数组名作函数参数的方法。数组名作函数参数，实参向形参传递的是地址，形参被用来接收实参传递过来的地址，因此，形参应该是一个指针变量，因为只有指针变量才能存放地址。学习了指针变量之后再去理解前面用过的形参数组，它实质就是一个指针变量，它用实参传递过来的地址赋初值，然后在实参数组中对各数组元素进行操作。

数组名是数组的首地址，是指针常量，所以，数组名作函数参数的实质就是指针作函数参数。因为实参必须有确定的值，所以，实参可以是数组名，也可以是已经赋值的指针变量；形参一定是指针变量，可以用指针法，也可以用下标法。

【例 9.7】用选择法对 N 个整数进行从小到大排序。

```
#include "stdio.h"
void SelectSort(int *x,int n)
{ int i,j,s,p;
  for(i=0;i<n-1;i++)
  {  for(p=i,j=i+1;j<n;j++)
       if(*(x+p)>*(x+j))  p=j;
     if(p!=i){ s=*(x+i);*(x+i)=*(x+p);*(x+p)=s; }
  }
}
#define N 6
void main()
{ int i,a[N]={6,3,8,5,2,4};
  for(i=0;i<N;i++)  printf("%3d",a[i]);
  printf("\n\n");
  SelectSort(a,N);
  for(i=0;i<N;i++)  printf("%3d",a[i]);
  printf("\n\n");
}
```
函数 SelectSort()是用指针相对引用法实现对数组元素的引用。

9.3.5　字符串与指针变量

对字符串进行处理除了用字符数组，还可以用指向字符串的指针变量。

字符串的指针就是字符串的首地址，即字符串中第一个字符的地址。定义指向字符串的指针变量，就是定义 char 型的指针变量。

例如：

```
char *str;
```
char 型的指针变量既可以指向字符，也可以指向字符串。例如：
```
char ch,*str1=&ch,*str2="love";
```
定义了一个字符型变量 ch，两个字符型的指针变量 str1 和 str2，并使 str1 指向字符型变量 ch，使 str2 指向字符串"love"。

1. 指向字符串的指针变量的赋值

将一个字符串的首地址赋给一个指向字符型的指针变量有以下两种方式：

（1）定义时赋初值。例如：
```
char *str="china";
```
（2）定义后赋值。例如：
```
char *str;              /*定义一个指针变量 str*/
str="china";            /*使 str 指向字符串的首地址，即指向第一个字符 'c'*/
```

注意：指向字符串的指针变量被赋值后，变量中存放的是字符串中第一个字符的地址，字符串占用连续的内存单元，并以'\0'作为串的结束标志。

【例 9.8】指向字符串的指针变量举例。
```
#include "stdio.h"
void main()
{ char *ps;
  ps="impossible";
  ps+=2;
  puts(ps);
}
```
运行结果：
```
possible
```
在程序中，用字符串为指针变量 ps 赋值，即把字符串首地址（本例中是第一个字符 i 的地址）赋予 ps，当执行 ps+=2 之后，ps 指向字符 'p'，因此输出以字符 'p' 开头的字符串 possible。

2. 指向字符串的指针变量与字符数组的区别

用字符数组和指向字符型的指针变量都能实现对字符串的存储和运算，但二者是有区别的，使用时要注意以下几点：

（1）字符数组由若干个元素组成，每个元素中存放一个字符；而字符型指针变量中只存放字符串中第一个字符的地址。

（2）字符数组必须在定义时指定长度，且给该数组赋值的字符个数只能小于此长度；而字符型指针变量则不需要指定长度，可以指向任意长度的字符串，只以'\0'作为串的结束标志。

（3）字符数组不能整体赋值；而字符型指针变量可以，是将字符串的首地址赋给指针变量。例如：
```
char s[20],*str;
s="abcde";                    /*是错误的，应写成 strcpy(s,"abcde");*/
str="abcde";                  /*是正确的*/
```
（4）虽然字符数组名和指向字符串的指针变量都代表字符串的首地址，但是，字符数组名是地址常量，是不可以改变的；而指针变量的指向是可以改变的，所以在处理字符串时用指针变量更方便。

【例 9.9】用指针法实现两个字符串的连接。

```
void connect(char *p1,char *p2)
{ while(*p1) p1++;              /*使 p1 指向第一个字符串尾*/
  while(*p2)
    { *p1=*p2; p1++;p2++; }    /*依次将第二个字符串中的字符连接到第一个字符串尾*/
  *p1='\0';                    /*在生成的新字符串尾加结束标志*/
}
#include "stdio.h"
void main()
{ char s1[60],s2[60];
  gets(s1); gets(s2);
  connect(s1,s2);
  puts(s1);
}
```

函数 connect()也可以写成：

```
void connect(char *p1,char *p2)
{ while(*p1) p1++;
  while(*p2) *p1++=*p2++;
  *p1='\0';
}
```

9.4　多级指针与指针数组

9.4.1　多级指针

例如有如下语句：

```
x=5;
p=&x;
pp=&p;
```

x 是整型变量，p 指向 x，是指向整型变量的指针变量，由于 pp 指向 p，p 是指针，所以 pp 就是指向指针的指针变量。依此类推，pp 还可以被其他的指针变量指向，从而构成多级指针，如图 9-8 所示，称 p 为一级指针，pp 为二级指针。一级指针是指向变量的指针变量，二级指针就是指向指针的指针变量。

前面用过的指针变量都是一级指针变量，它们指向存储数据的变量，或指向数组元素。

二级指针变量定义的一般格式如下：

类型标识符　　**指针变量名;

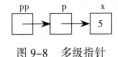

图 9-8　多级指针

【例 9.10】多级指针举例。

```
#include "stdio.h"
void main()
{ int x,*p,**pp;                /*①*/
  x=5;p=&x;pp=&p;               /*②*/
  printf("%d,%d,%d",x,*p,**pp); /*③*/
}
```

运行结果：

5,5,5

在程序中：

① 定义了简单变量 x，一级指针变量 p，二级指针变量 pp。

② x 赋值为 5，p 指向 x，pp 指向 p。

③ *p 就是 x，是对 x 的一级间接引用；**pp 等价于*(*pp)，*pp 就是 p，**pp 就是 x，是对 x 的二级间接引用。

注意：

（1）多级指针变量每做一次"*"运算就降一级。

（2）多级指针变量的引用，要注意级别的对应。否则可能导致错误，但是编译时并不一定报错。

例如：

```
#include "stdio.h"
void main()
{ int x,*p,**pp;
  x=5;p=&x;pp=p;
  printf("%d,%d,%d",x,*p,*pp);
}
```

运行结果：

5,5,5

其中，pp=p 是把二级指针 pp 当作一级指针使用，输出时*pp 也是一级间接访问，所以结果正确。但是，若程序写成：

```
#include "stdio.h"
void main()
{  int x,*p,**pp;
  x=5;   p=&x;  pp=p;
  printf("%d,%d,%d",x,*p,**pp);
}
```

运行结果：

5,5,29301

pp 用一级指针赋值，输出时**pp 是进行二级间接访问，所以结果不正确，但是编译时系统并不报错。因此，一定要严格按定义引用，养成严谨的程序设计习惯。

如果需要三级指针，定义指针变量时，指针变量名前就应该有三个"*"。例如：

```
int ***p;
```

对于这个定义，引用时，p、*p 和**p 都是地址，只有经过三级间接访问，***p 才是最终要访问的数据。

9.4.2　指针数组

一个数组，如果它的每个元素都是指针变量，则称为指针数组。指针数组定义的一般格式如下：

类型标识符　*数组名[数组长度];

例如：

```
int  *p[4];
```

定义了一个数组 p，它的 4 个元素都是一级指针变量，都可以指向 int 型变量。

数组名 p 是数组的首地址，是指针，即 p 与&p[0]等价。由于 p[0]是一级指针，所以 p 就是二级指针。

【例 9.11】用指针数组元素引用数值数组元素，如图 9-9
所示。

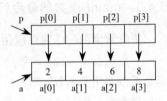

图 9-9　指针数组

```c
#include "stdio.h"
void main()
{ int i,a[4]={2,4,6,8},*p[4];
    for(i=0;i<4;i++)            /*使数组 p 的每个元素指
向数组 a 的每一个元素*/
    p[i]=&a[i];
    for(i=0;i<4;i++)            /*直接输出数组 a*/
    printf("%3d",a[i]);
    printf("\n");
    for(i=0;i<4;i++)            /*间接输出数组 a*/
    printf("%3d",*p[i]);
    printf("\n");
}
```

运行结果：

```
2 4 6 8
2 4 6 8
```

数值数组名是一级指针，指针数组名是二级指针。要用指针变量引用数组元素，必须明确指
针的级别，明确间接访问的级数。

【例 9.12】分别用一级指针变量和二级指针变量来引用数值数组元素。

```c
#include "stdio.h"
void main()
{ int a[4]={2,4,6,8},*b;
    int i,*p[4],**q;
    for(b=a;b<a+4;b++)  printf("%3d",*b);
    printf("\n");
    for(i=0;i<4;i++)  p[i]=&a[i];
    for(q=p;q<p+4;q++)  printf("%3d",**q);
    printf("\n");
}
```

运行结果：

```
2  4  6  8
2  4  6  8
```

请注意比较 b 和 q 的用途。程序中，b 是一级指针变量，是指向整型数据的指针变量，在第
一个 for 循环中，b 指向数组元素 a[0]，通过 b 的指向的移动间接引用数组 a 的每一个元素，输出
2，4，6，8；第二个 for 循环如图 9-9 所示的那样，使指针数组 p 的每一个元素 p[i]依次指向了整
型数组 a 的每一个元素 a[i]；q 是二级指针变量，是指向指针的指针变量；第三个 for 循环中，q
指向指针数组元素 p[0]，通过 q 的指向的移动，二级间接引用数组 a 的每一个元素，所以输出也
是 2，4，6，8。

使用指针数组，会使某些操作简化。用指针数组的元素指向二维数组的行，当需要改变二维
数组的行序时，只需改变指针数组的元素指向，而无须变动二维数组。如有某学期学生成绩表（二
维数组），若想按某门课程成绩的高低顺序输出成绩表，且不破坏原有数据的存放顺序，就可以
用指针数组实现（见本章 9.8 节中的应用举例）。

9.4.3　main()函数的命令行参数

指针数组的一个典型应用，就是作为 main()函数的形式参数。

一般情况下 main()函数是不带参数的，因此 main 后的圆括号是空的，表示是无参函数。main()函数可以调用库函数、用户自定义函数，但这些函数却不能调用 main()函数。事实上，main()函数可以带参数，也可以被操作系统以命令的形式调用。

C 语言规定，main()函数的形式参数只能有两个，习惯上这两个参数名用 argc 和 argv 表示。所以 main()函数的函数原型是：

```
main(int argc,char *argv[]);
```

其中，第一个参数 argc 是操作系统调用 main()函数时命令行的参数个数；第二个参数 argv 是指向字符串的指针数组，其长度就是 argc，其元素用来存放每个参数字符串的首地址。

操作系统以命令的形式调用文件，该文件必须是可执行文件。所以被调用的 main()函数所在的 C 语言源程序文件必须经过编译、连接形成可执行文件。这样，在操作系统命令状态下，输入该可执行文件名及其实际参数，便实现了对带参数的 main()函数的调用。

例如有程序：

```
#include "stdio.h"
void main(int argc,char *argv[])
{ while(argc>1)
    { printf("%s ",*++argv);
      --argc;
    }
}
```

假设上面的源程序文件名为 file.c，并编译连接生成可执行文件，名为 file.exe。在操作系统（例如 DOS）命令状态下，输入的命令行参数如下：

```
C:>file I Love China✓
```

则 argc=4，argv 可以用图 9-10 表示。

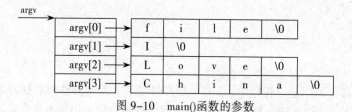

图 9-10　main()函数的参数

执行该命令行，会输出：

```
I Love China
```

命令行的参数用空格分隔，个数不限，参数个数就是指针数组 argv 的长度。

事实上，命令行的参数个数、每个参数的长度，在程序运行前并不知道，只有用指针数组才可以解决这些问题。

9.5　二维数组与指针变量

C 语言把二维数组看作是若干个一维数组的组合，首先要弄清二维数组元素及其地址的表示方法，然后才能使用指针变量引用二维数组元素。用指针变量引用二维数组要比引用一维数组复杂得多，有些概念比较复杂和抽象，要多加思考，细心体会，才能熟练应用。

9.5.1 二维数组元素及其地址的表示方法

若有定义：

`int a[3][4]={{1,3,5,7},{9,11,13,15},{17,19,21,23}};`

在第 8 章中用下标法表示数组元素，第 i 行第 j 列的元素为 a[i][j]，其地址为&a[i][j]。

对于二维数组 a，可以这样理解：

（1）a 是一个数组名，包含 a[0]、a[1]、a[2]三个元素。

（2）a[0]、a[1]、a[2]也是数组名。

（3）a[0]包含 a[0][0]、a[0][1]、a[0][2]、a[0][3]四个元素。

（4）a[1]、a[2]同样包含 4 个元素。

也就是说，可以把二维数组名 a 理解为一个指针数组，它包含 a[0]、a[1]、a[2]三个元素，每个元素都是指针，分别指向对应的行，如图 9-11 所示。

但是要注意，a 与前面定义的指针数组 p 不同，因为 p 的每个元素都是一个指针变量，可以指向不同的变量，且都占用存储单元；而 a 的元素（a[0]、a[1]、a[2]）都是数组名，是指针常量，指向固定的行，而且不占用存储空间。将 a 看作指针数组，只是一种计算地址的方式而已。

a 是二维数组的首地址，是二级指针常量。同理，a+i 也是二级指针，是相对 a 纵向偏移 i 行（以行为单位）。

a[i]（0≤i＜3）是一维数组的首地址，即第 i 行的首地址，是一级指针。

同理，a[i]+j（0≤j＜4）也是一级指针，是相对 a[i]横向偏移 j 个元素（以元素为单位），如图 9-11 所示。

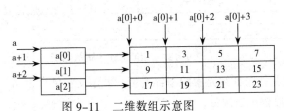

图 9-11 二维数组示意图

要访问数组 a 第 i 行第 j 列的元素 a[i][j]，就是要找到 a[i][j]的地址&a[i][j]，具体步骤如下：

（1）相对 a 纵向偏移 i 行，即 a+i。

（2）做"*"运算降为一级指针，即*(a+i)，同 a[i]。

（3）再相对 a[i]横向偏移 j 个元素，即 a[i]+j 或*(a+i)+j，同&a[i][j]。

所以，二维数组 a 第 i 行第 j 列元素的地址可以表示为：

（1）指针表示法：*(a+i)+j 或 a[i]+j。

（2）下标表示法：&a[i][j]。

对应的有，二维数组 a 第 i 行第 j 列元素可以表示为：

（1）指针表示法：*(*(a+i)+j)或*(a[i]+j)。

（2）下标表示法：a[i][j]。

特殊情况：第 0 行第 0 列元素可以表示为*a[0]、**a 或 a[0][0]；元素的地址可以表示为 a[0]、

*a 或&a[0][0]。

注意：

（1）在描述二维数组时，不要把 a[i]当作下标变量。因为 a[i]不是变量，只是一种地址的表示方法，是第 i 行的首地址。

（2）由于数组名是地址常量，不占用存储单元，虽然 a 和 a[0]都表示数组 a 的首地址，其值与&a[0][0]相同，值相同但是含义不同。a 表示整个二维数组，是二级指针；a[0]表示一维数组（二维数组的头一行），是一级指针。

（3）*(a+i)+j 不能写成*(a+i+j)。例如：*(a+1)+1 表示&a[1][1]，而*(a+1+1)=*(a+2)等价于 a[2]，是第二行的首地址&a[2][0]。

9.5.2 二维数组元素的引用

引用二维数组元素，可以使用一级指针变量，也可以使用二级指针变量。

1. 使用一级指针变量引用二维数组元素

C 语言把二维数组看作是若干个一维数组的组合，在内存是按行连续存放的。例如：有 3 行 4 列 12 个元素的二维数组在内存的存放形式，与有 12 个元素的一维数组在内存的存放形式是一样的。

如有定义：

```
int a[3][4]={{1,3,5,7},{9,11,13,15},{17,19,21,23}};
```

数组 a 的存储示意图如图 9-12 所示。

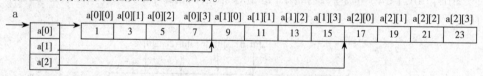

图 9-12　二维数组存储示意图

一级指针变量就是指向数组元素的指针变量。若定义指针变量 p，初始化使它指向 a[0][0]，指针每次加 1，就可以依次引用每一个元素。

一级指针变量的初始化，必须用一级指针赋值。例如有定义：

```
int a[3][4],*p;
```

下面都是指针变量 p 正确的初始化：

```
p=a[0];   （或 p=*a;或 p=&a[0][0]）          /*指向第 0 行的第 0 个元素*/
p=a[1];   （或 p=*(a+1);或 p=&a[1][0]）       /*指向第 1 行的第 0 个元素*/
```

【例 9.13】某门课程有 3 个班参加考试，每班 4 名学生。要求输出成绩表，并计算平均成绩。

分析：用 3 行 4 列的二维数组存放 3 个班每班 4 名学生的成绩；可以用一级指针变量依次引用 12 个数组元素。

```
#include "stdio.h"
void main()
{ int a[3][4]={ {98,65,56,70},{79,61,63,65},{77,69,71,53} };
  int i,*p;
  float sum=0;
  p=a[0];                          /*指针变量初始化*/
```

```
  for(i=1;i<=12;i++)                    /*输出成绩表*/
  { printf("%5d",*p);
    if(i%4==0)printf("\n");             /*每行 4 列*/
    p++;
  }
  for(p=a[0];p<a[0]+12;p++)             /*求总成绩*/
      sum+=*p;
  sum=sum/12;
  printf("average=%.2f\n",sum);
}
```

运行结果：

```
98   65   56   70
79   61   63   65
77   69   71   53
average=68.92
```

求总成绩时，指针变量 p 的引用范围是从 a[0]开始的 12 个元素。上面的程序也可以写成：

```
#include "stdio.h"
void main()
{ int a[3][4]={{98,65,56,70},{79,61,63,65},{77,69,71,53}};
  int i,*p;
  float sum=0;
  p=a[0];
  for(i=1;i<=12;i++)
  { printf("%5d",*p);
    if(i%4==0)printf("\n");
    sum+=*p;
    p++;
  }
  sum=sum/12;
  printf("average=%.2f\n",sum);
}
```

2. 使用二级指针变量引用二维数组元素

如有定义：

```
int a[3][4],**q;
```

则二维数组名 a 是二级指针常量，q 是二级指针变量。但是 q 只能指向指针变量，不能指向二维数组，引用二维数组元素，因为在对 q 的定义中不能体现它与二维数组的关系。

C 语言提供了一个专门的二级指针变量，用来指向二维数组的某一行，引用二维数组元素。其定义的一般格式如下：

基类型标识符 (*指针变量名)[常量表达式];

说明：

（1）"基类型标识符"是二维数组元素的数据类型。

（2）"常量表达式"是二维数组分解为多个一维数组时一维数组的长度，也就是二维数组的列数。

例如：

```
int (*p)[4];
```

定义了一个指针变量 p，它可以引用列数为 4 的二维数组的元素。例如有：

```
int  a[3][4],(*p)[4];
p=a;
```

二级指针变量 p 指向了二维数组 a 的第 0 行。此时，p+1 等价于 a+1，即偏移是以行为单位的。因此，称 p 为"指向一维数组的行指针变量"。

行指针变量是二级指针变量，因此，行指针变量的初始化必须用二级指针为其赋值。

例如：

```
p=a;
p=a+1;
p=&a[0];
```

都是正确的初始化。

二级指针变量需要经过两次"*"运算才能引用到二维数组元素。

若 p=a，则通过 p 引用二维数组元素 a[i][j]（$0 \leq i < 3$，$0 \leq j < 4$）的步骤是：

（1）首先 p+i（纵向偏移 i 行）。

（2）做"*"运算：*(p+i)，降为一级指针，指向第 i 行首。

（3）*(p+i)+j（横向偏移 j 个元素），即指向 a[i][j]。

（4）再做"*"运算：*(*(p+i)+j)就是 a[i][j]的指针表示法。

例如有定义：

```
int a[3][4]={ {1,3,5,7},{9,11,13,15},{17,19,21,23} };
int (*p)[4];
p=a;
```

引用数组元素 a[2][1]，就是引用*(*(p+2)+1)，值为 19，如图 9-13 所示。

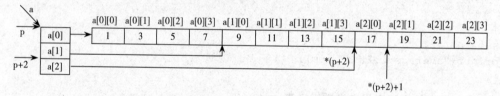

图 9-13　引用数组元素 a[2][1]

【例 9.14】用行指针变量输出二维数组。

```
#include "stdio.h"
void main()
{ int a[3][4]={ {1,3,5,7},{9,11,13,15},{17,19,21,23} };
  int i,j,(*p)[4];
  p=a;
  for(i=0;i<3;i++)
  { for(j=0;j<4;j++)
      printf("%5d",*(*(p+i)+j));
      printf("\n");
  }
}
```

运行结果：

```
1    3    5    7
9    11   13   15
17   19   21   23
```

【例 9.15】某门课程有 3 个班参加考试，每班 4 名学生。用函数实现计算平均成绩、输出指定班级各学生的成绩。

分析：用 3 行 4 列的二维数组存放 3 个班每班 4 名学生的成绩。

（1）编写函数 average()计算并输出平均成绩，用一级指针变量引用数组元素。

（2）编写函数 search()查找并输出指定班级各学生的成绩，用二级指针变量引用数组元素。

```c
#include "stdio.h"
void average(int *p,int n)              /*计算并输出平均成绩*/
{   int  *q;
    float sum=0;
    for(q=p;q<p+n;q++)
        sum+=*q;
    printf("average=%.1f\n",sum/n);
}
void  search(int (*p)[4],int n)         /*输出第 n 个班的成绩*/
{   int  i;
    printf("the score of No.%d class are:\n",n);
    for (i=0;i<4;i++)
        printf("%5d",*(*(p+n)+i));
    printf("\n");
}
void main()
{   int score[3][4]={{98,65,56,70},{79,61,63,65},{77,69,71,53}};
    int  i,j,n,(*p)[4];
    p=score;
    for(i=0;i<3;i++)
    {   for(j=0;j<4;j++)
            printf("%5d",*(*(p+i)+j));
        printf("\n");
    }
    average(*score,12);
    printf("Input a number of class (0-2) : ");
    scanf("%d",&n);
    search(score,n);
}
```

运行结果：

```
98   65   56   70
79   61   63   65
77   69   71   53
average=68.9
Input a number of class (0-2) : 2✓
the score of No.2 class are:
77   69   71   53
```

请注意形参与实参的对应关系：函数 average()的形参是一级指针变量，main()函数中函数调用的实参是*score，也是一级指针；函数 search()功能是输出某班成绩，需要指向具体的行，所以形参是行指针变量，是二级指针变量，main()函数中函数调用的实参是二维数组名 score。

如果实参与形参指针变量的级别不匹配，可能导致程序错误，编译时会出现可疑的指针转换（Suspicious pointer conversion）的错误信息或警告。

9.6 指向函数的指针变量

在 C 语言中，一个函数总是占用一段连续的存储空间，编译的时候被分配了一个入口地址，这个入口地址就是函数的指针。C 语言规定，函数名代表函数的首地址，是函数的指针。如同通过指向数组的指针变量可以引用数组元素一样，通过指向函数的指针变量也可以调用函数。

9.6.1 指向函数的指针变量的定义

指向函数的指针变量的定义格式如下：

```
类型标识符  (*指针变量名)(形参类型 1,形参类型 2,…);
```
其中：

（1）"类型标识符"是该指针变量可以指向的函数类型。

（2）最后面一对括号表示指针变量所指的是一个函数，括号内指明了该函数的形参类型及个数。例如：

```
float (*p)(float,int);
```
定义了一个指向函数的指针变量 p，p 可以指向一个返回值为 float 型的函数。该函数有两个形参，第一个是 float 型，第二个是 int 型。

注意：前面的一对圆括号不可以省略，否则由于后面圆括号的优先级高于"*"，p 会先与其结合，而被理解成函数名。

9.6.2 指向函数的指针变量的引用

指向函数的指针变量只能用函数名为其赋值，使指针变量指向该函数，从而通过指针变量调用该函数。用指针变量调用函数的一般格式如下：

```
(*指针变量名)(实参表)
```
就是用"（*指针变量名）"代替函数名，从而可以通过用不同的函数名给指针变量赋值，实现对不同函数的调用。

【例 9.16】用指向函数的指针变量调用函数举例。

```
#include "stdio.h"
int  max(int  x,int y)
{  return  (x>y)? x:y;  }
void main()
{  int a,b,(*p)(int,int);
   a=7;b=9;
   p=max;                          /*p 指向函数 max*/
   printf("max=%d\n",(*p)(a,b));
}
```
程序中(*p)(a,b)就是对函数 max()的调用，即用(*p)代替 max。

用指向函数的指针变量调用函数的步骤是：

（1）定义指向函数的指针变量。

（2）用函数名为指向函数的指针变量赋值。

（3）用指向函数的指针变量调用函数。

注意：

（1）一个指向函数的指针变量所指向的函数，必须返回值类型相同、函数参数个数和类型都相同。

（2）指向函数的指针变量只能用函数名为其初始化，否则没有意义。

（3）若指向函数的指针变量所指函数类型为整型，定义时可以省略形参类型。

例如：

```
int (*p)(int,int);
```

可以写成：

```
int (*p)();
```

9.6.3　指向函数的指针变量作为函数参数

指向函数的指针变量主要用于在被调函数中接收函数的入口地址。通过将不同的函数名传递给指向函数的指针变量，从而在被调函数中实现对不同函数的调用。

【例 9.17】指向函数的指针变量作函数参数举例。

```
#include "stdio.h"
float add(float x,float y)          /*求两数和函数*/
{ return (x+y); }
float sub(float x,float y)          /*求两数差函数*/
{ return (x-y); }
float mult(float x,float y)         /*求两数积函数*/
{ return (x*y); }
float div(float x,float y)          /*求两数商函数*/
{ return (x/y); }
void output(float x,float y,float (*p)(float,float))
{ printf("%.2f\n",(*p)(x,y)); }
void main()
{ float a,b;
  a=7.2;  b=5.3;
  printf("%.2f+%.2f=",a,b);  output(a,b,add);
  printf("%.2f-%.2f=",a,b);  output(a,b,sub);
  printf("%.2f*%.2f=",a,b);  output(a,b,mult);
  printf("%.2f/%.2f=",a,b);  output(a,b,div);
}
```

运行结果：

```
7.20+5.30=12.50
7.20-5.30=1.90
7.20*5.30=38.16
7.20/5.30=1.36
```

程序中函数 add()、sub()、mult()、div()返回值都是单精度浮点型，且都是两个单精度浮点型形参，所以它们可以被同一个指向函数的指针变量指向；函数 output()的第三个形参 p 是指向函数的指针变量，函数体中(*p)(x,y)是用指向函数的指针变量 p 代替函数名，用形参 x 和 y 作实参进行函数调用；main()函数中四次调用函数 output()，前两个实参都是 a 和 b，传递给函数 output()的形参 x 和 y，第三个实参分别是函数名 add、sub、mult、div，传递给函数 output()的形参 p，从而使(*p)(x,y)分别实现对四个函数的调用。如：main()函数中第一次函数调用 output(a,b,add)，是将 7.2，5.3，add 分别传递给函数 output()的形参 x，y，p；执行函数 output()，函数调用(*p)(x,y)相当于

add(7.2,5.3)，从而实现对函数 add()的调用。

9.6.4 返回指针值的函数

定义一个函数的一般格式如下：

函数类型　函数名(形参表)

{ 函数体 }

定义一个返回指针值的函数的一般格式如下：

函数类型 ＊ 函数名(形参表)

{ 函数体 }

其中，函数名前的"＊"表示函数返回一个指针值。

【例 9.18】编程输出两个数中较大的数。

```
#include "stdio.h"
int *max(int *x,int *y)
{ if(*x>*y)  return x;
  else  return y;
}
void main()
{ int a,b,*p;
  a=7;b=9;
  p=max(&a,&b);
  printf("max=%d\n",*p);
}
```

程序中主函数用 a 和 b 的地址作实参，传递给函数 max()的形参指针变量 x 和 y，从而使 x 指向 a，y 指向 b，执行函数返回较大数 b 的指针赋给 p，输出 p 所指的变量 b，就是较大的数。

9.7 存储空间的动态分配与释放

9.7.1 动态分配存储空间的概念

在前面的程序中，系统总是在函数运行之前为函数中定义的变量、数组分配存储空间，存储空间长度在程序运行期间是固定不变的，这种存储空间分配方式称为静态分配方式。C 语言不允许使用动态数组，数组的长度必须是常量，例如：

```
int n;
scanf("%d",&n);
int a[n];
```

用变量作为数组长度，依据输入的 n 值的大小动态地定义数组，这是错误的。但是在实际编程中，经常会遇到无法预先确定输入数据多少的情况，如果数组长度定义小了会造成空间溢出，定义大了，又会浪费存储空间。为了提高内存空间的利用率，C 语言提供了一些内存管理函数，用来动态地分配存储空间，即需要的时候分配空间，不需要的时候就释放。存储空间的动态分配必须使用指针变量。

9.7.2 用于动态分配存储单元的函数

1. malloc()函数

函数调用的一般格式如下：

```
(类型标识符*)malloc(size)
```
其中：

（1）"（类型标识符*）"是强制类型转换。因为函数返回的指针是无类型的，用户必须根据存储空间的用途把函数调用返回的指针强制转换成相应的类型。

（2）"size"是一个无符号数，单位是字节。

malloc()函数的功能是在内存中动态地分配一个长度为 size 的连续空间，函数返回值是该区域的首地址。例如：

```
int *p;
p=(int *)malloc(10);
```
表示分配 10 个字节的存储空间，并强制成整型指针，将其首地址赋给 p，即可存储 5 个整型数，p 相当于指向了长度为 5 的整型数组。

由于不同的计算机系统中各种数据类型所占字节数可能有差异，所以一般"size"都是用 sizeof 运算符来计算。例如，为一个 float 型变量动态分配存储单元，用指针变量 f 指向该变量：

```
float *f;
f=(float *)malloc(sizeof(float));
```
若要为该变量赋值，需要通过指针变量 f 间接访问存储单元，如：

```
*f=5.8;
```
再如，为长度为 5 的整型数组动态分配存储空间，用指针变量 p 指向该存储区域：

```
int *p;
p=(int *)malloc(5*sizeof(int));
```
若要为该数组输入数据，需要通过指针变量 p 进行。如：

```
int i;
for(i=0;i<5;i++)  scanf("%d",p+i);
```

2. calloc()函数

函数调用的一般格式如下：
```
(类型标识符*)calloc( n,size )
```
其中"n"为正整数。

calloc()函数的功能是在内存动态地分配 n 个长度为 size 的连续空间，函数返回值是该区域的首地址。

calloc()函数与 malloc()函数的区别在于：calloc()函数用两个参数，而 malloc()函数用一个参数。另外，calloc()函数会将分配的存储单元初始化为 0，而 malloc()函数不会，也就是说 malloc()函数分配的存储单元是随机的，不确定的。如：

```
p=(int *)calloc(5,sizeof(int));
q=(int *)malloc(5*sizeof(int));
```
两个语句分配的存储单元个数相同。

3. free()函数

函数调用的一般格式如下：
```
free(指针变量名);
```
其功能是释放由 p 指向的内存区域。

注意：用动态方式定义的变量（或数组）没有变量名，需要通过指向该存储区域的指针变量间接地访问。

【例 9.19】编写求某门课程平均成绩的通用程序。

```c
#include "stdio.h"
float average(int *p,int n)
{   int i;
    float ave=0;
    for(i=0;i<n;i++)
      ave+=*(p+i);
    return ave/n;
}
void main()
{   int i,n,*p;
    printf("Input n : ");
    scanf("%d",&n);                          /*输入数据个数 n*/
    p=(int*)malloc(n*sizeof(int));           /*分配 n 个连续的整型存储单元*/
    printf("Input %d data : \n",n);
    for(i=0;i<n;i++)
      scanf("%d",p+i);
    printf("average=%.2f\n",average(p,n));
}
```

程序测试：

```
Input n : 5↙
Input 5 data :
80 90 80 70 80↙
average=80.00
```

9.8 指针应用举例

【例 9.20】输入一个字符串，把其中的数字字符转换成一个整数。

分析：数字字符转换成数字需减 '0'（例如 '5'-'0' =5）。定义长整型变量 n 存放转换后的整数，赋初值为 0。循环处理字符串中的每一个字符：如果字符串 s 的当前字符是数字，就将其转换成整数的个位，即将 n 乘 10 再加当前数字。

```c
long number(char *s)
{    long n=0;
     while(*s)
     {  if(*s>='0'&&*s<='9' )
          n=n*10+(*s-'0');
        s++;
     }
     return n;
}
#include <stdio.h>
void main()
{   char str[30];
    printf("Input a string :\n");
    gets(str);
    printf("number=%ld\n",number(str));
}
```

程序测试：

```
Input a string :
2at34is,5y9↙
number=23459
```

【例9.21】删除字符串中指定的字符。

分析：用指针变量 s 指向原字符串，p 指向生成的新字符串。循环处理字符串中的每一个字符：如果原字符串 s 的当前字符不是指定字符 ch 时，将它送到 p 所指的位置，同时，s 和 p 指向下移，否则 s 指向下移。处理结束，在生成的字符串尾置'\0'作为结束标志。

```c
void delete(char *s,char ch)
{   char *p;
    p=s;
    while(*s)
    {     if(*s!=ch)
             *p++=*s++;
        else  s++;
     }
    *p='\0';
}
#include <stdio.h>
void main()
{   char str[30],ch;
    printf("Input a string :\n");
    gets(str);
    printf("Input a character :");
    scanf("%c",&ch);
    delete(str,ch);
    puts(str);
}
```

程序测试：

第一次运行：

```
Input a string :
This is a book↙
Input a character : s↙
Thi i a book
```

第二次运行：

```
Input a string :
This is a book↙
Input a character : o↙
This is a bk
```

【例9.22】有 N 个学生，M 门课程的成绩表，按第 L（0≤L＜M）门课的成绩高低顺序输出成绩表。

分析：就是按第 L 行排序。让指针数组的元素按该门课成绩的高低顺序依次指向对应行，并按指针数组的指向顺序输出成绩表。

```c
#define  N  4
#define  M  4
void fun(int *p[],int L)              /*用选择法对第 L 列排序*/
```

```
{  int i,j,max;
   for(i=0;i<N-1;i++)
   {  for(max=i,j=i+1;j<N;j++)
       if(*(p[j]+L)>*(p[max]+L))
           max= j;
       if(max!=i)                    /*交换数组p元素的指向*/
         {  int *tp; tp=p[i];p[i]=p[max];p[max]=tp; }
   }
}
#include "stdio.h"
void main()
{  int s[N][M]; int *p[N],i,j,L,max,*tp;
   printf("Input %d×%d scores:\n",N,M);
   for(i=0;i<N;i++)                  /*输入数组s，即成绩表*/
       for(j=0;j<M;j++)
           scanf("%d",&s[i][j]);
   for(i=0;i<N;i++)                  /*数组p元素指向对应行，如图9-14(a)所示*/
       p[i]=s[i] ;
   printf("L=");  scanf("%d",&L);    /*输入要排序的列号*/
   fun(p,L);                         /*函数调用*/
   for(i=0;i<N;i++)                  /*按图9-14(b)所示指向顺序输出数组s*/
   { for(j=0;j<M;j++)
       printf("%5d",*(p[i]+j));
     printf("\n");
   }
}
```

程序测试：

```
Input 4×4 scores:
60 75 67 48✓
70 79 86 60✓
80 82 76 68✓
75 83 90 70✓
L=2✓
   75    83    90    70
   70    79    86    60
   80    82    76    68
   60    75    67    48
```

函数 fun()调用前指针数组 p 的指向情况如图 9-14（a）所示，函数 fun()调用后指针数组 p 的指向情况如图 9-14（b）所示。可见数组 s 中的数据没有改变，但是数据却已经按第 3 列数据由大到小顺序输出。这种方法对于处理大量的数据是十分有意义的。

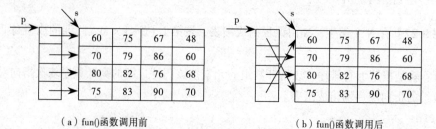

（a）fun()函数调用前   （b）fun()函数调用后

图 9-14   例 9.22 指针数组示意图

【例 9.23】 编写一个用矩形法求定积分的通用函数，分别求

$$\int_2^1 \sin x\,dx \qquad \int_{-1}^1 \cos x\,dx \qquad \int_0^2 e^x\,dx$$

分析：函数 f(x)在区间[a,b]内的定积分的几何意义是由 f(a)、f(b)、f(x)及 x 轴组成的图形的面积。所谓"求定积分的矩形法"，就是把积分区间平分 n 等份，把每一份 h=(b-a)/n 作为矩形的宽，把该份的起点（或终点）的函数值 f(x)作为矩形的长；用 n 个矩形面积之和作为积分的近似值。

函数形式参数设计：n 为区间份数，p 为指向函数的指针变量，a 和 b 为区间端点。

```
void func(int n,double (*p)(double),float a,float b)
{ int i;
  float x,h,area;
  h=(b-a)/n;
  x=a;
  area=0;
  for(i=1;i<=n;i++)
  {  x+=h;                      /*函数自变量的当前值*/
     area+=(*p)(x)*h;          /*累加一个矩形的面积*/
  }
  printf("%.2lf\n",area);
}
#include "math.h"
#include "stdio.h"
void main()
{ int n;
  clrscr();
  printf("n= ");;
  scanf("%d",&n);
  printf("sin(x) form 0 to 1 : ");
  func(n,sin,0,1);
  printf("cos(x) form -1 to 1 : ");
  func(n,cos,-1,1);
  printf("exp(x) form 0 to 2 : ");
  func(n,exp,0,2);
}
```

程序测试：

```
n=20↙
sin(x) form 0 to 1 : 0.48
cos(x) form -1 to 1 : 1.68
exp(x) form 0 to 2 : 6.71
```

习　　题

一、简答题

1. 什么是指针？什么是指针变量？定义指针变量的目的是什么？
2. 不用全局变量，主调函数也能从被调函数获得多个返回值，是通过什么实现的？
3. 数组名也是指针，它与用数组名赋值的指针变量有什么不同？
4. 字符数组和指向字符的指针变量都能实现对字符串的运算，它们有什么区别？

5. 对于二维数组的元素，既可以用一级指针变量引用，也可以用二级指针变量引用，在初始化时应注意什么？

6. 动态分配存储单元的变量或数组，是通过什么引用的？

二、选择题

1. 下面程序的运行结果是（　　　）。

```
#include "stdio.h"
void main()
{ int a,*p;
  a=5;p=&a;printf("%d\n",++*p);
}
```

A. 4　　　　　　　　B. 5　　　　　　　　C. 6　　　　　　　　D. 7

2. 下面程序的运行结果是（　　　）。

```
void swap(int *p1,int *p2)
{  int *r;
   if(*p1<*p2) { r=p1;p1=p2;p2=r; }
}
#include "stdio.h"
void main()
{ int a,b,*p,*q;
  a=5;b=7;p=&a;q=&b;swap(p,q);
  printf("max=%d,min=%d\n",*p,*q);
}
```

A. max=7,min=5　　B. max=7,min=7　　C. max=5,min=5　　D. max=5,min=7

3. 若有以下说明：int a[10]={1,2,3,4,5,6,7,8,9,10},*p=a;，则数值是 6 的表达式是（　　　）。

A. *p+6　　　　　B. *(p+6)　　　　　C. *p+=5　　　　　D. p+5

4. 下面程序的运行结果是（　　　）。

```
#include "stdio.h"
void main()
{ int a[5]={1,3,5,7,9},*p;
  p=a;printf("%d,%d\n",*(p+2),*p++);
}
```

A. 7,1　　　　　　B. 5,1　　　　　　C. 5,5　　　　　　D. 5,9

5. 下面程序的运行结果是（　　　）。

```
#include "stdio.h"
void main()
{  int a[12]={1,2,3,4,5,6,7,8,9,10,11,12},*p,x,y=0;
   p=&a[1];
   for(x=0;x<8;x+=2)  y+=*(p+x);
   printf("%d\n",y);
}
```

A. 36　　　　　　B. 35　　　　　　C. 20　　　　　　D. 30

6. 下面程序的运行结果是（　　　）。

```
void sort(int *x,int n)
{  int i,j;
   for(i=0;i<n-1;i++)
```

```
    for(j=i+1;j<n;j++)
      if(x[i]<x[j])  { int s;s=x[i];x[i]=x[j];x[j]=s; }
  }
  #include "stdio.h"
  void main()
  {  int i,a[10]={2,4,6,8,10,12,14,16,18,20};
     sort(&a[3],4);
     for(i=0;i<10;i++)  printf("%d,",a[i]);
     printf("\n");
  }
```
A. 2,4,6,8,10,12,14,16,18,20,　　　　B. 2,4,6,14,12,10,8,16,18,20,

C. 20,18,16,14,12,10,8,6,4,2,　　　　D. 20,18,16,8,10,12,14,6,4,2

7. 设有以下定义，不能正确表示数组元素 a[1][2]的表达式是 (　　　　)。
```
   int a[4][3]={{1,2,3},{4,5,6},{7,8,9},{10,11,12}};
   int *p=a[0],(*pt)[3]=a;
```
A. *(*(a+1)+2)　　　B. *(*(pt+1)+2)　　　C. *(*(p+1)+2)　　　D. *(p+5)

8. 下面程序的运行结果是 (　　　　)。
```
   #include "stdio.h"
   void main()
   {  char *p="hand-book";
      printf("%s\n",p+5);
      *(p+4)='\0';
      printf("%s\n",p);
   }
```
A. book　　　　B. book　　　　　C. book　　　　　D. book

    hand　　　　　hand0book　　　　hand\0book　　　　handbook

9. 下面程序的运行结果是 (　　　　)。
```
   #include "string.h"
   #include "stdio.h"
   void main()
   {  char s1[20],s2[20],str[20]="xyz",*p1=s1,*p2=s2;
      *p1="abc",*p2="ABC";
      strcpy(str+2,strcat(p1,p2));
      printf("%s\n",str);
   }
```
A. xyzabcABC　　　B. yzabcABC　　　　C. zabcABC　　　　D. xyabcABC

10. 下面程序的运行结果是 (　　　　)。
```
   #include "stdio.h"
   void main()
   {  char  a[ ]="C program",b[ ]="C.language",*p1,*p2;
      p1=a; p2=b;
      while(*p1&&*p2)
        if(*p1++==*p2++)  printf("%c",*(p1-1));
   }
```
A. C program　　　B. C.language　　　C. prorm　　　　　D. C ga

11. 有如下程序段，对数组 a 中的元素的错误引用是 (　　　　)。

```
int a[12]={0},*p[3],**pp,i;
for(i=0;i<3;i++)  p[i]=&a[i*4];
pp=p;
```
A. pp[0][1]   B. *(*(p+2)+2)   C. p[3][1]   D. a[10]

12. 设有如下定义，要输出"Pascal"，正确的语句是（　　　）。
```
#include "stdio.h"
char *name[4]={"Basic","Pascal","Fortran","C++"};
```
  A. printf("%s\n",*name[1]);   B. printf("%s\n",name[2]);
  C. puts(*name[1]);   D. puts(name[1]);

13. 下面程序的运行结果是（　　　）。
```
#include "stdio.h"
void main()
{ int a[5]={2,4,6,8,10},*p,**q;
  p=a;   q=&p;
  printf("%d,",*p++);  printf("%d\n",**q);
}
```
  A. 2,4   B. 2,2   C. 4,6   D. 6,4

14. 若使指针变量 p 指向一个存储整型变量的动态存储单元，下画线处应选择（　　　）。
```
int *p;
p=_____malloc(sizeof(int));
```
  A. int   B. int *   C. (*int)   D. (int *)

三、填空题

1. 设 int a[10],*p = a;，则对 a[3]的引用可以是 p[_____] 和*(p_____)。

2. 若 d 是已定义的双精度变量，再定义一个指向 d 的指针变量 p 的语句是_____。

3. 执行以下程序段后的 s 值为_____。
```
int a[]={5,3,7,2,1,5,4,10};int s=0,k;
for(k=0;k<8;k+=2)  s+=*(a+k);
```

4. 设有定义：char *a = "ABCD";
  则 printf("%s" ,a); 的输出是_____；
  而 printf("%c" ,*a); 的输出是_____。

5. 设有以下定义和语句，则*(*(p + 2)+1)的值为_____。
```
int a[3][2]={10,20,30,40,50,60},(*p)[2];
p=a;
```

6. 以下程序的输出结果是_____。
```
#include "string.h"
#include "ctype.h"
#include "stdio.h"
void fun(char str[])
{ int i,j;
  for(i=0,j=0;str[i]!= '\0';i++)
    if(isalpha(str[i])) str[j++]=str[i];
  str[j]= '\0';
}
void main()
```

```
  { char ss[80]= "It is!";
    fun(ss);
    printf("%s\n",ss);
  }
```

7. 以下程序段的输出结果是_____。

```
char s[20]= "good world!",*p=s;
p=p+2;   p="to";
printf("%s",s);
```

8. 若要使指针 p 指向一个 double 类型的动态存储单元，请完善程序。

```
double *p;
p= _____ malloc(sizeof(double));
```

四、编程题

1. 编写函数找出一维数组中的最大元素及其下标，在主函数中输入、输出。要求不得使用全局变量。

2. 编写函数用指针变量实现，将一维数组中最小元素与第一个元素互换，最大元素与最后一个元素互换。

3. 用选择排序法将若干个数从大到小排序。要求用指针变量实现。

4. 使用指针编写程序，比较两个字符串的大小（不能使用字符串处理函数）。

5. 删除字符串内部的 "*" 号。例如: **a*bc**def**，删除后为: **abcdef**。

6. 输入一个字符串，将其中的数字字符组成一个新字符串。要求用指针变量实现。

7. 写一个函数，输入一行英文语句，将此字符串中最长的单词输出。

8. 求给定一组数据中的最大值、最小值和平均值。要求用指向函数的指针变量实现。

五、趣味编程题：

1. 假定输入的字符串中只包含字母和*号。编写函数，删除首部和尾部的*号。

2. 编写一个函数，统计一个字符串（子串）在另一个字符串（主串）中出现的次数。

第 10 章　结构体与共用体

前面学习的数组是构造数据类型，它的每个元素都属于同一类型。但在实际问题中，有些相互关联的数据其类型并不一定相同，如描述一个学生的数据有：学号、姓名、性别、年龄、成绩、家庭住址等。有时需要把这样一些相互关联但是类型可能不同的数据，作为一个整体来进行处理，用数组就无法表达。C 语言提供了一种构造数据类型，把几个类型不同或相同的数据构成一个组合块，称为结构体类型。

本章主要介绍结构体类型的定义，结构体类型变量、数组、指针变量的定义和使用，结构体应用的相关知识。此外，还将介绍共用体类型、枚举类型的定义和使用等内容。

10.1　结构体类型

int、char、float、double 等类型是系统定义的标准类型，用户可以直接使用。而结构体类型描述的是一些相互关联数据的组合，与具体的应用有关，系统无法预知各种具体的应用，也就无法给出标准类型。

例如，要描述学生的基本信息，有数据项：学号（num）、姓名（name）、性别（sex）、年龄（age）、家庭住址（addr）等。要描述某门课程的成绩单，有数据项：学号（num）、姓名（name）、成绩（score）。要描述一个日期，有年（year）、月（month）、日（day）3 个数据项。结构体类型必须由用户根据需要自己定义。当结构体类型定义完成以后，就可以和标准类型一样来定义变量了。

10.1.1　结构体类型的定义

结构体类型定义的一般格式如下：

```
struct 结构体名
{ 数据类型　成员名 1;
  数据类型　成员名 2;
  …
  数据类型　成员名 n;
};                    /*注意：分号不可少，它标志着类型定义结束*/
```

说明：

（1）struct 是结构体类型的标识，是关键字。"struct 结构体名"共同构成结构体类型名。

（2）每个成员都是变量，{ }中的部分称为成员表，就是在定义成员变量。每个成员变量表示一个数据项。

（3）一个结构体的成员变量不能重名，但是与结构体外的其他标识符同名并不产生冲突。

例如，定义一个描述学生基本信息的结构体类型：

```
struct student
{ int  num;
  char  name[10];
  char  sex;
  int  age;
  char  addr[20];
};
```

定义一个描述成绩表的结构体类型：

```
struct  list
{  int  num;
   char  name[10];
   float  score;
};
```

定义一个描述日期的结构体类型：

```
struct  date
{  int  year;
   int  month;
   int  day;
};
```

有了上面的定义，struct student、struct list 和 struct date 就是 3 个不同的结构体类型。

注意：

（1）定义完成的结构体类型，"struct 结构体名"是一个结构体类型名的整体。不能只用"结构体名"而不写"struct"。

（2）与变量类似，若结构体类型在函数外定义，则作用域从定义点到文件尾；若在函数内定义，只适用于本函数。

（3）结构体成员的类型除了可以是基本数据类型（int、float、char），还可以是数组、指针类型、另一个结构体类型等。

例如，在学生基本信息的结构体类型中，若将年龄换成出生日期（birthday）、家庭住址定义成指针类型，类型定义如下：

```
struct stu
{ int  num;
  char  name[10];
  char  sex;
  struct date  birthday;
  char  *addr;
};
```

这就是又定义了一个新的类型 struct stu。当然，这种定义是在 struct date 类型已经定义的前提下进行的。

（4）每一种数据类型的数据都占用一定的存储空间，结构体类型数据占用存储空间的字节数等于所有成员所占存储空间字节数的总和。

【例 10.1】 结构体类型占用存储空间的字节数举例。

```
struct  date
```

```
{ int   year;
  int   month;
  int   day;
};
struct  list
{ int   num;
  char   name[10];
  float   score;
};
#include "stdio.h"
void main()
{ printf("struct date: %d\n",sizeof(struct date));
  printf("struct list: %d\n",sizeof(struct list));
}
```

运行结果：

```
struct date: 6
struct list: 16
```

10.1.2 结构体类型的变量

1．结构体变量的定义与存储

结构体类型变量的定义有以下 3 种方法：

（1）用已经定义的结构体类型定义变量。例如要描述两个学生的基本信息，可以定义两个 struct student 类型的变量 s1 和 s2。定义如下：

```
struct student s1,s2;
```

可见，结构体类型定义以后，就和基本数据类型一样，可以用来定义变量。

（2）定义类型的同时定义变量。例如：

```
struct student
{ int   num;
  char   name[10];
  char   sex;
  int   age;
  char   addr[20];
}s1,s2;
```

定义了 struct student 类型，同时定义了 struct student 类型的变量 s1 和 s2。

（3）直接定义结构体类型的变量，即方法（2）中的"结构体名"省略。这种方式适用于本次定义变量后，不再使用这个结构体类型。例如：

```
struct
{ int   num;
  char   name[10];
  char   sex;
  int   age;
  char   addr[20];
}s1,s2;
```

只定义了两个结构体类型的变量 s1 和 s2。

定义了变量，系统就会为变量分配存储单元。如上面定义的结构体变量 s1 的存储示意图如

图 10-1 所示。

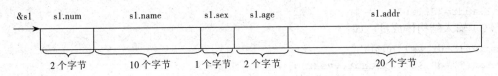

图 10-1 结构体变量 s1 存储示意图

2．结构体变量的初始化

与数组的初始化相似，如果定义结构体变量的同时，变量各成员的值是已知的，可以在定义的同时为每个变量成员赋初值，称为初始化。例如：

```
struct student s1={1,"Wangbo",'F',25,"Jilin"},
                s2={1,"Lili",'M',25,"Beijing"};
```

也可以在定义类型时直接定义变量并赋初值，如：

```
struct student
{ int  num;
  char  name[10];
  char  sex;
  int  age;
  char  addr[20];
}s1={1,"Wangbo",'F',25,"Jilin"},s2={1,"Lili",'M',25,"Beijing"};
```

3．结构体变量的引用

与数组的引用相似，不能一次引用整个结构体变量，只能逐个引用结构体变量的成员变量。C 语言提供了结构体成员运算符“.”（即圆点），用来引用结构体变量的成员。结构体成员引用的一般格式如下：

结构体变量名.成员名

说明：

（1）“结构体变量名.成员名”是一个整体，表示一个成员变量。

（2）若成员变量本身又是一个结构体变量，只能引用最低一级的成员变量。

（3）对成员变量的引用，与相应类型的简单变量的引用是一样的。凡是该类型简单变量能进行的操作，都适用于该类型的成员变量。

如有定义：

```
struct stu
{ int  num;
  char  name[10];
  char  sex;
  struct date  birthday;
  char  *addr;
}s1;
```

对结构体变量 s1 成员的基本操作有：

（1）为结构体成员赋值。如：

```
s1.num=1;
strcpy(s1.name,"Wangbo");
```

```
        s1.sex='F';
        s1.birthday.year=1980;
        s1.addr="Jilin"
```
　　（2）输入结构体成员。如：
```
    scanf("%d",&s1.num);
    scanf("%d",&s1.birthday.year);
    scanf("%s",s1.name);          /*注意: s1.name 是数组名, 是地址, 所以不能再加 "&" */
或      gets(s1.name);
```
　　（3）输出结构体成员。如：
```
    printf("%d,%s",stu1.num,stu1.name);
```
　　（4）&s1 表示结构体变量 s1 的首地址，可作函数参数。

　　【例 10.2】结构体变量的引用举例。
```
struct  list
{  int  num;
   char  name[10];
   float  score;
};
#include "stdio.h"
void main()
{ struct list s;
  printf("Input data of the student :\n");
  scanf("%d%s%f",&s.num,s.name,&s.score);
  printf("NO.: %d\nName: %s\nScore: %.1f\n",s.num,s.name,s.score);
}
```
运行结果：
```
Input data of the student :
1 Wangbo 78↙
NO.: 1
Name: Wangbo
Score: 78.0
```
　　注意：结构体变量所有成员不能一次整体赋值，但是同类型的结构体变量之间可以整体赋值。

　　例如：
```
struct date d1={1978,2,28},d2;
d2=d1;
```
是合法的赋值。这一点与数组不同，如：
```
int a[5]={1,2,3,4,5},b[5];
b=a;
```
则是不合法的赋值。

10.1.3　结构体类型的数组

1. 结构体数组的定义与初始化

　　一个结构体变量只能存放一个学生的信息，若想存放一个班的信息，就需要定义结构体数组。
例如：
```
struct list  stu[3];
```

定义了一个 struct list 类型的具有 3 个元素的结构体数组。

再如，定义类型的同时定义数组：

```
struct  list
{  int  num ;
   char  name[10];
   float  score;
}stu[3];
```

与普通数组一样，如果结构体数组元素已知，也可以在定义的同时初始化。例如：

```
struct list stu[3]={{1,"Wangbo",78},{2,"Lili",69},{3,"Zhanglin",89}};
```

2．结构体数组的引用

结构体数组的每个元素都是一个结构体变量，所以必须逐一引用数组元素的每一个成员。引用的一般格式如下：

数组名[下标].成员名

例如，数组 stu 的头一个元素 s[0]的成员分别是：s[0].num 值为 1；s[0].name 值为"Wangbo"；s[0].score 值为 78。

【例 10.3】编写对候选人得票的统计程序（设有 3 个候选人）。输入每一张选票上的名字，最后输出各候选人得票结果。

分析：

（1）定义一个结构体类型，包含候选人姓名（name）和得票数（count）两个成员变量。

（2）定义一个结构体数组（leader），存放 3 个候选人的情况。

（3）由于有效选票数目不定，用结束标志控制循环，若输入"end"则表示选票输入结束。输入有效选票上的姓名（leader_name），逐一与各候选人比较，若与某一候选人姓名相同，则为该候选人计票。

```
struct person                      /*定义结构体类型，同时定义结构体数组并初始化*/
{ char name[10];
  int count ;
}leader[3]={{"li",0},{"zhang",0},{"fang",0}};
#include "string.h"             /*由于需要进行字符串比较，所以包含头文件*/
#include "stdio.h"
void main()
{ int  k;char leader_name[10];
  printf("Input names :\n");
  scanf("%s",leader_name);                   /*循环初始化*/
  while (strcmp(leader_name,"end")!=0)        /*若是有效票则循环处理*/
  { for(k=0;k<3;k++)
      if(strcmp(leader_name,leader[k].name)==0)
          leader[k].count++;
    scanf("%s",leader_name);
  }
  for(k=0;k<3;k++)                            /*输出得票情况*/
   printf("%s : %d\n",leader[k].name,leader[k].count);
}
```

程序测试：

```
Input names :
```

```
zhang zhang fang zhang fang end↙
li : 0
zhang : 3
fang : 2
```

10.1.4　结构体类型的指针变量

1．结构体指针变量的定义与初始化

一个结构体变量的指针就是该变量所占存储单元的首地址。如：

```
struct student  s;
```

&s 就代表变量 s 的首地址。可以定义一个指针变量来指向结构体变量，也可以指向结构体数组中的元素。例如：

```
struct student s,*p=&s;
```

再如：

```
struct student  stu[5],*q=stu ;
```

2．通过指针变量引用结构体变量

通过指向结构体变量的指针变量，可以引用结构体变量，也可以引用结构体数组，也就是引用它们的成员变量。引用的一般格式如下：

```
(*指针变量名).成员名
```

或

```
指针变量名->成员名
```

说明：

（1）通过指向结构体变量的指针变量，引用结构体变量的成员，就是用"*指针变量名"代替"结构体变量名"。

（2）"->"称为指向结构体成员运算符。

例如有定义：

```
struct  list
{ int  num ;
  char  name[10];
  float  score;
};
struct list s,*p;        /*定义了 struct list 类型的变量 s 和指针变量 p*/
p=&s;                    /*指针变量 p 指向了结构体变量 s*/
```

此时，以下 3 种形式是等价的：

① s.num

② (*p).num

③ p->num

用 p->num 来代替(*p).num 更为直观，所以运算符 "->" 也更常用。

【例 10.4】用指向结构体变量的指针变量引用结构体变量举例。

```
#include "stdio.h"
void main()
{ struct  list
```

```
{ int  num ;
    char  name[10];
    float  score;
} s={1,"Wangbo",78};                /*定义结构体类型，同时定义变量 s 并初始化*/
struct list *p=&s;                  /*定义指针变量 p，同时指向变量 s*/
printf("No: %d,Name: %s,Score: %g\n",s.num,s.name,s.score);
printf("No: %d,Name: %s,Score: %g\n",(*p).num,(*p).name,(*p).score);
printf("No: %d,Name: %s,Score: %g\n",p->num,p->name,p->score);
}
```

运行结果：

```
No: 1,Name: Wangbo,Score: 78
No: 1,Name: Wangbo,Score: 78
No: 1,Name: Wangbo,Score: 78
```

程序中的 3 个 printf 语句用 3 种形式输出了结构体变量 s，可见输出内容是一样的。

【例 10.5】用指向结构体变量的指针变量引用数组举例。

```
struct list
{ int  num ;
  char  name[10];
  float  score;
} stu[3]={{1,"Wangbo",78},{2,"Lili",69},{3,"Zhanglin",89}};
#include "stdio.h"
void main()
{ struct list  *p ;
  printf("No.\tName\t\tScore\n");
  for(p=stu;p<stu+3;p++)
    printf("%d\t%-16s%g\n",p->num,p->name,p->score);
}
```

运行结果：

```
No.     Name           Score
1       Wangbo          78
2       Lili            69
3       Zhanglin        89
```

本例在 for 语句中，p=stu，即使 p 指向数组 stu 的起始地址，第 1 次执行循环体输出 stu[0] 的各成员值；然后执行 p++，使 p 指向 stu[1]的起始地址，第 2 次执行循环体输出 stu[1]的各成员值；再执行 p++，p 指向 stu[2]的起始地址，第 3 次执行循环体输出 stu[2]各成员值；再执行 p++，p 值不再小于 stu+3，结束循环。

请注意区分(++p)->num 和(p++)->num，如果 p 的初值为 stu，则(++p)->num 是先使 p 自加 1，指向 stu[1]，然后引用 stu[1]的成员 num 的值。而(p++)->num 是先得到 p->num 值，即 stu[0]的成员 num 的值，再进行 p++，使 p 指向 stu[1]。

3．结构体指针变量作为函数参数

用结构体类型的指针变量作函数参数，就是把一个结构体变量的地址传递给函数。

【例 10.6】结构体类型的指针变量用作函数参数举例。

```
struct  book                       /*定义结构体类型*/
{  int count;                      /*数量*/
   double price;                   /*单价*/
```

```
};
void total(struct book  *p)              /*求金额函数*/
{ double  x;
  x=p->count*p->price;
  printf("x=%.2f\n",x);
}
#include "stdio.h"
void main()
{ struct book b={5,17.3};                /*定义结构体变量b，并初始化*/
  total(&b);                             /*用结构体变量b的地址作实参，调用函数*/
}
```

运行结果：

```
x=86.50
```

【例 10.7】有学生成绩表，包括学号（num）、姓名（name）、成绩（score）3 个数据项。编写函数输出成绩最高的学生学号、姓名和成绩。

```
struct list
{ int  num;
  char  name[10];
  int  score;
};
void fun(struct list *p,int n)        /*用指向结构体的指针变量作形参*/
{ struct list *q;                      /*让 q 指向最高的成绩*/
  int i,max;
  max=p->score;q=p;                    /*假设第一个学生成绩最高*/
  for(p++,i=1;i<n;i++)
  { if(p->score>max) { max=p->score;q=p; }
    p++;
  }
  printf("No:%d  name:%s  score:%d\n",q->num,q->name,q->score);
}
#define N 3
#include "stdio.h"
void main()
{ struct list stu[N];
  int i;
  clrscr();
  printf("Input score list :\n");
  for(i=0;i<N;i++)
     scanf("%d%s%d",&stu[i].num,stu[i].name,&stu[i].score);
  fun(stu,N);                          /*用结构体数组名作实参*/
}
```

程序测试：

```
Input score list :
1 Wangbo 78↙
2 Lili 69↙
3 Zhanglin 89↙
No: 3  name: Zhanglin  score: 89
```

10.1.5　位段结构体

有时，需要存储的数据只需几个二进制位，若仍用一个或多个字节存储，显然浪费存储空间。在 C 语言的程序设计中，为了节省存储空间，常常用一个或几个二进制位来存储一个数据，这种做法在控制领域更为常见。

用一个二进制位或几个二进制位来存储一个数据，称为位段。即位段是由一个或多个二进制位组成的，它是数据的一种压缩形式。位段的存储采用结构体类型，这种结构体类型称为位段结构体。

在一个结构体类型中，以位为单位来指定其成员所占内存的长度，这样的成员称为位段。位段的类型只能是 unsigned int 类型或 int 类型。

1．位段的定义

位段定义的一般格式如下：

```
struct 结构体名
{ 数据类型   位段名 1: 长度;
  数据类型   位段名 2: 长度;
  ...
  数据类型   位段名 n: 长度;
};
```

其中"长度"就是该位段所占用的二进制位数。

2．位段的引用

定义了上述形式的结构体类型后，即可用该类型定义变量，而位段名就是该变量的成员，如有定义：

```
struct
{ unsigned  a : 2;
  unsigned  b : 3;
  unsigned  c : 3;
}data;
```

则定义了 3 个位段变量 data.a、data.b 和 data.c。

注意：给每个位段变量赋值时，不要超出位段的取值范围。

例如：data.a 只占 2 个二进制位，赋值的最大值为 3；成员 data.b 和 data.c 只占 3 个二进制位，赋值的最大值为 7。如有赋值语句：

```
data.b=9;
```

就会"溢出"，产生越界错误。

3．关于位段定义和引用的说明

（1）若某位段要从另一个字节开始存放，应在该位段前定义一个无名的 0 长度位段。如：

```
unsigned  a : 1 ;
unsigned  b : 2 ;
unsigned    : 0 ;
unsigned  c : 4 ;
```

则 c 将从下一个字节开始存放。

（2）一个位段必须存储在同一个存储单元中，不能跨越两个存储单元。当一个存储单元不足存放下一位段时，应将剩余长度定义成无名位段占用。

（3）位段长度不能大于一个字的长度，也不能定义位段数组。

（4）位段可以用整型格式符输出。例如：

```
printf("%d,%d,%d",data.a,data.b,data.c);
```

（5）位段可以在数值表达式中引用，系统会自动将其转换成整数。

10.1.6 链表

1．链表的概念

链表是一种重要的数据结构，它动态分配存储单元。C语言使用数组存放数据，必须事先定义固定的长度，对编写通用程序有限制。而链表可根据需要随时开辟存储空间，十分灵活方便。

链表可以分为单向链表、双向链表、循环链表等，其中单向链表最为简单，其基本思想如下：

（1）链表中每一个元素（结点）都是结构体类型，包含两部分：一是用户实际数据的成员分量；二是指向该结构体的指针分量，用来指向下一个结点，描述结点之间的相邻关系。

（2）用一个指向该结构体的指针变量指向第一个结点，称为头指针。

（3）最后一个结点的指针分量为 NULL 表示"空"，称为链尾。

从头指针找到第一个结点，从第一个结点的指针分量找到下一个结点，直到某个一个结点的指针分量为空，即到链尾。单链表示意图如图 10-2 所示。

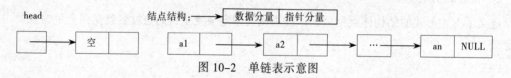

图 10-2　单链表示意图

说明：

（1）"NULL"是系统定义的一个符号常量，其值为 0。该定义包含在 "stdio.h" 头文件中。

（2）头指针 head 指向的数据分量为空的结点称为头结点，加头结点的目的是为了简化操作，也可以不用头结点，还可以利用头结点的数据分量记录链表中结点的个数。

（3）每个结点的存储单元都可以动态分配，各结点的存储空间可能连续，也可能不连续。

由于数组在内存必须占用连续的存储空间，若在数组中插入或删除一个元素，必须移动一些元素，而在链表中插入或删除结点，只要修改相关结点的指针分量即可。

【例 10.8】 一个简单链表的建立和输出。

```
struct node                        /*定义结点结构*/
{ int data;                        /*数据分量*/
  struct node *next;               /*指针分量*/
};
#include "stdio.h"
void main()
{ struct node a,b,c;               /*定义 3 个结点变量 a,b,c*/
  struct node *head,*p;            /*定义 2 个指向结点的指针变量*/
  a.data=100;                      /*为结点的数据分量 data 赋值*/
```

```
    b.data=200;
    c.data=300;
    head=&a;                 /*头指针 head 指向结点 a*/
    a.next=&b;               /*a 的指针分量指向结点 b*/
    b.next=&c;               /*b 的指针分量指向结点 c*/
    c.next=NULL;             /*c 的指针分量置空*/
    p=head;                  /*使 p 指向表头*/
    while(p!= NULL)          /*循环输出链表*/
    {  printf("%5d",p->data);  /*输出 p 指向的结点的数据分量*/
       p=p->next;            /*使 p 指向下一结点*/
    }
}
```

程序建立的链表如图 10-3 所示。

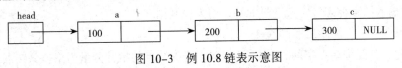

图 10-3　例 10.8 链表示意图

在此例中，结点是程序中定义的变量，不是在程序的运行过程中开辟的存储单元，也不能用完就释放。在实际的应用中经常使用的是动态链表，即动态地分配存储单元。

2．单链表的基本操作

单链表的基本操作主要有以下 5 种：

（1）建立链表。

（2）输出链表。

（3）查找一个结点。

（4）插入一个结点。

（5）删除一个结点。

【例 10.9】建立某门课程成绩单的链表，结点中包含学号（num）、姓名（name）、成绩（score）3 个数据项。并对该链表进行输出、查找结点、插入结点和删除结点等基本操作。

下面以此题为例，介绍单链表的结点结构以及单链表的操作。

要对单链表进行操作，首先要定义结点结构。单链表的结点是一个结构体类型，包含两部分：一是用户实际数据的成员分量；二是指向该结构体的指针分量，用来指向下一个结点，描述结点之间的相邻关系。

分析：

用户成员分量有 3 个：学号（num）、姓名（name）、成绩（score）；此外，还包含一个指针分量（next），是一个结构体类型。指针分量的类型就是结点的结构体类型。

定义结点结构体类型：

```
struct link
{  int num;
   char name[10];
   int score;
   struct link *next;   /*此分量用于指向下一个结点*/
};
```

（1）建立链表。

所谓建立链表，就是一个结点一个结点地动态分配存储空间，一个结点一个结点地输入数据，并链接起来。主要步骤是：

① 动态分配新的结点空间。

② 将数据存入结点的成员变量中。

③ 将新结点插入到链表中。

重复上述操作直至输入结束。最后返回头指针 head 作为函数返回值，所以函数不需要形式参数，是无参函数。

变量分析：需要定义 3 个指针变量，head 指向链头，tail 指向当前链尾，p 指向准备链入链表的新结点（当前结点）。由于所建链表的结点个数不定，用结束标志控制循环，规定数据分量 num 为 0 作为输入结束标志，定义变量 num，用来控制循环。

算法分析：

① 初始化：分配头结点空间，由 head 指向，置头结点的指针分量为空。头结点就是当前链尾，即 head->next=NULL; tail=head; 输入第一个结点的 num 分量。

② 当 num 不等于 0 时重复做：

a. 开辟当前结点存储单元，使 p 指向它；输入结点的 name 和 score 分量。

b. 将当前结点链入链尾。

c. 输入新结点的 num 分量。

③ 链尾置空，即 tail->next=NULL; 返回头指针 head。

由于函数返回的是头指针，所以这是一个返回指针值的函数，函数类型如下：

```
struct link *
```

建立链表的函数如下：

```
#include "stdio.h"
struct link * Create()
{   struct link  *head,*tail,*p;
    int num;
    head=(struct link*)malloc(sizeof(struct link)); /*初始化*/
    head->next=NULL;
    tail= head;
    printf("Input data:\n");
    scanf("%d",&num);
    while(num!=0)                                    /*循环建立链表*/
    { p=(struct link*)malloc(sizeof(struct link)); /*动态分配结点空间*/
      p->num=num; scanf("%s%d",p->name,&p->score); /*输入结点的数据*/
      tail->next=p;                                 /*链入链尾*/
      tail=p;                                        /*当前结点是新的链尾*/
      scanf("%d",&num);                             /*输入下一个 num*/
    }
    tail->next=NULL;                                /*链尾置空*/
    return head;                                     /*返回头指针*/
}
```

（2）输出链表。

输出链表就是从第一个结点开始，通过 p->next 找到下一个结点，依次输出所有结点。

函数的形参应该是链表的头指针；函数为 void 类型。

变量分析：定义一个指向结点的指针变量 p，指向当前要输出的结点。

算法分析：

① 初始化：指针变量指向第一个结点，即 p=head->next。

② 如果 p!=NULL（即链表不为空），重复做：

a. 输出用户数据分量。

b. 指针下移，指向下一个结点，即 p=p->next。

输出链表函数如下：

```
void Print(struct link *head)
{   struct link *p;
    p=head->next;                                           /*初始化*/
    while(p)
    { printf("%d,%s,%d,\n",p->num,p->name,p->score);        /*输出数据分量*/
      p=p->next;                                            /*指向下一个结点*/
    }
}
```

（3）对链表的查找操作。

查找是最经常使用的操作，查找操作也是修改、删除等操作的基础。在链表中查找满足条件的结点，过程与链表的输出过程相似，也要依次扫描链表中的各结点。

函数形参应该是链表头指针及要查找的数据（在主调函数中输入，如按姓名查找）；查找成功输出该结点信息，否则输出"没找到"，函数为 void 类型。

变量分析：定义一个指针变量 p，指向当前待查结点。

算法分析：

① 初始化：p=head->next。

② 循环查找：当 p!=NULL 并且所查分量与要查数据不相同时，p=p->next。

③ 如果 p!=NULL，即查找成功，输出结点数据；否则输出没找到的信息。

在链表中查找结点函数如下：

```
void Search(struct link *head,char name[])
{ struct link *p;
  p=head->next;                                             /*p指向第一个结点*/
  while(p&&strcmp(p->name,name)!=0)                         /*查找*/
    p=p->next;
  if(p)                                                     /*找到，输出结点*/
    printf("%d,%s,%d\n",p->num,p->name,p->score);
  else  printf("No found %s\n",name);                       /*没找到*/
}
```

（4）对链表的插入操作。

可以在表头、表尾或表的任何位置插入一个新结点。一般有两种情况：一是要求在某结点前（或后）插入；二是链表本身是有序表，即各结点按某个分量有序链接，要求插入后仍然有序。基本步骤都是：

① 分配结点空间，输入新结点的值。

② 查找插入位置。

③ 修改相关结点的指针分量。

例如，在有序链表中插入结点（假设链表按学号从小到大顺序排列），要求插入后仍有序。结点插入示意图如图 10-4 所示。

由图 10-4 可以看出，当 p->num<p1->num 时，p 所指结点应该插在 p1 所指结点之前。要将 p 所指结点插入链表，还必须要保留 p1 所指结点的前一个结点的指针 p2。

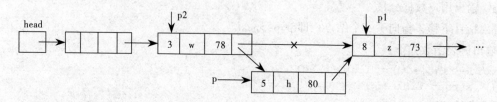

图 10-4　插入结点示意图

函数形参应该是链表的头指针 head 和要插入的新结点的指针 p（在主调函数中分配的新结点空间，并输入新结点的值），函数为 void 类型。

变量分析：定义 2 个指针变量，p1 指向当前结点，p2 指向 p1 的前一个结点。

算法分析：

① 初始化：p2=head; p1=head->next。

② 查找插入位置：当 p1!=NULL 且 p->num>p1->num 时重复做：p2=p1; p1=p1->next。

③ 插入：p2->next=p;p->next=p1。

在链表中插入结点函数如下：

```
void Insert(struct link *head,struct link *p)
{ struct link *p1,*p2;
  p2=head; p1=head->next;              /*初始化*/
  while(p1 && p->num>p1->num)          /*查找插入位置*/
  { p2=p1;p1=p1->next; }
  p2->next=p;                          /*插入结点*/
  p->next=p1;
}
```

（5）对链表的删除操作。

删除链表中结点的基本步骤如下：

① 查找要删除的结点。

② 修改相关结点的指针分量。

例如，要删除学号为 5 的结点，示意图如图 10-5 所示。

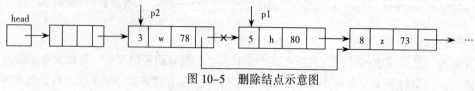

图 10-5　删除结点示意图

由图 10-5 可以看出，要删除 p1 所指结点，必须保留 p1 所指结点的前一个结点的指针 p2。

函数形参应该是链表头指针 head 及要删除结点的某分量信息（在主调函数中输入，如学号 num）；函数为 void 类型。

变量分析：定义两个指针变量，p1 指向当前结点，p2 指向当前结点的前一个结点（用作删除结点时与后一个结点链接）。

算法分析：

① 初始化：p2=head; p1=head->next。

② 查找要删除的结点。当 p1!=NULL 且 p1->num!=num 时重复做：p2=p1; p1=p1->next。

③ 如果 p1!=NULL 即找到了要删除的结点，则 p2->next=p1->next;，释放 p1 结点，否则输出 "没找到要删除的结点"。

在链表中删除结点函数如下：

```
void Delete(struct link *head,int num)
{   struct link *p1,*p2;
    p2=head;p1=head->next;              /*初始化*/
    while(p1&&p1->num!=num)            /*查找要删除的结点*/
    { p2=p1;p1=p1->next;}
    if(p1)                             /*找到了，删除结点*/
    { p2->next=p1->next;
      free(p1);                        /*释放结点p1所占存储空间*/
    }
    else printf("No found  %d\n",num);  /*没找到*/
}
```

主函数设计：

① 定义头指针变量 head、要插入结点的指针变量 p、要查找的姓名变量 name，以及要删除的学号变量 num。

② 调用建立链表函数，建立链表。

③ 调用输出链表函数，输出链表，查看链表建立情况。

④ 输入要查找的姓名，调用查找结点函数。

⑤ 分配结点空间，输入新结点数据，调用插入结点函数将新结点插入链表。

⑥ 调用输出链表函数，输出链表，查看插入情况。

⑦ 输入要删除结点的学号，调用删除结点函数删除结点。

⑧ 调用输出链表函数，输出链表，查看删除情况。

主函数如下：

```
#include "stdio.h"
void main()
{   struct link *head,*p;
    char name[10];
    int num;
    head=Create();                            /*调用建立链表函数*/
    Print(head);                              /*输出所建链表*/
    printf("Input the name for searching :");  /*输入要查找的姓名*/
    scanf("%s",name);
    Search(head,name);                        /*调用查找结点函数*/
    p=(struct link *)malloc(sizeof(struct link)); /*分配结点空间*/
    printf("Input node :\n");                 /*输入新结点数据*/
    scanf("%d%s%d",&p->num,p->name,&p->score);
    Insert(head,p);                           /*调用结点插入函数*/
```

```
        Print(head);                                  /*输出插入结点后的链表*/
        printf("Input the num for deleting :");       /*输入要删除结点的学号*/
        scanf("%d",&num);
        Delete(head,num);                             /*调用删除结点函数*/
        Print(head);                                  /*输出删除结点后的链表*/
}
```

将结点结构体类型定义、建立链表函数、输出链表函数、查找结点函数、插入结点函数、删除结点函数以及主函数进行编辑、编译、连接并运行。

程序调试：

```
Input data:
3 wang 67 6 li 77 8 zhang 88 0↙
3,wang,67
6,li,77
8,zhang,88
Input the name for searching :wang↙
3,wang,67
Input node :
5 zhao 66↙
3,wang,67
5 zhao 66
6,li,77
8,zhang,88
Input the num for deleting :8↙
3,wang,67
5 zhao 66
6,li,77
```

本例只是为了说明链表的基本操作，每次运行程序只能查找一个结点、插入一个结点和删除一个结点。

思考：请自己修改 main()函数，实现查找多个结点、插入多个结点、删除多个结点的功能。

10.2 共用体类型

有时为了节省存储空间，把几个不同用途的数据存放在同一个存储区域中，这些数据的类型可以相同，也可以不同。这种数据类型称为共用体类型，也称为联合类型。例如，在学校师生中搞调查，要填写一张调查表，被调查人员情况部分表头如下：

姓名	年龄	职业	班级	单位

其中"职业"一项可以分为"教师"和"学生"两类；对于"班级"和"单位"两项，若是教师则"班级"项为空，若是学生则"单位"项为空。所以表头可以改成：

姓名	年龄	职业	班级/单位

可见最后一项就是"班级"和"单位"共用。

共用体类型也是一种构造数据类型，它允许不同类型和不同长度的数据共享同一块存储空间，而且都从同一个地址开始存放。实质上，共用体类型是采用了覆盖技术，程序运行的不同时刻，后存放的成员数据覆盖先存放的成员数据，而数据的引用却总是存储单元中当前的数据。

10.2.1　共用体类型的定义

共用体类型的定义与结构体类型的定义相似，只有关键字不同。共用体类型定义的一般格式如下：

```
union 共用体名
{ 数据类型　成员名 1;
  数据类型　成员名 2;
  …
  数据类型　成员名 n;
};
```

说明：

（1）union 是共用体类型的关键字。"union 共用体名"共同构成共用体类型名。

（2）共用体类型的变量占用存储空间的字节数，等于所有成员中占存储空间字节数最多的成员所占空间的大小。

（3）若共用体类型在函数外定义，则作用域从定义点到文件尾；若在函数内定义，只适用于本函数。

例如：

```
union ex
{ int i;
  char ch;
  float f;
};
```

定义了共用体类型 union ex，它有 i、ch、f3 个成员，这 3 个成员共用同一段存储空间，成员 f 长度最长，为 4 个字节，所以共用体类型的长度也为 4 个字节。

10.2.2　共用体类型的变量

1.　共用体类型变量的定义

共用体类型变量的定义也与结构体相似，也有 3 种定义方式：

（1）用已经定义的类型定义变量。例如：

```
union ex u1,u2;
```

（2）定义类型的同时定义变量。例如：

```
union ex
{ int i;
  char ch;
  float f;
}u1,u2;
```

（3）若以后不再使用这个共用体类型，可直接定义共用体类型的变量。例如：

```
union
{ int i;
  char ch;
  float f;
}u1,u2;
```

以上 3 例分别用 3 种不同定义方式定义了两个共用体类型的变量 u1 和 u2。

【**例 10.10**】共用体类型数据的长度举例。

```
void main()
{ union ex
  { int i;
    char ch;
    float f;
  }x;
  printf("union ex size=%d\n",sizeof(union ex));
  printf("x size=%d\n",sizeof(x));
}
```

运行结果：

```
union ex size=4
x size=4
```

从运行结果可见，共用体类型 union ex 和该类型的变量 x 所占存储空间的字节数都是 4，也就是占存储空间最多的成员 f 所占存储空间的字节数。变量 x 占用存储空间情况示意图如图 10-6 所示。

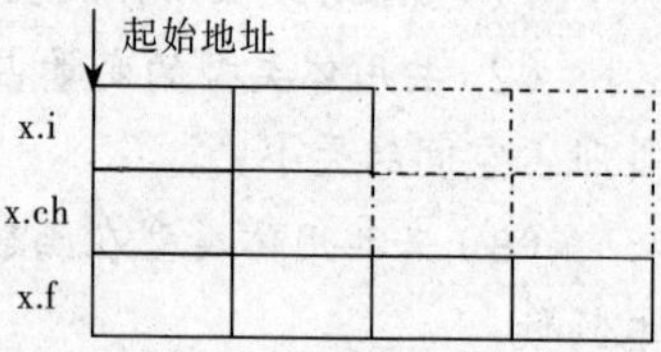

图 10-6　共用体类型存储示意图

2．共用体类型变量的引用

与结构体类型变量的引用一样，共用体类型的变量也不能整体引用，只能引用其成员，如 x.i，x.ch，x.f。

【**例 10.11**】共用体类型变量的引用举例。

```
#include "stdio.h"
void main()
{ union
  { char ch[4];
    int  a;
  }x;
  x.a=-1;
  x.ch[0]='A';x.ch[1]='B';
  x.ch[2]='C';x.ch[3]='D';
  printf("x.a=%x \n",x.a);
}
```

运行结果：

```
x.a=4241
```

共用体类型变量的成员从同一地址开始存放，整型成员 a 占两个字节，低位字节在前，高位字节在后。本例中由于 x.ch[0]与 x.a 的低位字节、x.ch[1]与 x.a 的高位字节共用相同的内存单元，对 x.ch[0]与 x.ch[1]赋值覆盖了 x.a 的值，所以输出 x.a 就是输出 x.ch[0]与 x.ch[1]赋值后存储单元当前的内容，存储情况如图 10-7 所示。由于输出格式为%x，即 x.a 的十六进制形式，所以输出为 4241。其中 42 为 x.a 高位字节，41 为 x.a 低位字节。

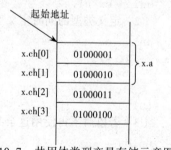

图 10-7　共用体类型变量存储示意图

注意：由于共用体类型的变量各成员共用同一个存储单元，所以先进行的赋值会被后来的赋值覆盖，所以对变量成员的引用就是对存储单元的当前值的引用。

如例 10.11 中变量 x 的成员 a 原来的值是-1,但是由于被 x 的成员 ch[0]和 ch[1]的赋值所覆盖,因此输出的 x.a 是覆盖后的结果。

3．共用体类型变量的特点

（1）同一存储单元可存放几种不同类型的成员，但在某一时刻只能存放其中一个成员，即最后一次存放的成员。例如：

```
union
{ int i;
  char ch;
  float f;
}x;
x.i=10;
x.ch='b';
x.f=3.5;
```

在完成以上 3 个赋值运算后，当前值是 x.f，因为 x.i 及 x.ch 都已经被 x.f 覆盖了，所以引用共用体变量时，应该特别注意当前存放的是哪个成员。

（2）共用体变量的地址与它的各成员的地址都是同一地址，如&x，&x.i，&x.ch，&x.f 值相同。

（3）不能对共用体变量整体赋值，只能对其成员进行操作。

（4）不能对共用体变量进行初始化，只能对其一个成员初始化。

（5）共用体类型的变量可以出现在结构体类型中，作为结构体类型的一个成员。

【例 10.12】在学校师生中搞调查，要填写一张调查表，被调查人员情况部分表头如下：

姓名	年龄	职业	班级/单位

其中"职业"一栏填写的内容可以是"teacher"和"student"两种；职业为"teacher"的，最后一栏填单位名称，职业为"student"的，最后一栏填班级名称。

分析：表头是一个结构体类型，包含 4 个成员，姓名（name）、年龄（age）、职业（job），最后一个成员（public）是共用体类型，包含班级（class）和单位（unit）两个成员。

由于被调查人数不定，用结束标志控制循环，输入"end"作为结束标志，用变量 n 计数。

程序如下：

```
#include "stdio.h"
#include <string.h>
#define MAX 100              /*被调查人数的最大可能*/
struct list                  /*结构体类型定义*/
{   char name[10];
    int age;
    char job[10];
    union { char class[10];  /*共用体成员定义*/
            char unit[10];
          }public;
}person[MAX];                /*存放被调查人员情况*/
void main()
{   int i,n=0;
```

```
        char name[10];
        printf("Input data :\n");
        scanf("%s",name);
        while(strcmp(name,"end")!=0)
    {   strcpy(person[n].name,name);
        scanf("%d%s",&person[n].age,person[n].job);
        if(strcmp(person[n].job,"student")==0)
            scanf("%s",person[n].public.class);
        else scanf("%s",person[n].public.unit);
        n++;
        scanf("%s",name);
    }
        printf("output :\n");
        printf("%-12s%-5s%-10s%-10s\n","name","age","job","class/unit");
        for(i=0;i<n;i++)
          if(strcmp(person[n].job,"student")==0) printf("%-12s%-5d%-10s%-
          10s\n",person[i].name,person[i].age, person[i].job, person[i].pub
          lic.class);
          else
             printf("%-12s%-5d%-10s%-10s\n",person[i].name,person[i].age,
                    person[i].job, person[i].public.unit);
    }
```

程序测试：

```
Input data :
wang 20 student 070101✓
zhao 21 student 060201✓
zhang 46 teacher computer✓
end✓
output :
name        age  job      class/unit
wang        20   student  070101
zhao        21   student  060201
zhang       46   teacher  computer
```

10.3 枚 举 类 型

在解决实际问题时，有些变量仅能在一个有限的范围内取值。例如，一个星期只有 7 天，一年只有 12 个月等。若把这些量定义为整型，则无法体现出其含义。如果一个变量只能有几种可能的取值，可以定义为枚举类型。枚举类型属于用户自定义基本类型。

10.3.1 枚举类型的定义

定义一个枚举类型，就是把该类型变量所有可能的取值一一列举出来。枚举类型定义的一般格式为：

enum 枚举名{枚举常量1,枚举常量2,…,枚举常量n};
例如，定义星期枚举类型：

enum weekday{sun,mon,tue,wed,thu,fri,sat};
该枚举类型名为 "enum weekday"，枚举常量共有 7 个，代表一周中的 7 天。凡是被定义为

enum weekday 类型的变量，其取值只能是 7 个枚举常量中的一个。

说明：

（1）enum 是枚举类型的关键字。"enum 枚举名"共同构成枚举类型名。

（2）枚举常量是有意义的标识符，通常是英文单词或缩写。

（3）C 编译系统对枚举常量按整型常量处理，它们的值按顺序依次为 0，1，2…即：sun 值为 0，mon 值为 1…sat 值为 6。

（4）如果想改变枚举常量值，必须在定义时进行赋值，未赋值的枚举常量值是前一个枚举常量值加 1。例如：

```
enum weekday{sun=7,mon=1,tue,wed,thu,fri,sat};
```

则 sun 值为 7，mon 值为 1，tue=2…sat 值为 6。

10.3.2　枚举类型的变量

1．枚举类型变量的定义

与结构体、共用体类似，枚举类型变量的定义也有 3 种方式：

（1）用已经定义的类型定义变量。例如：

```
enum weekday workday,week_end;
```

（2）定义类型的同时定义变量。例如：

```
enum weekday{sun,mon,tue,wed,thu,fri,sat}workday,week_end;
```

（3）若以后不再使用这个枚举类型，可直接定义枚举类型变量。例如：

```
enum{sun,mon,tue,wed,thu,fri,sat}workday,week_end;
```

workday,week_end 被定义为枚举类型的变量，取值只能为 sun～sat 中的一个。例如：

```
workday=mon;
week_end=sun;
```

2．枚举类型变量的引用

为了正确使用枚举类型变量，应注意如下几点：

（1）枚举常量虽然是标识符，但不能当作变量对其赋值。例如：

```
sat=6;
```

是错误的。枚举常量的值是在定义时被赋予的，不能在执行过程中赋值。

（2）枚举值可以作比较，规则是按定义时赋予的值进行比较。例如：

```
sat>fri
```

值为 1，即 sat>fri 是真的。

（3）一个整数不能直接赋给枚举变量，需进行强制类型转换。例如：

```
workday=2;
```

是错误的赋值，类型不匹配。应该写成：

```
workday=(enum weekday)2;
```

（4）枚举常量或枚举变量可以按整型数据输出，输出的是它们在定义时被赋予的值。例如下面的程序：

```
#include "stdio.h"
void main()
{   enum weekday{sun,mon,tue,wed,thu,fri,sat};          /*定义类型*/
```

```
    enum weekday a,b,c;                           /*定义变量*/
    a=sun;b=mon;c=tue;                            /*为枚举变量赋值*/
    printf("%d,%d,%d\n",a,b,c);                   /*输出枚举变量*/
    printf("%d,%d,%d,%d\n",wed,thu,fri,sat);      /*输出枚举常量*/
}
```
运行结果:
```
0,1,2
3,4,5,6
```
【例 10.13】定义奥运五环颜色枚举类型, 定义该类型数组并且初始化, 输出数组中的各元素。
```
enum color{blue,black,red,yellow,green};
#include "stdio.h"
void main()
{   enum color ring[]={blue,black,red,yellow,green},i;
    for(i=blue;i<=green;i++)
      printf("%3d",ring[i]);
}
```
运行结果:
```
0  1  2  3  4
```
从例 10.13 可见, enum color 类型的数组 ring 已经用枚举常量初始化, 但是输出的数组元素值还是该枚举常量定义时所赋予的值, 而不是枚举常量。

枚举变量的值只能用赋值语句得到, 不能用 scanf()函数直接读入。要输入枚举常量, 通常是先输入对应的整数, 然后通过 switch 语句转换成枚举常量; 要输出枚举常量, 也要通过 switch 语句转换。

【例 10.14】输入今天是星期几, 求若干天后是星期几。
程序如下:
```
#include "stdio.h"
void main()
{ int today,future;
  enum weekday{sun,mon,tue,wed,thu,fri,sat}day;
  printf("Input today :");
  scanf("%d",&today);                  /*输入整型数*/
  switch(today)                        /*转换成枚举常量*/
  { case 0: day=sun; break;
    case 1: day=mon; break;
    case 2: day=tue; break;
    case 3: day=wed; break;
    case 4: day=thu; break;
    case 5: day=fri; break;
    case 6: day=sat;
  }
  printf("Input future :");
  scanf("%d",&future);
  day=(day+future)%7;
  switch(day)                                /*枚举量的输出*/
  { case sun: printf("Sunday\n"); break;
    case mon: printf("Monday\n"); break;
    case tue: printf("Tuesday\n"); break;
```

```
        case wed: printf("Wednesday\n"); break;
        case thu: printf("Thursday\n"); break;
        case fri: printf("Friday\n"); break;
        case sat: printf("Saturday\n");
    }
}
```

程序测试：

```
Input today :5↙
Input future :20↙
Thursday
```

注意：

（1）枚举常量不是字符常量，也不是字符串常量，使用时不要加单引号、双引号。

（2）枚举常量或枚举变量的比较，是它们的枚举值的比较；而字符串的比较是对应字符的 ASCII 码值的比较。

例如若有定义：

```
enum color{red,yellow,blue,white,black};
```

则：

```
white>black
```

值为 0，因为 white 值为 3，black 值为 4。而

```
"white">"black"
```

值为 1。因为字母 w 的 ASCII 码值大于字母 b 的 ASCII 码值。

10.4　用 typedef 定义类型标识符

typedef 是 type define 的缩写，但是 typedef 不是定义新的类型，而是用来给原有类型取一个新的名字，以增加程序的可读性。习惯上把 typedef 声明的新类型名用大写字母表示。

（1）为一个已经存在的类型起一个新的名字。例如：

```
typedef  int  COUNT;
```

此时

```
COUNT i,j;
```

等价于

```
int i,j;
```

用 COUNT 定义变量用于计数，可增加程序的可读性。再例如：

```
struct student
{ int  num;
  char  name[20];
};
typedef struct student STUD;
```

定义了结构体类型 struct student，用 typedef 为类型 struct student 取了新名字 STUD。此时若有定义：

```
STUD s1,s2;
```

则等价于

```
struct student s1,s2;
```

简化了类型标识符。

（2）也可以在定义类型的同时为该类型命名。例如：

```
typedef  struct
{ int num;
  char  name[20];
}STUD;
```

此时的 STUD 是结构体类型名。

（3）定义数组类型。例如：

```
typedef  int  DATA[100];
```

定义 DATA 为长度是 100 的整型数组类型名。此时的

```
DATA a,b;
```

等价于

```
int a[100],b[100];
```

（4）定义指针类型。例如：

```
typedef  char  *STRING;
```

定义 STRING 为字符指针类型名。此时的

```
STRING p;
```

等价于

```
char *p;
```

习　　题

一、简答题

1. 结构体类型为什么要用户自己定义？定义的形式是什么？

2. 对结构体变量的成员变量的引用，与对同类型的简单变量的引用是否相同？

3. 在链表中引入头结点的作用是什么？

4. 对共用体变量的成员变量的引用，实质上引用的是什么？

二、选择题

1. 设有以下定义语句，则叙述正确的是（　　　）。

```
struct ex
{ char c;
  int i;
  float f;
}example;
```

A. example 是结构体类型名　　　　　　B. struct ex 是结构体类型名

C. ex 是结构体类型名　　　　　　　　　D. struct 是结构体类型名

2. 设有以下定义和语句，则输出是（　　　）。

```
struct{ int x;
        int y;
      }d[2]={{1,3},{2,7}};
printf("%d\n",d[0].y/d[0].x*d[1].x);
```

A. 0　　　　　　　　B. 1　　　　　　　　C. 3　　　　　　　　D. 6

3. 根据下面的定义，能打印出字母 M 的语句是（　　　）。

```
struct person{char name[10]; int age;};
struct person c[10] ={{"John",17},{"Paul",19},{"Mary",18},{"Adam",16}};
```

A. printf("%c",c[3].name);　　　　　　B. printf("%c",c[3].name[1]);

C. printf("%c",c[2].name[1]);　　　　　D. printf("%c",c[2].name[0]);

4. 设有以下定义，则语句正确的是（　　　）。

```
struct student
{ int  num;
  char  name[6];
  float  x;
}a;
```

A. scanf("%d,%s,%f",num,name,x);

B. scanf("%d,%s,%f",a.num,a.name,a.x);

C. scanf("%d,%s,%f",&a.num,&a.name,&a.x);

D. scanf("%d,%s,%f",&a.num,a.name,&a.x);

5. 若有以下定义，则对结构体变量 stud1 中成员 age 的不正确引用方式为（　　　）。

```
struct student
{ int age;
  int num;
}stud1,*p=&stud1;
```

A. stud1.age　　　　B. student.age　　　　C. p->age　　　　D. (*p).age

6. 若有以下定义，则对结构体变量成员的不正确引用方式为（　　　）。

```
struct pupil
{ char name[20];
  int age;
  int sex;
}pup[5],*p=pup;
```

A. scanf("%s",pup[0].name);　　　　B. scanf("%d",pup[0].age);

C. scanf("%d",&(p->sex));　　　　　D. scanf("%d",&p->age);

7. 若有如下定义，则结构体变量 x 所占内存的字节数是（　　　）。

```
struct BB
{ unsigned a:6;
  unsigned b:4;
  unsigned  :0;
  unsigned d:3;
}x;
```

A. 3　　　　　B. 4　　　　　C. 6　　　　　D. 2

8. 设有以下定义语句，则结构体变量 x 所占内存字节数的不正确表示是（　　　）。

```
union AA
{ int a;char ch;float f;};
struct stru
 { char ch;
   int in[3];
   union AA u;
}x;
```

A. 11　　　　　B. 14　　　　　C. sizeof(x)　　　　D. sizeof(struct stru)

9. 已知字母 A 的 ASCII 码为十进制数 65，下面的程序运行结果为（   　）。

```c
#include "stdio.h"
void main()
{ union un
  { int a;
    char c[2];
  }w;
  w.c[0]='A';w.c[1]='a';
  printf("%o\n",w.a);
}
```

 A. 40541 　　　　B. 9765 　　　　C. 60501 　　　　D. 6597

10. 执行以下语句后的结果为（   　）。

```c
enum color{red,yellow,blue=4,green,white}c1,c2;
c1=yellow;c2=white;
printf("%d,%d\n",c1,c2);
```

 A. 1,6 　　　　B. 2,5 　　　　C. 1,4 　　　　D. 2,6

三、填空题

1. 运算符 "." 称为_____运算符，运算符 "->" 称为_____运算符。

2. 以下程序的运行结果是_____。

```c
#include "stdio.h"
void main()
{ struct student
  { char name[10];
    float k1;
    float k2;
  }a[2]={{"zhang",100,70},{"wang",70,80}},*p=a;
  printf("\n name: %s total=%f",p->name,p->k1+p->k2);
  printf("\n name: %s total=%f",a[1].name,a[1].k1 + a[1].k2);
}
```

3. 若有以下说明和定义语句，则变量 w 在内存中所占的字节数是_____。

```c
union aa{ float x; float y; char c[6];};
struct st{ union aa v; float w[5]; double ave;}w;
```

4. 字符零的 ASCII 码为十六进制的 30，以下程序的运行结果是_____。

```c
#include "stdio.h"
void main()
{ union { char c;char i[4];}z;
  z.i[0]=0x39;z.i[1]=0x36;
  printf("%c\n",z.c);
}
```

5. 以下程序的运行结果是_____。

```c
#include "stdio.h"
void main()
{   enum em{ em1=3,em2 =1,em3 };
    char *aa[]={"AA","BB","CC","DD"};
    printf("%s%s%s\n",aa[em1],aa[em2],aa[em3]);
}
```

四、编程题

1. 用结构体数组存储 3 个学生的学号、姓名和 4 门课的成绩，分别用函数求：

（1）每个学生的平均分。

（2）每门课的平均分。

2. 学生记录由学号和成绩组成。N 名学生的数据放在数组 s 中。编写函数，把分数最高的学生数据放在数组 h 中。注意分数最高的学生可能不止一个，函数返回分数最高的学生人数。例如：s[N]={"GA05",85,"GA03",76,"GA08",78,"GA10",90,"GA04",65,"GA16",90,"GA12",90,"GA01",75,"GA09",90,"GA02",76}。

3. 建立一个带头结点的链表，每个结点包括姓名、性别、年龄。输入一些结点到链表中。测试数据分别为在头部插入、中间插入和尾部插入结点，使之形成按姓名排序的链表。

4. 对上题建立的链表进行操作：输入一个姓名，若在链表中，则将该结点删除，否则"输出不在链表中"。

5. 将上题的链表按逆序排列，即将链头当链尾、链尾当链头。

五、趣味编程题

Josephus 问题。有 n 个人围成一圈，顺序排号，从第 s 个人开始从 1 到 m 报数，凡是报到 m 的人退出圈子，下一个人重新开始从 1 到 m 报数，直到所有人都退出圈子，输出出圈的序列。

第11章　数据文件

　　在前面各章中，程序运行时数据总是从键盘输入到内存，运行结束即释放，若重新运行就需要重新输入。这种输入方法对于数据量较大的情况显然是不合适的，所以希望把输入的数据存储在磁盘上，当需要时从磁盘调到内存即可使用，这就是数据文件的概念。

　　本章主要介绍文件的基本概念、文件类型的指针、文件的打开与关闭、文件的读/写和文件的定位等内容。

11.1　文件的概念

　　所谓"文件"，是指一组相关数据的有序集合。通常存储在外部介质（如磁盘）上，当需要使用时再调入内存中。例如，前面用过的源程序文件、目标文件、可执行文件、库文件等。

　　操作系统对计算机的管理是以文件为单位，按文件名进行的。因此程序、数据都必须以文件的形式存储，而且把每一个与主机相连的设备也都看作是一个文件。

　　源程序文件、目标文件、可执行文件、库文件等，统称为程序文件；如果把一组待处理的原始数据，或者是一组输出的结果存储在磁盘中，则称为数据文件；与主机相连的各种外围设备称为设备文件，如显示器、打印机、键盘等都是设备文件。

　　通常把显示器定义为标准输出文件，要在屏幕上显示有关信息，就是向标准输出文件输出。如前面经常使用的 printf() 和 putchar() 函数就是这类输出。键盘通常被指定为标准的输入文件，从键盘上输入就意味着从标准输入文件上输入数据，scanf() 和 getchar() 函数就属于这类输入。

　　从文件的编码方式来区分，文件可分为 ASCII 码文件和二进制文件两种。ASCII 码文件也称为文本文件，这种文件在磁盘中一个字符占一个字节，即存放该字符的 ASCII 码值。二进制文件则是按二进制的编码方式来存放数据。

　　例如，一个整数 1234 按 ASCII 码形式存储，在磁盘中占用 4 个字节，而用二进制形式存储只占 2 个字节，如图 11-1 所示。

　　说明：

　　（1）字符数据或用于作为输出的数据，常采用 ASCII 码文件存储。因为不需要进行转换，就可以直接处理或显示。

　　（2）用于运算的数值数据，常采用二进制文件存储。因为内存中的数据都采用二进制形式存放，读入二进制文件中的数据，不需要转换就可以直接参与

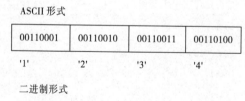

图 11-1　文件存储方式示意图

运算，速度较快。

C 语言编译系统在处理 ASCII 码文件和二进制文件时，并不区分类型，都看成是字符流，按字节依次进行处理，即 C 语言把文件看作是一个字符（字节）序列，也就是由一个个的字符顺序组成的，这种文件称为流式文件。

11.2 文件类型的指针变量

通过程序把输入的数据写入磁盘文件中，或从磁盘文件读取数据，必须使用指向文件的指针变量。指向文件的指针变量定义的一般格式如下：

```
FILE *指针变量名;
```

其中，"FILE" 必须大写，它是由系统定义的一个结构体类型的类型名。该结构体类型中含有文件名、文件状态和文件当前位置等信息成员。该类型的定义包含在 stdio.h 头文件中。

在编写源程序时用户不必考虑 FILE 类型定义的细节，只要包含 stdio.h 头文件，就可以用文件类型名 FILE 定义指针变量。例如有定义：

```
FILE *fp;
```

则 fp 就是 FILE 类型的指针变量。习惯上也把用 FILE 定义的指针变量称为指向文件的指针变量。

对文件操作的一般步骤如下：

（1）打开文件。

（2）从文件中读取数据或向文件中写入数据。

（3）关闭文件。

在 C 语言中，对文件的操作都是由库函数通过文件指针来完成的，在下面各节中将介绍常用的文件操作函数。

11.3 文件的打开与关闭

文件在进行读或写操作之前要先打开，使用完毕后要关闭。所谓打开文件，就是使文件指针变量指向该文件，保存该文件的相关信息，以便进行其他操作；关闭文件则是断开指针变量与文件之间的联系，也就禁止再对该文件进行操作。C 语言提供了文件打开函数 fopen() 和文件关闭函数 fclose()。

11.3.1 打开文件函数 fopen()

fopen() 函数调用的一般格式如下：

```
指针变量名=fopen(文件名,文件使用方式);
```

说明：

（1）"指针变量名"是用 FILE 类型定义的指针变量的名字。

（2）"文件名"是要打开的文件的名字，可以是字符串常量或字符数组名。

（3）"文件使用方式"是指打开的文件类型和操作要求，是字符串常量。

例如：

```
FILE *fp;
fp=fopen("test","r");
```

则打开当前目录下的文本文件 test，只允许进行读操作，使 fp 指向该文件。

文件使用方式及其含义如表 11-1 所示。

表 11-1　文件使用方式及其含义

文件使用方式	含　　义
"r"	以只读方式打开一个文本文件
"w"	以只写方式打开或创建一个文本文件
"a"	以添加方式打开一个文本文件，并从文件尾部添加数据
"rb"	以只读方式打开一个二进制文件
"wb"	以只写方式打开或创建一个二进制文件
"ab"	以添加方式打开一个二进制文件，并从文件尾部添加数据
"r+"	以读/写方式打开一个文本文件
"w+"	以读/写方式打开或创建一个文本文件
"a+"	以读/写方式打开一个文本文件，可以从文件尾部添加数据，也可读
"rb+"	以读/写方式打开一个二进制文件
"wb+"	以读/写方式打开或创建一个二进制文件
"ab+"	以读/写方式打开一个二进制文件，可以从文件尾部添加数据，也可读

关于文件使用方式的说明如下：

（1）以"r"方式打开文件时，该文件必须已经存在，而且只能从文件中读入数据，不能进行写操作。

（2）以"w"方式打开的文件，只能向该文件写数据，不能进行读操作。若文件不存在则以指定的文件名建立该文件；若文件已经存在，则打开时会将其删除，然后建立一同名新文件。

（3）以"a"方式打开的文件，用于向文件尾部添加（写）数据，该文件应该存在。

（4）以"r+"、"w+"和"a+"方式打开的文件，既可以读数据，也可以写数据。

当打开文件操作不能正常执行时，函数 fopen()返回空指针值 NULL，表示出错。常用下面的方法打开一个文件：

```
if(fp=fopen("c:\\test","r")==NULL)
{ printf("Can not open this file\n");
  exit(0);
}
```

此语句的含义是，以只读的方式打开 C 盘根目录下的文本文件 test，如果返回的指针值为空，表示出错，给出提示信息，然后执行 exit()函数退出程序，否则说明文件打开正确。

11.3.2　关闭文件函数 fclose()

fclose()函数调用的一般格式如下：

```
fclose(文件指针);
```

说明：

（1）"文件指针"就是用 fopen()函数打开文件时，指向文件的指针变量名。

（2）调用函数 fclose()返回一个整型值，若文件关闭成功则返回 0；若返回非 0 值则表示文件关闭有错误。

例如：

```
fclose(fp);
```

功能是解除 fp 与其所指文件的联系。

读者应该养成在程序运行结束前关闭所有文件的习惯，以免缓冲区中的数据部分丢失。

11.4　文件的读/写

文件的读和写操作就是输入和输出操作，只不过输入和输出的设备不是键盘和显示器，而是磁盘。也就是说，读操作就是从指定的磁盘文件读取数据，存入内存中的变量或数组中；写操作就是把内存变量或数组中的数据存到磁盘文件中去。

文件成功打开以后，就可以进行读/写操作了。常用的读/写函数有：

（1）字符读/写函数：fgetc()和 fputc()。

（2）格式化读/写函数：fscanf()和 fprintf()。

（3）字符串读/写函数：fgets()和 fputs()。

（4）数据块读/写函数：fread()和 fwrite()。

这些函数都是标准输入/输出函数，在使用它们的程序中，应包含头文件 stdio.h。

11.4.1　字符读/写函数

若有定义：

```
FILE *fp;
char ch;
```

从内存向显示器输出一个字符、从键盘向内存输入一个字符用函数：

```
putchar(ch);
ch=getchar();
```

类似的，从内存变量向磁盘输出一个字符、从磁盘向内存变量输入一个字符用函数：

```
fputc(ch,fp);
ch=fgetc(fp);
```

1．写字符函数 fputc()

函数调用的一般格式如下：

```
fputc(ch,fp);
```

其中，"ch"为字符常量或字符变量，"fp"为用 fopen()函数打开的文件的指针变量。

此函数的作用是把一个字符写到 fp 所指向的磁盘文件中去，成功返回该字符，不成功返回 EOF。EOF 是在 stdio.h 中定义的符号常量，其值为−1。

【例 11.1】把从键盘输入的文本，逐个字符原样输出到名为 file.dat 文件中，直到输入一个"$"为止。

分析：因为是把文本写到磁盘文件中去，所以使用文件方式应为"w"。

算法如下：

（1）打开文件。

（2）从键盘输入一个字符。

（3）当输入的字符不是字符"$"时循环做：

① 把输入的字符输出到文件中。

② 从键盘输入下一个字符。

（4）关闭文件。

```
#include "stdio.h"
void main()
{    FILE  *fp;
     char ch;
     if((fp=fopen("file.txt","w"))==NULL)       /*打开文件*/
     {  printf("cannot open file\n");
         exit(0);
     }
     printf("Input characters :\n");
     ch=getchar();                              /*从键盘读字符*/
     while(ch!='$')
     {  fputc(ch,fp);                           /*向磁盘写字符*/
        ch=getchar();                           /*从键盘读字符*/
     }
     fclose(fp);                                /*关闭文件*/
}
```

程序测试：

```
Input characters :
This is a C program.$ ✓
```

查看磁盘当前文件夹，一定会有新的文件 file.txt，可以用记事本方式打开文件查看内容。

2. 读字符函数 fgetc()

函数调用的一般格式如下：

```
ch=fgetc(fp);
```

其中，"ch"为字符变量，"fp"为用 fopen()函数打开的文件的指针变量。

每调用一次函数，就把 fp 所指向的磁盘文件中当前位置指针所指的字符送入内存变量 ch 中，同时当前位置指针下移一个字符，当读到文件结束时函数返回 EOF 作为标志。

【例 11.2】将例 11.1 建立的文本文件 file.txt 中的内容，输出到屏幕上。

```
#include "stdio.h"
void main()
{    FILE  *fp;
     char ch;
     if((fp=fopen("file.dat","r"))==NULL)       /*打开文件*/
     {  printf("cannot open file\n");
         exit(0);
     }
     ch=fgetc(fp);                              /*从磁盘读字符*/
     while(ch!=EOF)                             /*文件未结束循环做*/
     {  putchar(ch);                            /*向屏幕输出字符*/
        ch=fgetc(fp);                           /*从磁盘读字符*/
     }
     fclose(fp);                                /*关闭文件*/
}
```

运行结果：

```
This is a C program.
```

注意：

（1）用 fgetc()函数读文本文件，当读到文件结束时返回 EOF 作为标志。所以通过判断读来的字符是不是 EOF，可以判断文本文件是否结束。

（2）函数 feof()不但可以判断文本文件是否结束，还可以判断二进制文件是否结束。

函数 feof()调用的一般格式如下：

```
feof(fp)
```

其中，fp 是所判断的文件的指针变量。

如例 11.2 中的程序段：

```
ch=fgetc(fp);                       /*从磁盘读字符*/
while(ch!=EOF)                      /*文件未结束循环做*/
{ putchar(ch);                      /*向屏幕输出字符*/
  ch=fgetc(fp);                     /*从磁盘读字符*/
}
```

也可以写成：

```
while(!feof(fp))                    /*文件未结束循环做*/
{ ch=fgetc(fp);                     /*从磁盘读字符*/
  putchar(ch);                      /*向屏幕输出字符*/
}
```

其中，feof(fp)为测试文件是否结束的函数，若文件结束，feof(fp)值为非 0，否则为 0。

11.4.2　格式化读/写函数

从键盘向内存变量输入一组数据、从内存向显示器输出一组数据用函数：

```
scanf(格式控制字符串,变量地址表);
printf(格式控制字符串,输出项表);
```

类似地，从磁盘向内存变量输入一组数据、从内存向磁盘输出一组数据用函数：

```
fscanf(fp,格式控制字符串,变量地址表);
fprintf(fp,格式控制字符串,输出项表);
```

1．格式化读函数 fscanf()

函数调用的一般格式如下：

```
fscanf(文件指针,格式控制字符串,变量地址表);
```

例如：

```
fscanf(fp,"%d,%d",&a,&b);
```

类似于：

```
scanf("%d,%d",&a,&b);
```

scanf()是从键盘输入两个整数存入变量 a 和 b 中，而 fscanf()是从 fp 所指向的文件中读取两个整数存入变量 a 和 b 中。

2．格式化写函数 fprintf()

函数调用的一般格式如下：

```
fprintf(文件指针,格式控制字符串,输出项表);
```

例如：

```
fprintf(fp,"%d,%d",x,y);
```

类似于：

```
printf("%d,%d",x,y);
```

printf()是把两个整型变量 x 和 y 的值输出到屏幕上，而 fprintf()是把两个整型变量 x 和 y 的值输出（写）到 fp 所指向的文件中。

【例 11.3】建立文本文件 in1.dat，保存 5 组测试数据，每组含两个整数。

```
#include "stdio.h"
void main()
{   FILE *wf;
    int a,b,i;
    wf=fopen("in1.dat","w");
    printf("Input data:\n");
    for(i=0;i<5;i++)
    { scanf("%d,%d",&a,&b);          /*从键盘输入 a,b*/
      fprintf(wf,"%d,%d\n",a,b);     /*将 a,b 写到文件中*/
    }
    fclose(wf);
}
```

程序测试：

```
Input data:
45,12✓
63,54✓
14,78✓
88,91✓
71,13✓
```

查看磁盘会有新的文件 in1.dat，可以用记事本方式打开文件查看内容。

【例 11.4】全国计算机等级考试上机试题举例。编写函数 fun()，功能是：将两个两位数的正整数 a 和 b 合并，形成一个整数放在 c 中。合并的方式是：将 a 的十位和个位数依次放在 c 的十位和千位上，b 的十位和个位数依次放在 c 的百位和个位上。

例如，当 a=45，b=12 时，调用该函数后，c=5142。

```
#include "stdio.h"
void fun(int a,int b,long *c)
{
    *c=a/10*10+a%10*1000+b/10*100+b%10;
}
void main()
{   int a,b;long c;
    clrscr();
    printf("Input a, b : ");scanf("%d,%d",&a,&b);
    fun(a,b,&c);
    printf("The result is : %ld\n",c);
    NONO();
}
NONO()
{   /*本函数用于打开文件，输入数据，调用函数，输出数据，关闭文件。*/
    FILE *rf,*wf;
```

```
    int i,a,b;long c;
    rf=fopen("in1.dat","r");
    wf=fopen("bc07.dat","w");
    for(i=0;i<5;i++)
    { fscanf(rf,"%d,%d",&a,&b);
      fun(a,b,&c);
      fprintf(wf,"a=%d,b=%d,c=%ld\n",a,b,c);
    }
     fclose(rf);
     fclose(wf);
}
```

程序测试：

```
Input a, b : 45,12↙
The result is : 5142
```

文本文件 in1.dat 的内容为例 11.3 的测试数据，查看磁盘会有新的文件 bc07.dat。

输出文件 bc07.dat 内容应当如下：

```
a=45,b=12,c=5142
a=63,b=54,c=3564
a=14,b=78,c=4718
a=88,b=91,c=8981
a=71,b=13,c=1173
```

说明：main()和 NONO()函数已经给出，只要求考生编写 fun()函数。其中 NONO()函数用于读取文本文件 in1.dat 中的测试数据，调用考生编写的 fun()函数，将测试结果写入输出文件 bc07.dat 中，以便与标准答案比较，确定考试成绩。

11.4.3　字符串读/写函数

从键盘向内存数组输入一个字符串、从内存数组向显示器输出一个字符串用函数：

```
gets(str);
puts(str);
```

类似的，从磁盘向内存数组输入一个字符串、从内存数组向磁盘输出一个字符串用函数：

```
fgets(str,n,fp);
fputs(str,fp);
```

1．读字符串函数 fgets()

函数调用的一般格式如下：

```
fgets(str,n,fp);
```

函数的功能是从 fp 所指的文件中取 n–1 个字符存入字符数组 str 中，并返回 str 的首地址。字符串读入后，自动在串尾加一个'\0'。若在读入 n–1 个字符之前遇到换行符或 EOF，读入即结束。

2．写字符串函数 fputs()

函数调用的一般格式如下：

```
fputs(str,fp);
```

函数的功能是把 str 为首地址的字符串输出到 fp 所指向的文件中，字符串中最后的'\0'并不输出。例如：

```
fputs("china",fp);    /*把"china"输出到 fp 指向的文件中*/
```

fputs()的第一个参数，可以是字符串常量、字符数组名或字符型指针变量。

11.4.4 数据块读/写函数

fread()函数和 fwrite()函数可以从文件中读出一组数据或向文件中写入一组数据，即可以成块的交换数据。对于组织有序的数据（如结构体、数组等），使用这两个函数读/写更方便。fread()、fwrite()函数通常用于对二进制文件的读/写操作。

它们的调用格式分别如下：

```
fread(内存地址,数据项字节数,数据项个数,文件指针);
fwrite(内存地址,数据项字节数,数据项个数,文件指针);
```

例如：

```
float f[5]={5.8,6.4,7.3,8.9,9.2};
fwrite(f,4,5,fp);
```

即从数组 f 的首地址开始，每次写 4 个字节（一个 float 型数据），写 5 次。可见，一次函数调用就将一个数组全部写到磁盘文件中。

下面来看一个对结构体数组进行读/写的例子。若有如下定义：

```
struct st
{ char num[8];
  char name[10];
  float score[3];
}stu[20];
```

结构体数组 stu 有 20 个元素，每个元素包含学生的学号、姓名和 3 门课的成绩。假设 stu 结构体数组的 20 个元素都已有值，文件指针 fp 所指文件已正确打开。用如下语句可以把结构体数组 stu 中的学生数据输出到磁盘文件中去。

```
for(i=0;i<20;i++)
    fwrite(&stu[i],sizeof(struct st),1,fp);
```

同样，也可以用下面的语句把 20 个学生数据从文件中读到结构体数组 stu 中。

```
for(i=0;i<20;i++)
     fread(&stu[i],sizeof(struct st),1,fp);
```

这一对函数多用于二进制文件。用于文本文件时，要特别注意输入/输出格式的对应，不然很容易出错。

11.5 文件的定位

FILE 类型的指针变量 fp 中有一个文件位置指针分量，它指向 fp 所指文件的当前位置，就是要读或写的位置，每读或写一个字符，指针就下移一个字符的位置。

前面介绍的对文件的读/写方式都是顺序读/写，即读或写文件只能从头开始，顺序读或写各个数据。但在实际问题中，常要求只读或写文件中某一指定的部分。为了解决这个问题，可移动文件内部的位置指针到需要读或写的位置，再进行读或写，这种读/写称为随机读/写。实现随机读/写的关键是要按要求移动位置指针，这称为文件的定位。移动文件内部位置指针的函数主要有两个，即 rewind()函数和 fseek()函数。

11.5.1　rewind()函数

函数的调用格式如下：

`rewind(文件指针);`

它的功能是把文件内部的位置指针移到文件的开头处。

11.5.2　fseek()函数

函数调用的一般格式如下：

`fseek(文件指针,位移量,起始点);`

其中，"位移量"表示移动的字节数，要求位移量是 long 型数据，以免文件长度较大时出错。当用常量表示位移量时，要求加后缀"L"。"起始点"表示从何处开始计算位移量，规定的起始点有 3 种：文件首、当前位置和文件尾。位移量的表示方法及含义如表 11-2 所示。

表 11-2　位移量的表示方法及含义

起　始　点	标　志　符	数　字
文件首	SEEK_SET	0
当前位置	SEEK_CUR	1
文件尾	SEEK_END	2

fseek()函数一般用于二进制文件。例如：

```
fseek(fp,100L,0);   /*把位置指针移到离文件首 100 个字节处*/
fseek(fp,30L,1);    /*把位置指针移到离当前位置 30 个字节处*/
fseek(fp,-20L,2);   /*把位置指针从文件末尾处向文件首部移动 20 个字节*/
```

11.5.3　ftell()函数

用 ftell()函数可以得到文件指针的当前位置。函数的返回值是长整型数据。例如：

```
long i;
i=ftell(fp);
```

若 i 值为 -1L 则表示出错。

习　　题

一、简答题

1. 什么是程序文件、数据文件和设备文件？哪些是常用的设备文件？

2. 在 C 语言中，对文件的处理以什么为单位？

3. 对文件的操作是通过什么来完成的？

4. 什么是打开文件？什么是关闭文件？为什么文件使用完后要关闭？

5. 对文件进行读或写，与从键盘读数据和向显示器输出有什么不同？

二、选择题

1. 若有定义 int i=32767;，将变量 i 存入文本文件，则在磁盘上需占的字节数是（　　　）。

　A. 1　　　　　　　　B. 2　　　　　　　　C. 5　　　　　　　　D. 6

2. C 语言中，文件由（　　　）组成。

    A. 记录   B. 数据行

    C. 数据块   D. 字符（字节）序列

3. 要打开一个已存在的非空文件"file"用于修改，选择正确的语句（　　　）。

    A. fp=fopen("file","r+");   B. fp=fopen("file","w+");

    C. fp=fopen("file","r");   D. p=fopen("file","w");

4. fgets(str,n,fp)函数从文件中读取一个字符串，以下正确的叙述是（　　　）。

    A. 字符串读入后不会自动加入'\0'

    B. fp 是 file 类型的指针

    C. fgets 函数将从文件中最多读入 n-1 个字符

    D. fgets 函数将从文件中最多读入 n 个字符

5. 函数 fread()的调用形式为 fread(buffer,size,count,fp)，其中 buffer 代表的是（　　　）。

    A. 存放读入数据项的存储区

    B. 一个指向所读文件的文件指针

    C. 存放读入数据的地址或指向此地址的指针

    D. 一个整型变量，代表要读入的数据项总数

6. 函数调用语句 fseek(fp,-10L,2)的含义是（　　　）。

    A. 将文件位置指针移到距离文件头 10 个字节处

    B. 将文件位置指针从当前位置向文件尾方向移动 10 个字节

    C. 将文件位置指针从当前位置向文件头方向移动 10 个字节

    D. 将文件位置指针从文件尾处向文件头方向移动 10 个字节

三、填空题

1. FILE *p;的作用是定义一个_____，其中的"FILE"是在_____头文件中定义的。

2. 在对文件进行操作的过程中，若要求指向文件的指针回到文件的开头，应当调用的函数是_____。

3. 假定在当前盘当前目录下有两个文本文件，其名称和内容如下：

    文件名　　　　al.txt　　　　a2.txt

    内容　　　　121314#　　　252627#

    写出运行以下程序的结果_____。

```
#include "stdio.h"
void fc(FILE *);
void main()
{ FILE *fp;
  if((fp=fopen("a1.txt","r"))==NULL)
    { printf("Can not open file\n");exit(1);}
  fc(fp);
  fclose(fp);
  if((fp=fopen("a2.txt","r"))==NULL)
    { printf("Can not open file\n"); exit(1);}
  fc(fp);
```

```
      fclose(fp);
   }
void fc(FILE *fp1)
{ char c;
   while((c=fgetc(fp1))!='#') putchar(c);
}
```

四、编程题

1. 编写一个程序，把从键盘输入的字符序列存放到一个名为"f1.txt"的文件中（用字符'#'作为结束输入的标志）。

2. 编写一个程序，将磁盘当前文件夹中名为"f1.txt"的文本文件输出到屏幕上，并复制到同一文件夹中，文件名为"f2.txt"。

3. 有 5 个学生，每个学生有 3 门课的成绩，从键盘输入学生数据（包括学号、姓名、3 门课成绩），计算出平均成绩，将原有数据和计算出的平均分数存放在磁盘文件"stud"中。

4. 将第 3 题"stud"文件中的学生数据，按平均分进行排序，将已排序的学生数据存入一个新文件"stu_sort"中。

5. 对第 4 题已排序的学生数据进行插入处理。输入一个学生的信息，先计算其平均成绩，然后按平均成绩的高低顺序插入到文件"stu_sort"中。

第 12 章　C 语言综合应用

为了进一步了解 C 语言的功能、应用 C 语言的库函数、初步掌握 C 语言程序设计的实用技术，本章将介绍常用的字符屏幕函数与图形功能函数，并给出应用程序的开发实例。

12.1　字符屏幕与图形功能函数

软件的图形化界面具有界面友好、交互性强的特点，很受用户的欢迎，但是图形界面的开发相对来说会麻烦和困难一些。计算机屏幕与图形功能的实现通常与计算机硬件紧密相连，而不同计算机的硬件接口和性能又有着较大的差异，因此 C 语言的 ANSI 标准没有定义屏幕和图形功能。但是为了用户设计方便，不同版本的 C 语言编译系统都提供了屏幕与图形库函数，供用户编程时调用。

Turbo C 的函数非常丰富，本书仅介绍最常用的。

一般来说，显示器有两种工作方式，即文本方式和图形方式。前面各章中所有程序的输出都是在文本方式下，或称为字符屏幕。

12.1.1　常用的字符屏幕函数

屏幕默认的显示方式是 80 列 25 行的文本方式。在文本方式下，屏幕上显示的最小单位是字符。在屏幕上还可以设置"窗口"、背景颜色和字符颜色。下面介绍几个常用的字符屏幕函数，这些函数都包含在 conio.h 头文件中。

1．window()函数

window()函数可以在屏幕上指定的位置建立一个字符窗口。窗口可以大到整个屏幕，小到几个字符。在复杂的软件中，屏幕上可以同时有几个窗口，每个窗口执行独立的任务。窗口的默认值是整个屏幕。屏幕坐标系以屏幕左上角 $(1,1)$ 为原点，向右为 x 轴方向，向下为 y 轴方向，即 y 值是行号，x 值是列号，如图 12-1 所示。

window()函数的原型如下：

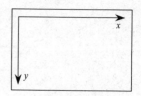

图 12-1　屏幕坐标系

```
void window(int left,int top,int right,int bottom);
```

其中(left,top)是窗口左上角坐标，(right,bottom)是窗口右下角坐标。如果有一个坐标无效，则该函数不起作用。字符窗口建立后，所有对坐标的引用都是相对于这个窗口，而不是相对于整个屏幕。

2. textcolor()函数

textcolor()函数确定字符的显示颜色，还能使字符闪烁。其原型如下：

```
void textcolor(int color);
```

其中，color 可以是 0~15 的整数，或者是在 conio.h 中定义的颜色符号常量。这些颜色符号常量和对应的数字值及其含义如表 12-1 所示。

表 12-1　颜色符号常量和对应的数字值及其含义

符 号 常 量	数 字 值	含 义	符 号 常 量	数 字 值	含 义
BLACK	0	黑	LIGHTBLUE	9	淡蓝
BLUE	1	蓝	LIGHTGREEN	10	淡绿
GREEN	2	绿	LIGHTCYAN	11	淡青
CYAN	3	青	LIGHTRED	12	淡红
RED	4	红	LIGHTMAGENTA	13	淡洋红
MAGENTA	5	洋红	YELLOW	14	黄
BROWN	6	棕	WHITE	15	白
LIGHTGRAY	7	淡灰	BLINK	128	闪烁
DARKGRAY	8	深灰			

字符颜色的选择只影响其下面要输出的字符，而不改变当前屏幕上的字符颜色。要想让字符闪烁，需将所选颜色值与 128（BLINK）做或（OR）运算。例如，下面的语句可以使字符的输出为绿色同时闪烁。

```
textcolor(GREEN|BLINK);
```

3. textbackground()函数

textbackground()函数用于设置字符屏幕的背景颜色。与 textcolor()函数类似，调用该函数，只影响其下面输出内容的背景颜色。其原型如下：

```
void textbackground(int color);
```

其中，color 可以是 0~6 的整数，即背景颜色只能用表 12-1 中的前 7 种颜色。

4. clrscr()函数

clrscr()函数用来清除当前窗口中的内容。其原型如下：

```
void clrscr(void);
```

5. gotoxy()函数

gotoxy()函数用于将光标移动到当前窗口中指定的位置。其原型如下：

```
void gotoxy(int x,int y);
```

其中，(x,y)是光标要定位的坐标。如果坐标出界，则该函数不执行。

不论窗口大小，其左上角都是(1,1)。假设使用整个屏幕，且在 80 列字符状态下，则 x 的变化范围是 1~80，y 的变化范围是 1~25。

6. gettext()函数和 puttext()函数

这两个函数用于保存和恢复屏幕区域的内容。它们的原型如下：

```
int gettext(int left,int top,int right,int bottom,void *buffer);
int puttext(int left,int top,int right,int bottom,void *buffer);
```

gettext()函数把屏幕左上角坐标(left,top)和右下角坐标(right,bottom)的矩形区域内的字符复制到 buffer 所指向的内存区域中。其中，坐标是屏幕的绝对坐标，不是窗口的相对坐标。buffer 的容量应为"行数×列数×2"，因为显示在屏幕上的每个字符要用两个字节存储，一个字节存放字符本身，一个字节存放其属性。例如，保存整个屏幕：

```
char buffer[4000];
gettext(1,1,80,25,buffer);
```

puttext()函数把先前由 gettext()函数存储到 buffer 中的字符复制到左上角坐标(left,top)和右下角坐标(right,bottom)的矩形区域内。

7. 窗口中的输入/输出函数

如果在窗口中用到 scanf()、printf()、getchar()、putchar()、gets()和 puts()等输入/输出函数，若输入/输出的内容较长，则有可能会溢出窗口，因为这些函数没有设计成适用于窗口屏幕环境。此时可以用对应的 cscanf()、cprintf()、getche()、putch()、cgets()和 cputs()函数，以保证输入/输出在窗口中自动换行。

另外，用 getchar()读一个字符，输入字符后需回车，而用 getche()则不需回车。

【例 12.1】窗口定义及背景颜色设置举例。

```
#include <stdio.h>
#include <conio.h>
void main()
{ window(1,1,25,80);                     /*定义全屏窗口*/
  textbackground(BLACK);                 /*设置屏幕背景色为黑色*/
  clrscr();                              /*清除屏幕，用当前背景颜色填充*/
  gotoxy(3,2);                           /*光标定位在第 2 行第 3 列*/
  cprintf("First window");               /*从光标处开始输出字符串*/
  window(4,4,39,9);                      /*定义窗口*/
  textbackground(RED);                   /*设置窗口背景色为红色*/
  clrscr();                              /*清除窗口，用当前背景颜色填充*/
  gotoxy(3,2);                           /*光标定位在当前窗口的第 2 行第 3 列*/
  cprintf("Second window");              /*从光标处开始输出字符串*/
  gotoxy(3,4);                           /*光标定位在当前窗口的第 4 行第 3 列*/
  cprintf("This is a long sentence,line feeds automatically.");
                                         /*从光标处开始输出字符串，出窗口自动换行*/
  window(10,11,45,16);                   /*定义窗口*/
  textbackground(GREEN);                 /*设置窗口背景色为绿色*/
  clrscr();                              /*清除窗口，用当前背景颜色填充*/
  gotoxy(3,4);                           /*光标定位在当前窗口的第 4 行第 3 列*/
  cprintf("Third window");               /*此串输出在窗口的第 4 行*/
  gotoxy(3,2);                           /*光标定位在当前窗口的第 2 行第 3 列*/
  cprintf("hello!");                     /*此串输出在窗口的第 2 行*/
  getch();                               /*按任意键继续*/
}
```

程序的运行结果如图 12-2 所示。

在前面各章中，输出都是从左到右、从上到下依次输出。从本例可知，利用 gotoxy()函数可以使输出定位到窗口中的任意有效位置。

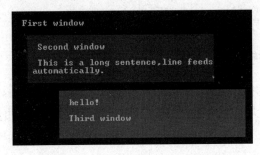

图 12-2 例 12.1 程序的运行结果

【例 12.2】用颜色数字值控制窗口背景色和字符颜色举例。

```
#include "stdio.h"
#include "conio.h"
void main()
{ int i;
  /*定义字符指针数组并初始化*/
  char *c[]={"BLACK","BLUE","GREEN","CYAN","RED"};
  textbackground(0);                    /*设置屏幕背景颜色*/
  clrscr();
  cprintf("%s",c[0]);
  for(i=1;i<5;i++)                      /*循环建立 4 个窗口*/
  { window(10+i*5,5+i,30+i*5,15+i);
    textbackground(i);                 /*用第 i 种颜色作为窗口背景颜色*/
    clrscr();
    textcolor(i+4);                    /*用第 i+4 种颜色作为字符颜色*/
    cputs(c[i]);                       /*输出字符串*/
  }
  getch();
}
```

下面介绍两个函数：bioskay()和 sleep()。

（1）键盘扫描函数 bioskay()。该函数包含在 bios.h 头文件中，用来获取从键盘上输入的诸如【Esc】、【F10】、箭头键、【Enter】等"特殊键"（包括控制键和功能键）的键值。其原型如下：

```
int bioskay(int cmd);
```

其中参数 cmd 的取值为 0～2。若 cmd 为 0，函数返回下一个在键盘上输入键的键值（它将等待到按下一个键）。当按下的是"普通键"时，函数值的低 8 位是该字符的 ASCII 码；而当按下的是"特殊键"时，则函数值低 8 位为 0。若 cmd 为 1，函数查询是否已经按下了一个键，当按下一个键时返回非 0 值，否则返回 0。若 cmd 为 2，返回键盘处于上档键（【Shift】）的状态。

例如，下面的程序运行后，若按下【PgUp】键则输出 4900，说明该键的键值为十六进制的 4900。

```
#include "bios.h"
void main()
{ int k;
  k=bioskey(0);
  printf("%x\n",k);
}
```

（2）延时函数 sleep()。其原型如下：

```
void sleep(int time);
```
该函数的功能是使程序运行暂停 time 秒。

12.1.2　常用的图形处理函数

Turbo C 提供了丰富的图形函数，所有图形函数的原型均在 graphics.h 头文件中。在用到图形函数的程序中除了要包含头文件，还要保证有显示器图形驱动程序（由出版商提供，文件扩展名为.BGI），同时，将集成开发环境 Options|Linker 中的 Graphics library 选项设置为 On，才能确保图形函数的正常使用。

在图形方式下，屏幕上显示的最小单位是像素。像素可以看作是屏幕上最小的点。通常把屏幕上所包含的像素个数用水平方向最大值乘以竖直方向最大值的形式表示，称为屏幕的"分辨率"。现在显示器的分辨率都能达到 1 024 × 768 像素或更大。

下面介绍几种常用的图形处理函数。

1．模式设置函数

由于屏幕默认的显示方式是 80 列 25 行的文本方式，显示单位是字符，而不是像素，因此在文本方式下不能使用图形函数。所以，在使用图形函数之前，首先要把屏幕设置成某种图形方式，这个过程称为"图形模式初始化"。

不同的计算机，配置的显示适配器不同（如 CGA、EGA、VGA 等），需要调用不同的图形驱动程序。而每一种显示适配器又有多种显示模式，不同的显示模式分辨率不同。图形模式初始化就是要设置显示器的图形驱动程序及显示模式。例如，VGA/EGA 的图形驱动程序及显示模式如表 12-2 所示。因篇幅关系，其他显示适配器的图形驱动程序及显示模式不再介绍。

表 12-2　VGA/EGA 的图形驱动程序（driver）和显示模式（mode）表

图形驱动程序（driver）		显示模式（mode）		色调	分辨率（像素）
符号常量	数字值	符号常量	数字值		
EGA	3	EGALO（低分辨率）	0	16 色	640 × 200
		EGAHI（高分辨率）	1	16 色	640 × 350
VGA	9	VGALO（低分辨率）	0	16 色	640 × 200
		VGAMED（中分辨率）	1	16 色	640 × 350
		VGAHI（高分辨率）	2	16 色	640 × 480

（1）图形模式初始化函数 initgraph()。该函数功能是将一个图形驱动程序装入内存，并将系统设置成指定的图形模式。其原型如下：

```
void initgraph(int far *driver,int far *mode,char far *path);
```
其中，driver 和 mode 分别是图形驱动程序变量和显示模式变量，path 是图形驱动程序所在的磁盘路径，far 表示其后的指针变量是远指针。当程序存储模式即集成开发环境 Options|Compiler 中的 Model 选为微型（Tiny）、小型（Small）或中型（Medium）时，不需要远指针 far。

【例 12.3】图形初始化，将显示器设置为 VGA 高分辨率图形模式。

```
#include "stdio.h"
#include "graphics.h"
```

```
void main()
{   int driver,mode;
    driver=VGA;                                        /*选 VGA 图形驱动程序*/
    mode=VGAHI;                                         /*选 VGA 高分辨率图形模式*/
    initgraph(&driver,&mode,"\\tc");                    /*图形初始化*/
    circle(320,240,150);                               /*画一个圆*/
    getch();
    closegraph();                                      /*关闭图形模式*/
}
```

（2）自动检测硬件函数 detectgraph()。当编程者不知道所用计算机的显示适配器类型时，可以用此函数自动检测显示器硬件，根据检测结果了解显示模式。其原型如下：

```
void detectgraph(int *driver,int *mode);
```

其中，driver 和 mode 的意义与 initgraph()函数相同。

【例 12.4】自动检测硬件后，进行图形初始化。

```
#include "stdio.h"
#include "graphics.h"
void main()
{   int driver,mode;
    detectgraph(&driver,&mode);                         /*自动检测硬件*/
    printf("driver is %d, mode is %d\n",driver,mode);  /*输出检测结果*/
    getch();
    initgraph(&driver,&mode,"\\tc");                    /*图形初始化*/
    circle(320,240,150);
    getch();  closegraph();
}
```

程序输出：

```
driver is 9, mode is 2
```

查表 12-2 可知，本机的图形驱动程序为 VGA，显示模式为 VGAHI，分辨率为 640×480 像素。

Turbo C 还提供了一种更简单的自动检测硬件的方法，即用 DETECT（系统默认的图形驱动程序符号常量）为驱动程序变量 driver 初始化，然后调用图形初始化函数。这样将自动检测所用显示器类型，并将相应的驱动程序装入，再设置好显示模式。程序如下：

```
#include "stdio.h"
#include "graphics.h"
void main()
{   int driver=DETECT,mode;                             /*将图形模式设置成默认模式*/
    initgraph(&driver,&mode,"\\tc");                    /*图形初始化*/
    circle(320,240,150);
    getch();
    closegraph();
}
```

（3）退出图形模式函数 closegraph()。此函数的功能是关闭图形系统，返回文本方式。其原型如下：

```
void closegraph(void);
```

（4）清除图形屏幕函数 cleardevice()。此函数的功能是清除整个图形屏幕。其原型如下：

```
void cleardevice(void);
```

2. 属性设置函数

图形模式下的属性包括颜色属性和线条属性等。

颜色分为前景色、背景色和填充色。屏幕上显示出的点、线、面颜色称为前景色（即作图颜色），衬托它们的颜色称为背景色，给封闭图形上色称为填充色。

背景色和填充色均为图形方式下的有效颜色，即表 12-1 中给出的 16 种标准色。前景色则会由于显示适配器不同而依赖于不同的调色板。但是 VGA 和 EGA 显示器都只有一个 16 色调色板，在 Turbo C 中可使用 16 种标准色，也可用 setpalette()函数和 setallpalette()函数自定义调色板，这里就不介绍了。

（1）设置背景色函数 setbkcolor()，其原型如下：

```
void setbkcolor(int color);
```

其中，color 即背景色。

（2）设置前景色函数 setcolor()，其原型如下：

```
void setcolor(int color);
```

其中，color 即前景色。

（3）设置填充模式函数 setfillstyle()，其原型如下：

```
void setfillstyle(int pattern,int color);
```

其中，color 即填充色，pattern 为填充模式，其符号常量和对应的数字值如表 12-3 所示。

表 12-3　填充模式（pattern）表

填充方式	符号常量	数字值	填充方式	符号常量	数字值
用背景颜色填充	EMPTY_FILE	0	用直方网格填充	HATCH_FILE	7
用单色实填充	SOLID_FILE	1	用斜网格填充	XHATCH_FILE	8
用水平线填充	LINE_FILE	2	用间隔点填充	INTERLEAVE_FILE	9
用左斜线填充	LTSLASH_FILE	3	用稀疏点填充	WIDE_DOT_FILE	10
用粗左斜线填充	SLASH_FILE	4	用密集点填充	CLOSE_DOT_FILE	11
用右斜线填充	BKSLASH_FILE	5	用户定义模式	USER_FILE	12
用粗右斜线填充	LTBKSLASH_FILE	6			

（4）封闭图形填充函数 floodfill()。其原型如下：

```
void floodfill(int x,int y,int bordercolor);
```

其中，(x,y)为封闭图形中任意一点的坐标，bordercolor 为封闭图形的边界颜色，即作图颜色。调用该函数将用设置的填充模式和颜色给封闭图形填充。

注意：

① 如果点(x,y)在图形外，则填充封闭图形外的屏幕区域。

② bordercolor 必须与图形的作图颜色相同。

③ 如果不是封闭图形，则填充会从未封闭处溢出，填充整个屏幕区域。

【例 12.5】以黑色为背景色、红色为作图颜色，以(200,200)为圆心、150 为半径画一个圆。分别用 12 种填充模式，用淡蓝色填充。

```
#include "stdio.h"
#include "graphics.h"
```

```
void main()
{ int i,driver,mode;
  driver=VGA; mode=VGAHI;
  initgraph(&driver,&mode,"\\tc");
  setbkcolor(BLACK);                /*设置背景色*/
  setcolor(RED);                    /*设置作图颜色*/
  for(i=0;i<12;i++)
  { circle(320,240,150);            /*画圆*/
    setfillstyle(i,LIGHTBLUE);      /*设置填充模式*/
    floodfill(320,240,RED);         /*填充*/
    getch();
  }
  closegraph();
}
```

（5）设置线条属性函数 setlinestyle()，其原型如下：

```
void setlinestyle(int style,unsigned pat,int thickness);
```

此函数仅对由直线段组成的图形有效。其中，style 是线条的形状，共有 5 种，thickness 是线条的宽度，共有 2 种，如表 12-4 所示。

表 12-4　线条形状（style）和宽度（thickness）表

变　　量	符号常量	数　字　值	含　　义
	SOLID_LINE	0	实线（默认设置）
	DOTTED_LINE	1	点线
style（形状）	CENTER_LINE	2	中心线
	DASHED_LINE	3	虚线
	USERBIT_LINE	4	自定义
thickness（宽度）	NORM_WIDTH	1	一点宽
	THICK_WIDTH	3	三点宽

参数 pat 只有当 style 设置成 USERBIT_LINE（自定义线形）时才有意义，使用前 4 种线形时置为 0。pat 是一个 16 位的二进制码，用来决定 16 像素单位长度的显示方式。如果某一位置为 1 则显示，为 0 则不显示。例如，若 16 位都为 1，表示所有像素都显示，也就是实线。一般把 16 位的二进制码转换成 4 位 16 进制数。

3．基本图形函数

计算机绘图就是从一个像素点移动到另一个像素点，移动的轨迹用前景色染色，移动到达的像素点称为当前点。

（1）画点、线、圆函数。

这是 3 种最基本的图形函数，它们的原型如下：

```
void putpixel(int x,int y,int color);
void line(int startx,int starty,int endx,endy);
void circle(int x,int y,int radius);
```

其中：

putpixel()函数在坐标(x,y)指定的位置上画一个点，该点的颜色由 color 的值决定。

line()函数在(startx,starty)和(endx,endy)两点之间画一条直线，颜色为当前的作图颜色。

circle()函数用当前作图颜色以(x,y)为圆心、以 radius 为半径画一个圆。

【例 12.6】以黄色为背景色、红色为前景色，纵坐标 y 为 100、横坐标 x 从 150 到 500，每隔 10 画一个红点；用三点宽用户定义线形（pat 值为 0xf0ff）从(150,400)到(500,400)画一条直线；再以(320,240)、(370,320)和(270,320)为顶点，分别用 4 种线形、2 种宽度画直线，形成一个三角形，采用直线填充模式，用蓝色填充。

运行程序时注意观察填充效果，可见当线形为虚线时三角形不闭合，填充"溢出"到整个屏幕。

```
#include "stdio.h"
#include "graphics.h"
void main()
{ int i,j,driver,mode;
  driver=VGA;  mode=VGAHI;
  initgraph(&driver,&mode,"\\tc");
  setbkcolor(YELLOW);  setcolor(RED);
  for(i=150;i<=500;i+=10) putpixel(i,100,RED);   /*画点*/
  getch();
  setlinestyle(4,0xaaaa,3);                      /*设置三点宽用户定义线*/
  line(150,400,500,400);                         /*画线*/
  getch();
  for(i=0;i<4;i++)
    for(j=1;j<=3;j+=2)
    { setlinestyle(i,0,j);                       /*设置线形和宽度*/
      cleardevice();                             /*清屏*/
      line(320,240,370,320);                     /*画线*/
      line(370,320,270,320);
      line(270,320,320,240);
      setfillstyle(2,BLUE);                      /*设置填充模式*/
      floodfill(300,300,RED);                    /*填充*/
      getch();
    }
  closegraph();
}
```

（2）画圆弧、扇形、椭圆函数。

画圆弧和扇形的函数原型如下：

```
void arc(int x,int y,int start,int end,int radius);
void pieslice(int x,int y,int start,int end,int radius);
```

这两个函数都是用当前作图颜色，以(x,y)为圆心，以 start 和 end 为起止角，以 radius 为半径画线。其中 start 和 end 均以角度为单位。扇形会用当前填充模式和颜色自动填充。

画椭圆的函数原型如下：

```
void ellipse(int x,int y,int start,int end,int xradius,int yradius);
```

此函数用当前作图颜色，以(x,y)为中心，以 xradius 和 yradius 为两轴半径，以 start 和 end 为起止角画椭圆。

（3）画多边形、矩形、长方体函数。

画多边形的函数原型如下：

```
void drawpoly(int numpoints,int *points);
```
此函数用当前作图颜色画一个多边形，numpoints 为多边形的顶点数，而 points 指向存放各顶点(x,y)坐标的整型数组。

画矩形的函数有两个，原型如下：
```
void rectangle(int left,int top,int right,int bottom);
void bar(int left,int top,int right,int bottom);
```
其中：

rectangle()函数用当前作图颜色，以(left,top)为左上角坐标，以(right,bottom)为右下角坐标画一个矩形。

bar()函数除了画一个矩形，还用当前填充模式和颜色填充，形成一个实心矩形。

画长方体的函数原型如下：
```
void bar3d(int left,int top,int right,int bottom,int depth,int topflag);
```
此函数在 bar()函数画出的实心矩形的基础上，以 depth 为高度，形成一个三维的长方体。参数 topflag 为 1 时长方体加顶盖，为 0 时不加。

【例 12.7】画屏幕边框，在框内适当位置画基本图形举例。

```
#include "stdio.h"
#include "graphics.h"
void border()                            /*画屏幕边框的函数*/
{ setcolor(RED);
  setlinestyle(0,0,3);                   /*设置线形为三点宽实线*/
  line(0,0,639,0);  line(0,0,0,479);
  line(0,479,639,479);  line(639,1,639,479);
}
void main()
{ int i,j,driver,mode;
  driver=VGA; mode=VGAHI;
  initgraph(&driver,&mode,"\\tc");
  setbkcolor(BLACK);
  border();                              /*画屏幕边框*/
  setcolor(BLUE);
  setlinestyle(0,0,1);                   /*设置线形为一点宽实线*/
  setfillstyle(1,YELLOW);                /*设置黄色实填充模式*/
  pieslice(150,400,90,180,90);           /*画扇形，自动填充*/
  ellipse(320,250,0,360,100,50);         /*画椭圆形*/
  rectangle(50,50,150,150);              /*画矩形*/
  bar(300,350,500,450);                  /*画自动填充矩形*/
  bar3d(300,50,500,150,50,1);            /*画正面填充长方体*/
  getch(); closegraph();
}
```
运行此程序可见，有些函数所画图形会自动填充，有些则需要用户自己用 floodfill()函数填充。

4．文本输出函数

在图形模式下，用于字符屏幕窗口的 I/O 函数无效。虽然可以使用诸如 printf()、putchar()和 puts()等标准屏幕输出函数，但是使用专门设计的图形模式下的字符输出函数输出效果更好。

（1）设置字型、大小和显示方向的函数 settextstyle()，其原型如下：

```
void settextstyle(int font,int direction,int charsize);
```

其中，参数 font 确定所用字型，direction 给出字符的显示方向，它们的取值如表 12-5 所示。字符大小默认值为 8×8 点阵字型，charsize 是增加字符大小的倍数，其值为 0～10，如 charsize 为 2 表示用 16×16 点阵字型，charsize 为 3 表示用 24×24 点阵字型，依此类推。

表 12-5　字型（font）和显示方向（direction）表

变　　量	符号常量	数　字　值	含　　义
font（字型）	DEFAULT_FONT	0	8×8 点阵（默认值）
	TRIPLEX_FONT	1	三倍笔画字体
font（字型）	SMALL_FONT	2	小字笔画字体
	SANSSERIF_FONT	3	无衬线笔画字体
	GOTHIC_FONT	4	黑体笔画字体
direction（显示方向）	HORIZ_DIR	0	水平
	VERT_DIR	1	垂直

（2）字符串输出函数 outtext()。该函数在当前位置输出 str 所指的字符串（在图形模式下，没有可见光标，但存在当前显示位置），其原型如下：

```
void outtext(char *str);
```

此函数的主要优点在于它能用不同的字型、大小和显示方向输出文字。

（3）光标定位函数 moveto()，其原型如下：

```
void moveto(int x,int y);
```

此函数将光标移到(x,y)点，在移动过程中不画点。

（4）字符串定位输出函数 outtextxy()，其原型如下：

```
void outtextxy(int x,int y,char *str);
```

如果要将字符串输出到窗口由(x,y)指定的位置上就用此函数。若(x,y)超出了窗口之外，则不会显示输出。下面的语句：

```
outtextxy(100,100,"good");
```

等价于：

```
moveto(100,100); outtext("good");
```

（5）将输出内容转换成字符串函数 sprint()。在图形模式下，将在一行上输出的内容（包括数值）转换成一个字符串，输出效果更好。函数原型如下：

```
int sprintf(char *str,char *format,variable_list);
```

此函数的头文件是 stdio.h。它与 printf()函数的不同之处是将按格式控制串格式化的内容写入 str 所指的字符串中，返回值是写入的字符个数，即字符串长度。例如：

```
char str[20];int a=3,n;float x=5.8;
n=sprintf(str,"%d+%f=%f",a,x,a+x);
```

语句执行结果：str 串的内容是 "3+5.800000=8.800000"；n 的值是 19。

【例 12.8】用不同的字体输出字符串举例。

```
#include "stdio.h"
#include "graphics.h"
void main()
```

```
{ int driver,mode;
  char str[30]; int i;
  driver=VGA; mode=VGAHI;
  initgraph(&driver,&mode,"\\tc");
  for(i=1;i<5;i++)
  { setcolor(i);                                  /*设置作图颜色*/
    settextstyle(i,0,i*2);                        /*设置第 i 种字型，水平输出，放大 2i 倍*/
    sprintf(str,"This is No%d font",i);  /*转换字符串*/
    outtextxy(5,i*50,str);                        /*定位输出字符串*/
    getch();
  }
  closegraph();
}
```

5. 视口操作函数

图形方式下的窗口称作"视口"。所有的图形函数都是在视口上操作的，默认的视口是整个屏幕。用户可以同时建立多个不同大小的视口，每个视口的操作都是以其左上角为参考点，坐标为(0,0)。在视口内画的图形会显示出来，超出视口的部分可以控制其是否显示。

（1）设置视口函数 setviewport()，其原型如下：

```
void setviewport(int x1,int y1,int x2,int y2,int clipflag);
```

此函数设置一个以（x1,y1）为左上角坐标、（x2,y2）为右下角坐标的图形视口，其中(x1,y1)和(x2,y2)是相对于整个屏幕的坐标。如果 clipflag 为非 0，则超出视口的输出不显示，若 clipflag 为 0，则在视口外显示。

（2）清除当前视口中的内容函数 clearviewport()，其原型如下：

```
void clearviewport(void);
```

视口背景色只能与屏幕背景色相同，改变视口背景色，整个屏幕背景色随之改变。若想使视口背景色与屏幕背景色不同，可以通过画视口边框并填充来实现。

当在屏幕上开辟多个视口时，这些视口可以重叠，但最近一次设置的视口才是当前视口。各图形函数都是在当前视口中操作，其他视口中的内容只要不被清除，就可以保持在屏幕上。当要处理某个非当前视口时，应再次设置这个视口，使其变为当前视口。

【例 12.9】在屏幕上设置两个视口，在视口中作图。

```
#include "stdio.h"
#include "graphics.h"
void border(int x1,int y1,int x2,int y2)      /*画视口边框的函数*/
{ setlinestyle(0,0,3);                        /*设置三点宽实线*/
  line(x1,y1,x2,y1);  line(x1,y1,x1,y2);
  line(x1,y2,x2,y2);  line(x2,y2,x2,y1);
}
void main()
{ int driver,mode;
  driver=VGA;  mode=VGAHI;
  initgraph(&driver,&mode,"\\tc");
  setbkcolor(BLUE);                            /*设置背景色为蓝色*/
  setviewport(10,10,350,350,1);                /*设置第一个视口，出界不显示*/
  setcolor(RED);                               /*设置作图色为红色*/
  border(0,0,340,340);                         /*画视口边框*/
```

```
    setfillstyle(1,YELLOW);                    /*设置黄色实填充*/
    floodfill(50,50,RED);                      /*填充视口*/
    settextstyle(1,0,6);                       /*设置三倍笔画字体, 水平输出, 放大6倍*/
    outtextxy(5,5,"This is a long string");    /*输出字符串*/
    getch();
    setviewport(100,220,550,400,0);            /*设置第二个视口, 出界仍显示*/
    setcolor(GREEN);                           /*设置作图色为绿色*/
    border(0,0,450,180);                       /*画视口边框*/
    setfillstyle(1,RED);                       /*设置红色实填充*/
    floodfill(50,50,GREEN);                    /*填充视口*/
    settextstyle(1,0,6);                       /*设置三倍笔画字体, 水平输出, 放大6倍*/
    outtextxy(5,5,"This is a long string");    /*输出字符串*/
    getch();
    setviewport(10,10,350,350,1);              /*设置第一个视口为当前视口*/
    setcolor(BLUE);                            /*设置作图色为蓝色*/
    circle(150,150,50);                        /*画圆*/
    getch(); closegraph();
}
```

利用视口操作技巧, 可以实现动画效果。

【例 12.10】通过改变坐标位置移动视口, 从而实现一个立方体的连续移动。

```
#include "stdio.h"
#include "graphics.h"
void main()
{ int i,driver,mode;
  driver=VGA;  mode=VGAHI;
  initgraph(&driver,&mode,"\\tc");
  for(i=0;i<35;i++)
  { setviewport(0,10*i,639,479,1);             /*设置视口*/
    setcolor(RED);
    bar3d(10,120,60,150,40,1);                 /*画立方体*/
    setfillstyle(1,WHITE);                     /*设置白色实填充*/
    floodfill(70,130,RED);                     /*填充侧面*/
    floodfill(30,110,RED);                     /*填充顶部*/
    sleep(1);                                  /*延时一秒*/
    clearviewport();                           /*清除视口*/
  }
  closegraph();
}
```

（3）通过保持和恢复屏幕上的图像信息, 可以更好地实现动画效果, 常用下面这些函数: imagesize()、getimage()和 putimage()函数。它们的原型分别如下:

```
unsigned imagesize(int x1,int y1,int x2,int y2);
void getimage(int x1,int y1,int x2,int y2,void *buffer);
void putimage(int x,int y,void *buffer,int op);
```

这些函数用于将屏幕上的图像复制到内存, 再将内存中的图像恢复到屏幕上。先通过 imagesize()函数测试要保存的由左上角坐标(x1,y1)、右下角坐标(x2, y2)构成的图形区域内的全部内容需要多少字节, 再分配一个内存空间（大小为测试到的字节数）, 并将首地址赋给指针变量 buffer。再通过调用 getimage()函数将该区域内的图像保存到 buffer 所指向的内存区域, 需要时再

用 putimage()函数将该图像从内存输出到左上角点(x,y)的位置上。其中，getimage()函数中的参数
op 取值 COPY_PUT 时表示复制。

【例 12.11】模拟两个小球动态碰撞的演示程序。

```
#include "stdio.h"
#include "graphics.h"
void main()
{ int i,j,size,driver,mode;
  void *buffer;                              /*定义一个指针变量*/
  driver=VGA;  mode=VGAHI;
  initgraph(&driver,&mode,"\\tc");
  cleardevice();                             /*清屏*/
  setbkcolor(BLUE);                          /*设置蓝色背景色*/
  setcolor(RED);                             /*设置红色作图颜色*/
  setlinestyle(0,0,1);                       /*设置一点宽实线*/
  setfillstyle(1,WHITE);                     /*设置白色实填充*/
  circle(100,200,30);                        /*画圆*/
  floodfill(100,200,RED);                    /*填充*/
  size=imagesize(69,169,131,231);            /*得到存储屏幕图形所需字节数*/
  buffer=malloc(size);                       /*动态分配存储空间*/
  getimage(69,169,131,231,buffer);           /*保存屏幕指定区域图形*/
  putimage(500,169,buffer,COPY_PUT);         /*在屏幕另一个位置释放图形*/
  for(i=0;i<5;i++)                           /*两球往返碰撞 5 次*/
  { for(j=0;j<185;j++)                       /*两球相对运动直到碰撞*/
    { putimage(70+j,170,buffer,COPY_PUT);    /*左球向右移*/
      putimage(500-j,170,buffer,COPY_PUT);   /*右球向左移*/
    }
    for(j=0;j<185;j++)                       /*两球相背运动直到碰撞*/
    { putimage(255-j,170,buffer,COPY_PUT);   /*左球向左移*/
      putimage(315+j,170,buffer,COPY_PUT);   /*右球向右移*/
    }
  }
  getch();  closegraph();
}
```

利用图形函数，也可以画出函数曲线、饼形图等复杂图形。

12.2　程序开发的实用技术

在前面各章节中，程序都是为了阐述相关概念或知识点而列举的示例，都比较短小。然而，有
实用价值的应用程序往往都比较大，常常需要多个程序员共同合作开发。一般是将问题划分成若干
个模块，每个模块单独编辑、单独编译，形成多个目标程序，最后连接起来形成一个可执行程序。

12.2.1　菜单的设计方法

在程序设计时，为了获得较好的人机界面，可以利用字符屏幕和图形功能函数进行菜单设计。

1. 简单的菜单设计

设计简单的菜单就是在屏幕上打开一个窗口，在窗口中列出系统的功能供用户选择，再根据

用户选择调用相应的功能模块。

　　【例 12.12】简单的菜单演示程序。

```c
#include "stdio.h"
#include "conio.h"
#include "bios.h"
void Input(),Calculate(),Output();                /*函数声明*/
void main()
{ char key=0;                                      /*key用来读取功能选项序号*/
  textbackground(BLACK);                           /*设置屏幕背景色*/
  while(1)
  { clrscr();
    window(20,5,60,18);                            /*设置窗口*/
    textbackground(BLUE);                          /*设置窗口背景色*/
    clrscr();
    textcolor(WHITE);                              /*设置文字颜色*/
    gotoxy(15,2); cprintf("Main Memu");            /*显示菜单*/
    gotoxy(5,4);  cprintf("Input          (1)");
    gotoxy(5,6);  cprintf("Calculate      (2)");
    gotoxy(5,8);  cprintf("Output         (3)");
    gotoxy(5,10); cprintf("Exit           (0)");
    gotoxy(10,12); cprintf("Please choose 0--3");
    key=bioskey(0);                                /*选择功能*/
    if(key=='0')break;                             /*选择0退出*/
    switch(key)
    { case '1': Input(); break;                    /*选择1，调用输入模块*/
      case '2': Calculate(); break;                /*选择2，调用计算模块*/
      case '3': Output(); break;                   /*选择3，调用输出模块*/
    }
  }
}
void Input()                                       /*输入模块*/
{ window(1,1,25,80);
  textbackground(BLACK);
  clrscr();
  printf("This is the input module");
  getch();
}
void Calculate()                                   /*计算模块*/
{ ... }
void Output()                                      /*输出模块*/
{ ... }
```

2．可控制的菜单设计

　　编写一个类似于 Turbo C 集成开发环境的可控制菜单界面，即主菜单横向排列在屏幕的最上方，子菜单纵向排列在对应主菜单的下方。通过键盘上的箭头键来完成菜单之间的切换，通过【F10】键和【Esc】键来完成菜单状态和非菜单状态的转换。在屏幕上开辟所需窗口，如 Edit 窗口、Message 窗口等。

主要需进行以下几方面的设计：

（1）定义菜单的数据结构，利用数据结构构造所需菜单。

（2）根据菜单的结构编写绘制菜单的函数。

（3）编写一个绘制初始屏幕的函数。

（4）编写控制键盘进行菜单操作的函数。

（5）编写主函数。

具体设计内容见后续 12.3 节的综合应用举例。

12.2.2　运行一个多文件的程序

在实际应用中，对于较大、较复杂的问题往往需要多人合作完成。在各自编写的程序中，将允许其他文件调用的函数定义为外部函数，只允许本文件调用的函数定义为内部函数，形成一个或几个源程序文件（扩展名为.c）。

这样，一个应用程序往往由多个源程序文件组成。运行一个多文件的程序，需要把每个源程序文件单独编译成目标文件（扩展名为.obj），再把多个目标文件连接形成一个可执行文件（扩展名为.exe）。

运行一个多文件的程序，常用的方法有：用文件包含的方法和建立项目文件的方法。

1．用文件包含实现

用文件包含的方法，就是用#include 命令把其他文件包含到一个文件中来。

【例 12.13】文件包含方法举例。

下面的程序包含两个源程序文件，分别命名为 PROG1.C 和 PROG2.C。

PROG1.C 如下：

```
#include "stdio.h"
void main()
{ float a,b,c;
  float max(float x,float y);          /*函数调用声明*/
  printf("a,b,c=");
  scanf("%f,%f,%f",&a,&b,&c);
  printf("MAX=%.2f\n",max(max(a,b),c));
}
```

PROG2.C 如下：

```
float max(float x,float y)
{ if(x>y) return x;  else return y;}
```

分别编辑两个文件并保存。只要在 PROG1.C 程序开头加一行编译预处理命令：

```
#include "PROG2.C"
```

即可运行，此时 PROG1.C 是主文件，形成的可执行文件名是 PROG1.EXE。也可以在 PROG2.C 程序开头加一行编译预处理命令：

```
#include "PROG1.C"
```

此时 PROG2.C 是主文件，形成的可执行文件名是 PROG2.EXE。

注意：用文件包含的方法，是将被包含的文件插入到主文件中来，从而形成一个目标文件。

2．用项目文件实现

各种 C 语言中都提供了对多文件程序进行编译和连接的方法。

Turbo C 是将多个文件组成一个"项目"。为此要新建一个"项目文件"，在该文件中包含各源程序文件的名字，然后将该项目文件进行编译和连接，就可以得到一个可执行文件（扩展名为.exe）。

仍以例 12.13 为例，在 PROG1.C 和 PROG2.C 源程序文件已经存在的前提下，新建项目文件 PROG.PRJ，并运行。

具体操作步骤如下：

（1）编辑项目文件。在 Turbo C 编辑窗口中，输入各源程序文件的名字（若不在当前文件夹，须指定路径）。选择 File|Write to 命令将文件保存，文件名为 PROG.PRJ，如图 12-3 所示。PROG 是用户自己指定的名字，扩展名必须用.PRJ，表示是项目文件，PRJ 是 project（项目）的缩写。

图 12-3　编辑项目文件

（2）指定当前项目文件。选择 Project|Project name 命令，出现项目名对话框，如图 12-4（a）所示。输入已经编辑并保存的项目文件名（如 PROG.PRJ）并按【Enter】键，则该项目文件被指定为当前文件，如图 12-4（b）所示。按【Esc】键取消菜单。

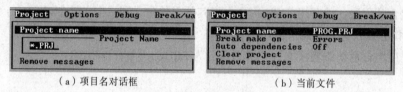

（a）项目名对话框　　　　　　　　　　（b）当前文件

图 12-4　指定当前项目文件

（3）编译、连接和运行项目文件。按【Ctrl+F9】组合键，对指定的项目文件进行编译和连接，生成两个目标文件 PROG1.OBJ 和 PROG2.OBJ 和一个可执行文件 PROG.EXE，同时运行可执行文件得到运行结果。

（4）清空项目。选择 Project|Clear Project 命令，则图 12-4（b）中 Project name 后面的项目名为空。这个操作非常重要，因为在选择"Make EXE file"进行编译连接，或按【Ctrl+F9】组合键进行编译、连接和运行时，系统首先在 Project name 中查找有无指定项目文件（.PRJ 文件）。如果有则系统优先处理该项目文件，而不是处理编辑窗口中的文件。若不清空项目，就无法运行编辑窗口中的源程序文件。

注意：用建立"项目文件"的方法，各源程序文件分别进行编译，得到多个目标文件，然后将这些目标文件以及库函数、头文件等连接成一个可执行文件。

12.2.3　文件之间的调用

1．调用其他文件中的外部函数

通过运行一个多文件的程序可知，一个文件中的函数可以调用其他文件中的外部函数（如例

12.13 中 PROG1 的 main()函数就调用了 PROG2 的外部函数 max()函数），却不能调用其他文件中的内部函数。例如，若将 PROG2.C 改写成内部函数：

```
static float max(float x,float y)
{ if(x>y)return x;  else return y; }
```

则项目文件运行时，就会出现"Undefine symble '_max' in module PROG1"的错误信息，意为 PROG1 调用的 max()函数没有定义。可见内部函数不能被其他文件中的函数调用。

2．调用其他文件中的全局变量

一个文件中的函数可以调用其他文件中的全局变量，却不能调用其他文件中的静态全局变量。

【例 12.14】多文件程序中，函数调用其他文件中的全局变量举例。

PROG1.C 文件如下：

```
#include <stdio.h>
void main()
{ extern float a,b;                  /*全局变量声明，扩展作用域到此*/
  float max(float x,float y);        /*函数调用声明*/
  printf("MAX=%.2f\n",max(a,b));
}
```

PROG2.C 文件如下：

```
float a=3.5,b=6.8;                   /*全局变量定义并初始化*/
float max(float x,float y)
{ if(x>y)return x;  else return y; }
```

编辑项目文件 PROG.PRJ 为：

```
prog1
prog2
```

指定项目文件为当前文件，按【Ctrl+F9】组合键运行。

运行结果：

```
MAX=6.8
```

PROG1.C 文件中并没有定义变量 a、b 和函数 max()，是用"extern float a,b;"声明引用全局变量，并用引用的 a、b 作为实参，调用其他文件中的 max()函数。

但是，若将 PROG2.C 中的全局变量定义成静态全局变量，即将 PROG2.C 改写：

```
static float a=3.5,b=6.8;
float max(float x,float y)
{ if(x>y) return x;  else return y; }
```

项目文件运行时，就会出现"Undefine symble 'a' in module PROG1"和"Undefine symble 'b' in module PROG1"的错误信息，意为 PROG1 中没有定义变量 a 和 b。可见静态全局变量不能被其他文件中的函数调用。

12.3　综合应用举例

编写一个通讯录管理程序。要求能够实现通讯录的保存和读取功能，能够添加、删除和修改记录，能够按姓名、手机号和电话号查找记录。

12.3.1 系统功能设计

这是一个典型的信息管理程序。由于篇幅关系，设计尽可能简化。主菜单包括文件（File）、编辑（Edit）和查找（Search）。每个主菜单又包含若干个子菜单：

（1）文件（File）：包括创建（Create）、打开（Open）、保存（Save）和退出（Exit）通讯录等操作。

（2）编辑（Edit）：包括添加（Add）、删除（Delete）和修改（Modify）记录等操作。

（3）查找（Search）：包括按姓名查（Name）、按手机号查（Phone NO.）、按电话号码查（Telephone）等操作。

系统功能设计如图 12-5 所示。

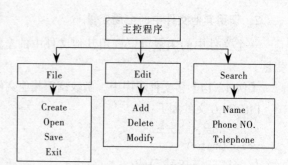

图 12-5　系统功能设计

12.3.2 程序模块划分与设计

根据模块化设计原则，将系统功能划分为 3 个程序模块来实现，即菜单模块、通讯录模块和主控函数。

1．菜单模块设计（menu.c）

编写菜单控制程序需要三个关键技术：一是需要用到屏幕函数，来控制屏幕上的输入/输出，这些函数包含在"conio.h"中；二是需要得到键盘上控制键（如【Esc】键、【F10】键、【Enter】键、箭头键等）的输入消息，可以用 bioskey()函数实现，这个函数包含在"bios.h"中；三是要定义一个合理的菜单数据结构，以方便程序设计。另外，在屏幕上开辟三个窗口：Display 窗口、Massage 窗口和 Input 窗口，分别用来显示通讯录、显示提示信息和输入信息。

（1）定义菜单的数据结构，利用数据结构构造所需菜单。

```
/*定义菜单结构体类型*/
typedef struct menu
{ int ID;                        /*菜单的符号常量*/
  int x,y;                       /*菜单的位置*/
  int active;                    /*菜单的状态：1 为激活，0 为非激活*/
  char content[20];              /*菜单的文本内容*/
  struct menu *pSubMenu;         /*子菜单指针*/
  int nSubMenu;                  /*子菜单个数*/
}MENU;
/*定义各菜单的符号常量*/
#define File 1
#define Edit 2
#define Search 3
#define FILE_CREA 11
#define FILE_OPEN 12
#define FILE_SAVE 13
#define FILE_EXIT 14
#define EDIT_ADD 21
#define EDIT_DEL 22
```

```
#define EDIT_MOD 23
#define SEARCH_NAME 31
#define SEARCH_PHONE 32
#define SEARCH_TELE 33
```
/*为控制键的扫描码（可用 bioskey()函数查得）定义符号常量，以便于程序阅读*/
```
#define UP_KEY 0x4800
#define DOWN_KEY 0x5000
#define LEFT_KEY 0x4b00
#define RIGHT_KEY 0x4d00
#define F10_KEY  0x4400
#define RETURN_KEY 0x1c0d
#define BS_KEY 0x0e08
#define ESC_KEY 0x011b
```
/*包含的头文件*/
```
#include "stdio.h"
#include "conio.h"
#include "bios.h"
```
/*定义各菜单的结构体数组*/
```
MENU FileSub[4]={                                    /*File 菜单的子菜单*/
    {FILE_CREA,1,3,1," Create",NULL,0},              /*默认的激活子菜单*/
    {FILE_OPEN,1,4,0," Open...",NULL,0},
    {FILE_SAVE,1,5,0," Save",NULL,0},
    {FILE_EXIT,1,6,0," Exit",NULL,0}
};
MENU EditSub[3]={                                    /*Edit 菜单的子菜单*/
    {EDIT_ADD,20,3,1," Add",NULL,0},                 /*默认的激活子菜单*/
    {EDIT_DEL,20,4,0," Delete",NULL,0},
    {EDIT_MOD,20,5,0," Modify",NULL,0}
};
MENU SearchSub[3]={                                  /*Search 菜单的子菜单*/
    {SEARCH_NAME,40,3,1," Name",NULL,0},             /*默认的激活子菜单*/
    {SEARCH_PHONE,40,4,0," Phone",NULL,0},
    {SEARCH_TELE,40,5,0," Telephone",NULL,0}
};
MENU MainMenu[3]={                                   /*主菜单*/
    {File,1,1,0," File",FileSub,4},                  /*默认的激活菜单*/
    {Edit,20,1,0," Edit",EditSub,3},
    {Search,40,1,0," Search",SearchSub,3}
};
```
/*函数声明*/
```
void MenuDraw(MENU *pMenu,int n);
void FrameDraw();
int SearchActiveMenu(MENU *pMenu,int n);
int MenuSelect();
```
（2）根据菜单的结构，编写绘制菜单的函数，形参为菜单指针和菜单个数，即数组名和数组长度。
```
void MenuDraw(MENU *pMenu,int n)
{ window(1,1,80,25);
  for(;n>0;n--)
  { textbackground(pMenu->active?BLUE:WHITE);
```

```
                                   /*设置菜单背景色:激活为蓝色，非激活为白色*/
     textcolor(RED);                        /*设置菜单文字颜色*/
     gotoxy(pMenu->x,pMenu->y);             /*指定菜单文本输出位置*/
     cprintf("%s",pMenu->content);          /*输出菜单文本*/
     pMenu++;
   }
 }
```

（3）编写一个绘制初始屏幕的函数。

```
void FrameDraw()
{ int i,j;
  window(1,1,80,25); textbackground(WHITE);   /*整个屏幕背景用白色填充*/
  clrscr();
  window(1,2,80,24); textbackground(CYAN);     /*此窗口背景用青色填充*/
  clrscr();
  textcolor(BLACK);                            /*文字颜色为黑色*/
  window(1,1,80,25);                           /*整个屏幕为当前窗口*/
  for(i=0;i<80;i++)                            /*画外框线*/
  { gotoxy(i,2); cprintf("%c",205);            /*画横线*/
    gotoxy(i,24); cprintf("%c",205);
  }
  for(i=3;i<24;i++)
  { gotoxy(1,i); cprintf("%c",186);            /*画竖线*/
    gotoxy(80,i); cprintf("%c",186);
  }
  gotoxy(1,2); cprintf("%c",201);              /*画四角*/
  gotoxy(80,2); cprintf("%c",187);
  gotoxy(1,24); cprintf("%c",200);
  gotoxy(80,24); cprintf("%c",188);
  window(2,3,54,23); textbackground(BLACK);    /*设置 Display 窗口*/
  clrscr();
  window(56,3,79,12); textbackground(YELLOW);  /*设置 Message 窗口*/
  clrscr();
  window(56,14,79,23); textbackground(BLUE);   /*设置 Input 窗口*/
  clrscr();
  window(1,1,80,25);                           /*切换到全屏幕窗口*/
  textcolor(BLACK);
  textbackground(CYAN);
  for(i=3;i<24;i++)                            /*画内框线*/
  { gotoxy(55,i); cprintf("%c",186); }
  for(i=56;i<80;i++)
  { gotoxy(i,13); cprintf("%c",205); }
  gotoxy(55,2); cprintf("%c",203);
  gotoxy(55,24); cprintf("%c",202);
  gotoxy(55,13); cprintf("%c",204);
  gotoxy(80,13); cprintf("%c",185);
  gotoxy(21,2); cprintf("Display");
  gotoxy(65,2); cprintf("Massage");
  gotoxy(65,13); cprintf("Input");
  textbackground(GREEN);
  textcolor(BLACK);
```

```
  gotoxy(4,4); cprintf("Name          ");    /*输出显示窗口的标题*/
  gotoxy(22,4); cprintf("Sex");
  gotoxy(27,4); cprintf("Phone NO. ");
  gotoxy(40,4); cprintf("Telephone      ");
  MenuDraw(MainMenu,3);                        /*绘制主菜单*/
}
```

（4）编写控制键盘进行菜单操作的函数。

```
int SearchActiveMenu(MENU *pMenu,int n)        /*查找激活菜单的函数*/
{ for(n--;n>=0;n--)
    if(pMenu[n].active)break;
  return n;
}
int MenuSelect()                               /*选择菜单的函数*/
{ int b_Exit=0;                                /*用来标志是否退出菜单模式*/
  int result=0;                                /*用来保存菜单操作返回值*/
  int b_SubMenu=0;                             /*用来标志是否为子菜单模式*/
  int left=1,top=1,right=1,bottom=1,n;         /*用来保存当前子菜单的屏幕位置*/
  char buffer[500];                            /*用来保存当前子菜单的屏幕内容*/
  int key;                                     /*用来保存当前键值*/
  while((key=bioskey(0))!=F10_KEY);            /*先按【F10】键*/
  while(!b_Exit)                               /*循环键盘控制*/
  { switch(key)
    { case F10_KEY:                            /*【F10】键*/
        MainMenu[0].active=1;                  /*激活主菜单*/
        MenuDraw(MainMenu,3);                  /*绘制主菜单*/
        if(b_SubMenu)
        { b_SubMenu=0;                         /*退出子菜单*/
          puttext(left,top,right,bottom,buffer);   /*还原屏幕内容*/
        }break;
      case ESC_KEY:                            /*【Esc】键，退出菜单模式*/
        n=SearchActiveMenu(MainMenu,3);        /*查找当前激活的主菜单*/
        if(!b_SubMenu)
        { MainMenu[n].active=0;
          b_Exit=1;
        }
        else b_SubMenu=0;
        MenuDraw(MainMenu,3);
        puttext(left,top,right,bottom,buffer);
        result=0;
        break;
      case UP_KEY:                             /*【↑】键，只在子菜单模式中有效*/
        if(b_SubMenu)
        { int m;
          n=SearchActiveMenu(MainMenu,3);      /*查找激活的主菜单*/
          m=SearchActiveMenu(MainMenu[n].pSubMenu,
            MainMenu[n].nSubMenu);
                                               /*查找相应的激活子菜单*/
          (MainMenu[n].pSubMenu+m)->active=0;  /*该子菜单失活*/
          if(m==0)                             /*激活上面的子菜单*/
            (MainMenu[n].pSubMenu+MainMenu[n].nSubMenu-1)->active=1;
```

```
          else
            (MainMenu[n].pSubMenu+m-1)->active=1;
          MenuDraw(MainMenu[n].pSubMenu,MainMenu[n].nSubMenu);
                                          /*重新绘制子菜单*/
        }break;
  case DOWN_KEY:                          /*【↓】键，只在子菜单模式中有效*/
      if(b_SubMenu)
      { int m;
        n=SearchActiveMenu(MainMenu,3);
 m=SearchActiveMenu(MainMenu[n].pSubMenu,MainMenu[n].nSubMenu);
        (MainMenu[n].pSubMenu+m)->active=0;
        if(m==(MainMenu[n].nSubMenu-1))    /*激活下面的子菜单*/
          MainMenu[n].pSubMenu->active=1;
        else
          (MainMenu[n].pSubMenu+m+1)->active=1;
        MenuDraw(MainMenu[n].pSubMenu,MainMenu[n].nSubMenu);
      }break;
  case LEFT_KEY:                          /*【←】键*/
      n=SearchActiveMenu(MainMenu,3);      /*查找激活的主菜单*/
      MainMenu[n].active=0;
      n=(n==0)?2:(n-1);
      MainMenu[n].active=1;                /*激活左面的菜单*/
      MenuDraw(MainMenu,3);
      if(b_SubMenu)                        /*如果是子菜单模式，需要更换子菜单列*/
      { puttext(left,top,right,bottom,buffer);  /*恢复屏幕内容*/
        left=MainMenu[n].pSubMenu->x;
        top=2;
        right=left+15;
        bottom=top+MainMenu[n].nSubMenu;
        gettext(left,top,right,bottom,buffer);  /*重新获取屏幕内容*/
        window(left,top,right,bottom);     /*绘制子菜单*/
        textbackground(WHITE);
        clrscr();
        MenuDraw(MainMenu[n].pSubMenu,MainMenu[n].nSubMenu);
      }break;
  case RIGHT_KEY:                          /*【→】键*/
      n=SearchActiveMenu(MainMenu,3);
      MainMenu[n].active=0;
      n=(n+1)%3;
      MainMenu[n].active=1;                /*激活右面的菜单*/
      MenuDraw(MainMenu,3);
      if(b_SubMenu)
      { puttext(left,top,right,bottom,buffer);
        left=MainMenu[n].pSubMenu->x;
        top=2;
        right=left+15;
        bottom=top+MainMenu[n].nSubMenu;
        gettext(left,top,right,bottom,buffer);
        window(left,top,right,bottom);
        textbackground(WHITE);
        clrscr();
        MenuDraw(MainMenu[n].pSubMenu,MainMenu[n].nSubMenu);
```

```
        }break;
    case RETURN_KEY:                                    /*【Enter】键*/
        n=SearchActiveMenu(MainMenu,3);
        if(!b_SubMenu)
        { b_SubMenu=1;                                  /*进入子菜单模式*/
          left=MainMenu[n].pSubMenu->x;
          top=2;
          right=left+15;
          bottom=top+MainMenu[n].nSubMenu;
          gettext(left,top,right,bottom,buffer);        /*获取屏幕内容*/
          window(left,top,right,bottom);                /*绘制子菜单*/
          textbackground(WHITE);
          clrscr();
          MenuDraw(MainMenu[n].pSubMenu,MainMenu[n].nSubMenu);
        }
        else                                            /*退出子菜单模式，获得子菜单选择值*/
        { int m;
                                                        /*查找激活子菜单*/
          m=SearchActiveMenu(MainMenu[n].pSubMenu,MainMenu[n].nSubMenu);
          result=(MainMenu[n].pSubMenu+m)->ID;          /*获取子菜单符号常量*/
          MainMenu[n].active=0;                          /*主菜单失活*/
          puttext(left,top,right,bottom,buffer);        /*恢复屏幕*/
          MenuDraw(MainMenu,3);
          b_Exit=1;                                     /*退出标志为真*/
        } break;
    }
    if(!b_Exit) key=bioskey(0);                         /*如果不退出，重新读键值*/
  }
  return(result);                                       /*返回选择结果*/
}
```

2. 通讯录模块设计（contacts.c）

首先，要定义一个结构体类型来描述记录的数据结构；其次，用链表数据结构来保存读入的通讯录，利用链表的特点实现通讯录的动态添加、删除和修改；最后编写一系列函数完成系统功能。

程序设计的要点如下：

（1）创建带头结点的单链表，用头结点的序号域保存链表长度。首先创建一个只有头结点的空链表，并保存到磁盘文件 contacts.dat 中（只创建一次）。

（2）为方便操作，定义一个全局的链表头指针变量。每次运行程序首先打开文件，即将通讯录读到链表中，其他函数均通过链表头指针变量对链表进行操作。

（3）窗口切换。使输入内容、提示信息和通讯录显示在各自的窗口。

通讯录模块程序设计如下：

```
/*定义通讯录结构体类型*/
typedef struct
{ int  num;
  char name[20];
  char sex;
  char phone[12];
  char tele[14];
}Contacts;
```

```
/*定义通讯录链表结构体类型*/
typedef struct list
{ Contacts addr;
  struct list *next;
}ContList;
/*包含头文件*/
#include "stdio.h"
#include "conio.h"
#include "bios.h"
#include "string.h"
/*函数声明*/
void Create();
void Open();
void Save();
void Display();
void Add();
void Delete();
void Modify();
void SearchName();
void SearchPhone();
void SearchTele();
/*定义全局的链表头指针变量*/
ContList *ListHead=NULL;
```

（1）创建空通讯录文件的函数。

```
void Create()
{ FILE *fp;
  window(56,3,79,12);                                      /*提示信息窗口*/
  textbackground(BLUE);  textcolor(RED);  clrscr();
  fp=fopen("Contacts.dat","w");
  if(fp==NULL)
   { gotoxy(2,5); cputs("Cannot create this file!");
     getch();  clrscr();
     return;
   }
  ListHead=(ContList *)malloc(sizeof(ContList));           /*分配结点空间*/
  ListHead->addr.num=0;  ListHead->next=NULL;          /*表长为0，指针域为空*/
  fwrite(&ListHead->addr,sizeof(Contacts),1,fp);          /*写入磁盘文件*/
  gotoxy(2,7); cputs("Create list success !!");
  getch(); clrscr();
  fclose(fp);
}
```

（2）打开通讯录文件的函数。

```
void Open()
{ FILE *fp;
  ContList *p1,*p2;
  int i;
  window(56,3,79,12);
  textbackground(BLUE);  textcolor(RED);  clrscr();
  fp=fopen("Contacts.dat","r");                           /*打开文件*/
  if(fp==NULL)
   { textcolor(RED);
     gotoxy(2,2); cputs("Cannot open this file!");
```

```
     getch();   clrscr();
     return;
  }
ListHead=NULL;                                              /*开始建立链表*/
p2=ListHead=(ContList *)malloc(sizeof(ContList));
ListHead->next=NULL;
fread(&p2->addr,sizeof(Contacts),1,fp);                    /*读入头结点*/
for(i=0;i<ListHead->addr.num;i++)                          /*读入通讯录*/
{ p1=(ContList *)malloc(sizeof(ContList));
  fread(&p1->addr,sizeof(Contacts),1,fp);
  p2->next=p1; p1->next=NULL; p2=p1;
 }
clrscr();                                                  /*显示通讯录*/
Display();
fclose(fp);
}
```

（3）显示通讯录的函数。

```
void Display()
{ ContList *p;
  int i=0;
  window(2,5,54,23);                                       /*显示通讯录窗口*/
  textbackground(BLACK);  textcolor(WHITE);  clrscr();
  p=ListHead->next;
  while(p)
   { i++;
     gotoxy(3,i);cputs(p->addr.name);
     gotoxy(21,i);putch(p->addr.sex);
     gotoxy(26,i);cputs(p->addr.phone);
     gotoxy(39,i);cputs(p->addr.tele);
     p=p->next;
     if(i==17)
     { gotoxy(2,18); cputs("Pressed any key to continue.");
       getch();  clrscr();
       i=0;
     }
   }
   gotoxy(2,18); cprintf("%d recordes.",ListHead->addr.num);
   getch();  clrscr();
}
```

（4）保存操作的函数。

```
void Save()
{ FILE *fp;
  ContList *p;
  window(56,3,79,12);
  textbackground(BLUE); textcolor(RED); clrscr();
  fp=fopen("Contacts.dat","w");                            /*打开文件*/
  if(fp==NULL)
   { gotoxy(2,5); cputs("Cannot save this file!");
     getch();  clrscr();
     return;
   }
  p=ListHead;
```

```
    while(p)                                              /*将通讯录写入磁盘文件*/
    { fwrite(&p->addr,sizeof(Contacts),1,fp);
      p=p->next;
    }
    gotoxy(2,5); cputs("Save success !!");
    getch(); clrscr();
    Display();                                            /*显示操作结果*/
    fclose(fp);
}
```

（5）添加记录的函数。

```
void Add()
{ ContList *p,*q;
  char Name[20],Phone[12],Tele[14],Sex,b_add;
  p=ListHead;
  while(p->next)p=p->next;
  window(56,14,79,23);                                    /*输入窗口*/
  textbackground(BLUE); clrscr();
  while(1)
  { textcolor(WHITE);
    clrscr();
    gotoxy(2,2); cputs("Name:");                          /*输入记录*/
    gotoxy(10,2); gets(Name);
    gotoxy(2,3); cputs("Sex:");
    gotoxy(10,3); Sex=getchar(); getchar();
    gotoxy(2,4); cputs("Phone:");
    gotoxy(10,4); gets(Phone);
    gotoxy(2,5); cputs("Tele:");
    gotoxy(10,5); gets(Tele);
    q=(ContList *)malloc(sizeof(ContList));               /*插入到链表中*/
    strcpy(q->addr.name,Name); q->addr.sex=Sex;
    strcpy(q->addr.phone,Phone); strcpy(q->addr.tele,Tele);
    p->next=q; q->next=NULL; p=q;
    ListHead->addr.num++;                                 /*链表长度加1*/
    textcolor(RED);
    gotoxy(2,7); cputs("Continue ? (y/n)");
    gotoxy(20,7); b_add=getche();
    if(b_add=='y'||b_add=='Y')continue;else break;
  }
  clrscr();
  window(56,3,79,12);
  textbackground(BLUE); textcolor(RED); clrscr();
  gotoxy(2,5); cputs("Please choose Save!");              /*添加后应选择保存*/
  getch(); clrscr();
}
```

（6）删除记录的函数。

```
void Delete()
{ ContList *p,*q;
  char Name[20],b_del;
  window(56,14,79,23);
  textbackground(BLUE); clrscr();
  p=ListHead->next;
  if(p==NULL)
```

```
{   window(56,3,79,12);
    textbackground(YELLOW); textcolor(RED); clrscr();
    gotoxy(2,2); cputs("The list is NULL!!");
    getch();  clrscr();
    return;
}
while(1)
{   textcolor(WHITE);
    clrscr();
    gotoxy(2,2); cputs("Name:");                    /*输入要删除的姓名*/
    gotoxy(10,2); gets(Name);
    q=ListHead; p=ListHead->next;
    while(p&&strcmp(p->addr.name,Name)!=0)          /*查找*/
    { q=p; p=p->next; }
    if(p)                                           /*找到了，删除*/
    {   q->next=p->next; free(p);
        gotoxy(2,4); cprintf("%s deleted !!",Name);
        ListHead->addr.num--;                       /*链表长度减1*/
        getch();
    }
    else                                            /*找不到，提示*/
    {   textcolor(RED);
        gotoxy(2,4); cprintf("%s no found !!",Name);
        getch();
    }
    textcolor(RED);
    gotoxy(2,6); cputs("Continue ? (y/n)");
    gotoxy(20,6); b_del=getche();
    if(b_del=='y'||b_del=='Y')continue;else break;
}
clrscr();
window(56,3,79,12);
textbackground(YELLOW); textcolor(RED); clrscr();
gotoxy(2,5); cputs("Please choose Save!");    /*删除后应选择保存*/
getch();  clrscr();
}
```

因为篇幅的关系，Modify()、SearchName()、SearchPhone()和 SearchTele()函数没有给出。本程序设计只是建立一个简单的通讯录，目的是给出基本方法，抛砖引玉。读者可以自行修改此程序，使系统功能设计的更完善。如若想管理多个通讯录，可以在 Create()函数和 Open()函数中增加"输入文件名"的语句行。

3. 主控函数设计（main.c）

在主函数中首先调用菜单函数；然后循环，根据按键选择函数的返回值调用相应的功能函数；最后转换回全屏幕窗口。

```
                                                /*定义用到的菜单符号常量*/
#define FILE_CREA 11
#define FILE_OPEN 12
#define FILE_SAVE 13
#define FILE_EXIT 14
#define EDIT_ADD 21
#define EDIT_DEL 22
```

```
#define EDIT_MOD 23
#define SEARCH_NAME 31
#define SEARCH_PHONE 32
#define SEARCH_TELE 33
#include "conio.h"
void main()
{ int b_Exit=0;                                    /*退出标志变量*/
  FrameDraw();                                      /*调用菜单函数*/
  while(!b_Exit)
  { switch( MenuSelect() )     /*根据按键选择函数的返回值调用相应的函数*/
    { case FILE_EXIT: b_Exit=1; break;
      case FILE_CREA: Create(); break;
      case FILE_OPEN: Open();  break;
      case FILE_SAVE: Save();  break;
      case EDIT_ADD: Add();     break;
      case EDIT_DEL: Delete(); break;
      case EDIT_MOD:                                /*下面是没有给出的函数*/
      case SEARCH_NAME:
      case SEARCH_PHONE:
      case SEARCH_TELE: ;
    }
  }
  window(1,1,80,25);                                /*转换到全屏幕窗口*/
  textbackground(BLUE); textcolor(WHITE); clrscr();
}
```

12.3.3　程序连接与运行

由于程序的 3 个模块保存在 3 个文件中，可以采用建立项目文件来连接运行。

（1）编辑项目文件 contacts.prj，内容为：

```
menu
contacts
main
```

（2）将 contacts.prj 指定为当前项目文件。

（3）连接运行。运行效果如图 12-6 所示。

图 12-6　通讯录管理程序运行示意图

（4）运行结束，清空项目。

附录 A ASCII 字符编码表

ASCII 值	字符	控制字符	ASCII 值	字符	ASCII 值	字符	ASCII 值	字符
000	null	NUL	032	SP	064	@	096	`
001	☺	SOH	033	!	065	A	097	a
002	☻	STX	034	"	066	B	098	b
003	♥	ETX	035	#	067	C	099	c
004	♦	EOT	036	$	068	D	100	d
005	♣	END	037	%	069	E	101	e
006	♠	ACK	038	&	070	F	102	f
007	Beep	BEL	039	'	071	G	103	g
008	Backspace	BS	040	(	072	H	104	h
009	Tab	HT	041	)	073	I	105	i
010	换行	LF	042	*	074	J	106	j
011	♂	VT	043	+	075	K	107	k
012	♀	FF	044	,	076	L	108	l
013	回车	CR	045	–	077	M	109	m
014	♫	SO	046	.	078	N	110	n
015	☼	SI	047	/	079	O	111	o
016	►	DLE	048	0	080	P	112	p
017	◄	DC1	049	1	081	Q	113	q
018	↕	DC2	050	2	082	R	114	r
019	‼	DC3	051	3	083	S	115	s
020	¶	DC4	052	4	084	T	116	t
021	§	NAK	053	5	085	U	117	u
022	▬	SYN	054	6	086	V	118	v
023	↨	ETB	055	7	087	W	119	w
024	↑	CAN	056	8	088	X	120	x
025	↓	EM	057	9	089	Y	121	y
026	→	SUB	058	:	090	Z	122	z
027	←	ESC	059	;	091	[	123	{
028	∟	FS	060	<	092	\	124	¦
029	↔	GS	061	=	093	]	125	}
030	▲	RS	062	>	094	^	126	~
031	▼	US	063	?	095	_	127	DEL

注：ASCII 码中 0～31 为不可显示的控制字符。

附录 B 运算符的优先级和结合方向

优先级	运算符	含义	运算对象的个数	结合方向
1	() [ ] -> .	圆括号 下标运算符 指向结构体成员运算符 结构体成员运算符		自左至右
2	! ~ ++ -- - （类型） * & sizeof()	逻辑非运算符 按位取反运算符 自增运算符 自减运算符 负号运算符 类型转换运算符 指针运算符 取地址运算符 长度运算符	1（单目运算符）	自右至左
3	* / %	乘法运算符 除法运算符 求余运算符	2（双目运算符）	自左至右
4	+ -	加法运算符 减法运算符	2（双目运算符）	自左至右
5	<< >>	左移运算符 右移运算符	2（双目运算符）	自左至右
6	< <= > >=	关系运算符	2（双目运算符）	自左至右
7	== !=	等于运算符 不等于运算符	2（双目运算符）	自左至右
8	&	按位与运算符	2（双目运算符）	自左至右
9	^	按位异或运算符	2（双目运算符）	自左至右
10	|	按位或运算符	2（双目运算符）	自左至右
11	&&	逻辑与运算符	2（双目运算符）	自左至右
12	||	逻辑或运算符	2（双目运算符）	自左至右
13	? :	条件运算符	3（三目运算符）	自右至左
14	= += -= *= /= %= >>= <<= &= ^= | =	赋值运算符	2（双目运算符）	自右至左
15	,	逗号运算符（顺序求值运算）		自左至右

说明：同一优先级的运算符，运算次序由结合方向决定。例如，*与 / 具有相同的优先级别，其结合方向为自左至右。因此，6*5 / 3 的运算次序是先乘后除。-和++为同一优先级，结合方向为自右至左，因此-i++相当于-(i++)。

附录 C　常用库函数

由于 Turbo C 库函数的种类和数目很多，限于篇幅，本附录不能全部介绍，只从教学需要的角度列出最基本的。读者在编制 C 程序时可能要用到更多的函数，请查阅有关的 Turbo C 库函数手册。

1. 数学函数

使用数学函数时，应该在源文件中使用命令#include "math.h"。

函 数 名	函数与形参类型	功　　能	返 回 值
abs	int abs(int x);	求整数 x 的绝对值	计算结果
acos	double acos(double x);	计算 arccos x 的值，$-1 \leqslant x \leqslant 1$	计算结果
asin	double asin(double x);	计算 arcsin x 的值，$-1 \leqslant x \leqslant 1$	计算结果
atan	double atan(double x);	计算 arctan x 的值	计算结果
atan2	double atan2(double x,double y) ;	计算 arctan x/y 的值	计算结果
cos	double cos(double x);	计算 cos x 的值，x 的单位为弧度	计算结果
cosh	double cosh(double x);	计算 x 的双曲余弦 cosh$x$ 的值	计算结果
exp	double exp(double x);	求 e^x 的值	计算结果
fabs	double fabs(double x);	求 x 的绝对值	计算结果
floor	double floor(double x);	求出不大于 x 的最大整数	该整数的双精度实数
fmod	double fmod(double x,double y);	求整除 x/y 的余数	返回余数的双精度实数
frexp	double frexp(double val,int *eptr);	把双精度数 val 分解成数字部分（尾数）x 和以 2 为底的指数 n，即 val=$2^n x$，n 存放在 eptr 指向的变量中	返回数字部分 x $0.5 \leqslant x < 1$
log	double log(double x);	求 ln x	计算结果
log10	double log10(double x);	求 lg x	计算结果
modf	double modf(double val,int *iptr) ;	把双精度数 val 分解成整数部分和小数部分，把整数部分存放在 iptr 指向的单元	val 的小数部分
pow	double pow(double x, double y);	求 x^y 的值	计算结果
sin	double sin(double x);	求 sin x 的值，x 的单位为弧度	计算结果
sinh	double sinh(double x);	计算 x 的双曲正弦函数 sinh x 的值	计算结果
sqrt	double sqrt(double x);	计算 $\sqrt{x}$，$x \geqslant 0$	计算结果

续表

函 数 名	函数与形参类型	功　　能	返 回 值
tan	double tan(double x);	计算 tan x 的值，x 的单位为弧度	计算结果
tanh	double tanh(double x);	计算 x 的双曲正切函数 tanh x 的值	计算结果

2．字符函数

在使用字符函数时，应该在源文件中使用命令#include "ctype.h"。

函数名	函数和形参类型	功　　能	返 回 值
isalnum	int isalnum(int ch);	检查 ch 是否是字母或数字	是字母或数字返回 1；否则返回 0
isalpha	int isalpha(int ch);	检查 ch 是否是字母	是字母返回 1；否则返回 0
iscntrl	int iscntrl(int ch);	检查 ch 是否是控制字符（其 ASCII 码在 0 和 0x1F 之间）	是控制字符返回 1；否则返回 0
isdigit	int isdigit(int ch);	检查 ch 是否数字	是数字返回 1；否则返回 0
isgraph	int isgraph(int ch);	检查 ch 是否可打印字符（其 ASCII 码在 0x21 和 0x7e 之间），不包括空格	是可打印字符返回 1；否则返回 0
islower	int islower(int ch);	检查 ch 是否是小写字母（a~z）	是小字母返回 1；否则返回 0
isprint	int isprint(int ch);	检查 ch 是否是可打印字符（其 ASCII 码在 0x21 和 0x7e 之间），不包括空格	是可打印字符返回 1；否则返回 0
ispunct	int ispunct(int ch);	检查 ch 是否是标点字符（不包括空格），即除字母、数字和空格以外的所有可打印字符	是标点返回 1；否则返回 0
isspace	int isspace(int ch);	检查 ch 是否是空格、跳格符（制表符）或换行符	是，返回 1；否则返回 0
isupper	int isupper(int ch);	检查 ch 是否是大写字母（A~Z）	是大写字母返回 1；否则返回 0
isxdigit	int isxdigit(int ch);	检查 ch 是否是一个 16 进制数字（即 0~9，或 A~F，a~f）	是，返回 1；否则返回 0
tolower	int tolower(int ch);	将 ch 字符转换为小写字母	返回 ch 对应的小写字母
toupper	int toupper(int ch);	将 ch 字符转换为大写字母	返回 ch 对应的大写字母

3．字符串函数

使用字符串函数时，应该在源文件中使用命令#include "string.h"。

函数名	函数和形参类型	功　　能	返 回 值
memchr	void memchr(void buf,charch,unsigned count);	在 buf 的前 count 个字符里搜索字符 ch 首次出现的位置	返回指向 buf 中 ch 的第一次出现的位置指针；若没有找到 ch，返回 NULL

续表

函数名	函数和形参类型	功　能	返　回　值
memcpy	void *memcpy(void *to,void *from, unsigned count);	将 from 指向的数组中的前 count 个字符复制到 to 指向的数组中。from 和 to 所指内存区域不能重叠	返回指向 to 的指针
strcat	char *strcat(char *str1,char *str2);	把字符 str2 连接到 str1 后面，取消原来 str1 最后面的串结束符'\0'	返回 str1
strchr	char *strchr(char *str1,int ch);	找出 str 指向的字符串中第一次出现字符 ch 的位置	返回指向该位置的指针，如找不到，则应返回 NULL
strcmp	int strcmp(char *str1,char *str2);	比较两个字符串 str1 和 str2	str1<str2，为负数 str1=str2，返回 0 str1>str2，为正数
strcpy	char *strcpy(char *str1,char *str2);	把 str2 指向的字符串复制到 str1 中去	返回 str1
strlen	unsigned int strlen(char *str);	统计字符串 str 中字符的个数（不包括 '\0'）	返回字符个数
strlwr	char *strlwr(char *str1);	将 str1 指向的字符串转换为小写形式	返回 str1
strncpy	char *strncpy(char *str1,char *str2, unsigned int count);	把 str2 指向的字符串中最多前 count 个字符复制到串 str1 中去	返回 str1
strupr	char *strupr(char *str1);	将 str1 指向的字符串转换为大写形式	返回 str1
strstr	char *strstr(char *str1,char *str2);	寻找 str2 指向的字符串在 str1 指向的字符串中首次出现的位置	返回 str2 指向的字符串首次出向的地址，否则返回 NULL

4．输入/输出函数

使用输入/输出函数时，应该在源文件中使用命令#include "stdio.h"。

函数名	函数和形参类型	功　能	返　回　值
clearerr	void clearer(FILE *fp);	清除与文件指针 fp 有关的错误信息	无
fclose	int fclose(FILE *fp);	关闭 fp 所指的文件，释放文件缓冲区	关闭成功返回 0，不成功返回非 0
feof	int feof(FILE *fp);	检查文件是否结束	文件结束返回非 0，否则返回 0
ferror	int ferror(FILE *fp);	测试 fp 所指的文件是否有错误	无错返回 0；否则返回非 0
fgetc	int fgetc(FILE *fp);	从 fp 所指的文件中取得下一个字符	返回所得到的字符；出错返回 EOF

函数名	函数和形参类型	功　能	返　回　值
fgets	char *fgets(char *buf,int n,FILE *fp);	从 fp 所指的文件读取一个长度为 n-1 的字符串，将其存入 buf 所指存储区	返回地址 buf；若遇文件结束或出错则返回 NULL
fopen	FILE *fopen(char *filename,char *mode);	以 mode 指定的方式打开名为 filename 的文件	成功，返回一个文件指针；否则返回 0
fprintf	int fprintf(FILE *fp,char *format, args,…);	把 args 的值以 format 指定的格式输出到 fp 所指的文件中	实际输出的字符数
fputc	int fputc(char ch,FILE *fp);	将字符 ch 输出到 fp 所指的文件中	成功则返回该字符；出错返回非 0
fputs	int fputs(char str, FILE *fp);	将 str 指定的字符串输出到 fp 所指的文件中	成功则返回 0；出错返回非 0
fread	int fread(char *pt, unsignedsize, unsigned n,FILE *fp);	从 fp 所指定文件中读取长度为 size 的 n 个数据项，存到 pt 所指向的内存区	返回所读的数据项个数，若文件结束或出错返回 0
fscanf	int fscanf(FILE *fp , char *format, args,…);	从 fp 指定的文件中按给定的 format 格式将输入的数据送到 args 所指向的内存单元中（args 是指针）	已输入的数据个数
fseek	int fseek(FILE *fp,long offset,int base);	将 fp 指定文件的位置指针移到 base 所指出的位置为基准、以 offset 为位移量的位置	返回当前位置；否则返回-1
ftell	long ftell(FILE *fp);	返回 fp 所指向的文件中的读写位置	返回文件中的读写位置
fwrite	int fwrite(char *ptr, unsigned size, unsigned n, FILE *fp);	把 ptr 所指向的 n*size 个字节输出到 fp 所指向的文件中	写到 fp 文件中的数据项的个数
getc	int getc(FILE *fp);	从 fp 所指向的文件中的读出下一个字符	返回读出的字符；若文件出错或结束返回 EOF
getchar	int getchar();	从标准输入设备中读取下一个字符	返回字符；若文件出错或结束返回-1
gets	char *gets(char *str);	从标准输入设备中读取字符串存入 str 指向的数组	成功返回 str，否则返回 NULL
printf	int printf(char *format,args,…);	在 format 指定的格式字符串的控制下，将输出列表 args 的值输出到标准设备	输出字符的个数；若出错返回负数
putc	int putc(int ch,FILE *fp);	把一个字符 ch 输出到 fp 所指的文件中	输出字符 ch；若出错返回 EOF
putchar	int putchar(char ch);	把字符 ch 输出到标准输出设备	返回换行符；若失败返回 EOF
puts	int puts(char *str);	把 str 指向的字符串输出到标准输出设备；将'\0'转换为回车换行	返回换行符；若失败返回 EOF

函数名	函数和形参类型	功　能	返回值
rename	int remove(char *oname,char *nname);	把由 oname 所指的文件名改为由 nname 所指的文件名	成功返回 0；出错返回−1
rewind	void rewind(FILE *fp);	将文件指针 fp 置于文件头，并清除文件结束标志和错误标志	无
scanf	int scanf(char *format,args,…);	从标准输入设备按 format 指向的格式字符串所规定的格式，输入数据给 args 所指向的单元	读入并赋给 args 数据个数。如文件结束返回 EOF；若出错返回 0

5．动态存储分配函数

使用动态存储分配函数时，应该在源文件中使用命令#include "stdlib.h"。

函数名	函数和形参类型	功　能	返回值
callloc	void *calloc(unsigned n,unsigned size);	分配 n 个数据项的内存连续空间，每个数据项的大小为 size	分配内存单元的起始地址，如不成功返回 0
free	void free(void *p);	释放 p 所指的内存区	无
malloc	void *malloc(unsigned size);	分配 size 字节的内存区	所分配的内存区起始地址，如内存不够返回 0
realloc	void *reallod(void *p,unsigned size);	将 p 所指的已分配的内存区的大小改为 size，size 可以比原来分配的空间大或小	返回指向该内存区的指针，若重新分配失败，返回 NULL

6．其他函数

"其他函数"是 C 语言的标准库函数，由于不便归入某一类，所以单独列出。使用这些函数时，应该在源文件中使用命令#include "stdlib.h"。

函数名	函数和形参类型	功　能	返回值
atof	double atof(char *str);	将 str 指向的字符串转换为一个 double 型的值	返回双精度计算结果
atoi	int atoi(char *str);	将 str 指向的字符串转换为一个 int 型的值	返回转换结果
atol	long atol(char *str);	将 str 指向的字符串转换为一个 long 型的值	返回转换结果
itoa	char *itoa(int n,char *str,int radix);	将整数 n 的值按照 radix 进制转换为等价的字符串，并将结果存入 str 指向的字符串中	返回一个指向 str 的指针
exit	void exit(int status);	中止程序运行，将 status 的值返回调用的过程	无

参 考 文 献

[1] 谭浩强. C 程序设计[M]. 3 版. 北京：清华大学出版社，2005.

[2] 黄维通，马力妮. C 语言程序设计[M]. 北京：清华大学出版社，2003.

[3] 龚沛曾，杨志强. C/C++程序设计教程[M]. 北京：高等教育出版社，2004.

[4] 时景荣，李立春. C 语言程序设计同步训练与上机指导[M]. 北京：中国铁道出版社，2015.

[5] 合孜尔，单洪森. C 语言程序设计[M]. 北京：中国铁道出版社，2005.

[6] 苏长龄，刘威. C 语言程序设计[M]. 北京：中国铁道出版社，2006.

[7] 王煜，王苗. C 语言程序设计[M]. 北京：中国铁道出版社，2005.

[8] 夏宽理，赵子正. C 语言程序设计[M]. 北京：中国铁道出版社，2006.

[9] 邹修明，马国光. C 语言程序设计[M]. 北京：中国计划出版社，2007.

[10] 田淑清，周海燕. 二级教程 C 语言程序设计[M]. 北京：高等教育出版社，1998.

[11] 杨路明. C 语言程序设计教程[M]. 北京：北京邮电大学出版社，2008.

[12] 王宏志，韩志明. C 语言程序设计[M]. 北京：中国铁道出版社，2009.